제2판

# 기능성 섬유가공
## FUNCTIONAL FINISH

제2판

# 기능성 섬유가공

구　강 | 김성동 | 김영호 | 류동일 | 민병길 (가나다순)
박원호 | 신윤숙 | 오경화 | 이미식 | 장진호

FUNCTIONAL
FINISH

(주)교 문 사

# 머리말 (제2판)

지난 세기 섬유산업은 합성섬유 등장, 대량생산기술 도입, 고기능-고성능 섬유 제조, 고부가가치 구현, 감성공학을 거쳐 무인조업 시스템에 이르기까지 비약적으로 진화하였다. 초반에는 자본집약적인 분야를 중심으로 완만하게 변화하였다면 후반에 접어들면서 기술집약적인 분야에서 눈부신 혁신이 발생하였다. 최근의 섬유기술은 정보, 인공지능, 생명과학, 환경 등의 분야와 융합하는 경향을 보이고 있다. 21세기 초반의 한국은 산업화에 이어 지식중심 또는 정보화의 단계에 접어들었다. 지금은 섬유 생태계를 유지, 발전시키기 위해 새로운 산업 환경을 이해하고 그에 적합한 혁신을 추구하여야 할 시점이라고 하겠다.

그간 우리 정부는 수출주도형 섬유산업을 미래지향적인 형태로 개선하려는 노력을 기울여 왔으나 큰 성과를 거두지는 못하였다. 이렇게 된 데에는 글로벌 환경변화에 대한 이해 부족과 함께 문제해결능력을 지닌 인재를 양성하지 못한 것을 가장 큰 원인으로 보고 있다. 그러니 섬유 생태계를 구성할 미래사회를 예측하고 연구와 개발을 담당할 수 있는 인재육성이 시급한 실정이다. 새로운 시대를 열어갈 공학 분야의 인재들은 과연 어떤 역량을 갖추어야 하는 것일까. 전문가들은 무엇보다도 창의성과 열정을 지닌 문제해결능력을 최우선으로 지목하고 있다.

이번 개정 작업은 최신 가공기술의 요약에 머문 초판의 한계를 극복하고 섬유기능설계에 대한 새로운 패러다임을 제시하기 위함이었다. 이를 위해 집필진을 확대하고 작업에 돌입하였으나 유감스럽게도 소기의 목표에 도달하지 못하였다. 이는 전적으로 편집을 주관한 본인의 역량이 부족한 결과임을 인정하고 깊이 반성한다. 다만 창의적인 교육에 필요한 제반 여건이 성숙하지 않은 점도 일부 작용했다고 생각한다. 최근 공학교육의 변화로서, 창의적 공학교육을 위한 공학교육인증제의 도입을 들 수 있다. 이 제도의 핵심 내용은 설계교육이지만 섬유공학에 적용하는 과정은 쉽지 않았다. 무엇보다도 산업현장의 애로사항을 설계주제로 발굴하여 학부 학생들의 문제해결능력과 연계시키기가 어려웠다. 직면한 한계를 극복할 수 있기 위해, 저자들은 섬유기능설계 전반에 대해 독자제현의 현명한 가르침을 간절히 고대한다.

2012. 8.
집필진을 대표하여 류 동 일 씀

천연섬유의 기능성을 구현하려는 합성섬유 생산기술은 1980년대 이르러 상당한 단계에 도달하였다. 이후 섬유기능화와 관련한 기술은 복합기능화 가공(대표적으로 신합섬), 항균방취 가공, 인체보호성 가공, 코팅 가공 등의 분야로까지 큰 발전을 이룩하였다. 그러나 최근의 섬유기능화 기술을 소개하는 체계적인 저술은 소개되지 않고 있는데, 이는 섬유기능화라는 주제가 단행본으로 다루기에는 기술적으로 너무 방대한 분야이기 때문이다. 또한 섬유산업이 글로벌 구조로 바뀌면서 기능화 기술의 적용기간이 줄어들고, 더 이상 한 국가가 모든 기능화 분야를 다루지 않게 되면서 이 분야에 대한 체계적인 접근이 힘들게 된 것도 이유로 들 수 있다.

1990년대 후반 기술혁신과 세계화에 부응하여 우리나라의 대학교육 체제가 학부제의 형태로 바뀌면서 섬유공학 분야에도 산업용 섬유기술, 정보화 및 경영기법 등 새로운 교과과정이 도입되었고 기존 교과과정은 압축된 형태로 바뀌었다. 이러한 변화 과정에서 우리들은 기존 교과과정에 부합하는 새로운 형태의 저술이 필요함을 절실히 공감하게 되었다. 2년여 전, 기능성 섬유가공 분야에 대한 저술을 계획하면서 저자가 고심한 문제는 '섬유가공이라는 방대한 주제를 어떻게 압축할 것인가?' 이었다. 몇 가지 방안 중 기존의 공학적인 접근에서 탈피하여 기능성 섬유가공 기술을 최종 활용 제품과 연결짓는 쪽으로 집필 방향을 결정하였다. 최종 활용에 따른 기능화(가공) 방법을 분류하는 접근도 사실은 이미 시도된 방식이지만 기존의 형태는 대체로 기능화 기술 그 자체보다는 최종 활용에 중점을 둔 것이었다. 저자는 기존의 접근법과 차별성을 갖도록 가공기술과 활용 그 어디에도 치우치지 않은 균형적인 서술을 목표로 하였다.

이 책은 기능성 섬유가공을 우선 개론적으로 요약하고, 구체적으로 형태안정성 부여, 착용성과 안정성의 향상, 다양한 성능 구현 등의 세 분야로 구분하여 기술하였다. 부록에는 간략하게 서술된 본문을 보완하는 보다 전문적인 내용을 수록하였다. 이 집필은 2년 이상이 소요되었는데 당초 일정에 비하여 늦게 완성되었다. 긴 시간을 투입하였지만 주제가 광범위하고 미완성된 기능화 기술들로 인하여 아직 논리적인 서술과 장과 절의 유기적인 연결이 부족한 실정이다. 그와 함께 여러 단점이 드러나 있는데 이는 모두 저자들의 식견이 부족하기 때문이다. 장차 개선이 될 수 있도록 현명한 독자들의 거리낌 없는 질책을 부탁드린다.

2004. 1.
저자 일동

# 차 례

CHAPTER
# 03
# 심미성
# 향상을 위한
# 가공

# CHAPTER
# 01

## 서 론

# CHAPTER 01

# 서 론

가공은 섬유에 기능성을 부여하는 공정으로서 섬유제품을 생산하는 마지막 단계인 봉제 직전이나 직후에 행해진다. 대개의 의류는 대체로 다음과 같은 공정을 거쳐 제조된다.

> 천연섬유/합성고분자 ▶ 방적/방사 ▶ 제직/편성/부직포 제조 ▶ 정련 ▶ 표백
> ▶ 염색(침염/날염/사염) ▶ 가공 ▶ 봉제

섬유제품을 얻는 공정 흐름은 제품의 종류나 업체의 설비, 기술 수준 등에 따라서 달라지기도 한다. 예를 들어 양모섬유인 경우 제직이나 편성 후 염색을 하기도 하지만, 방적 후 실 상태로 염색을 하고(사염) 염색된 색사를 배열하여 제직을 하여 제품을 생산하기도 한다. 최근의 수지가공은 의류제품을 성형하는 봉제공정 다음에 행하기도 한다. 그러나 일반적으로 섬유제품의 생산과정에서 가공공정은 섬유가 최종 의류제품으로 봉제되기 직전의 단계에 해당한다.

넓은 의미에서 가공공정은 제직이나 편성 이후의 준비공정, 정련표백공정, 염색날염공정, 가공공정을 모두 포함하는 개념이지만, 보통 좁은 의미로 섬유제품에 기능성을 부여하는 공정을 지칭한다. 일반적으로 가공이라는 용어가 쓰이지만, 원래의 섬유제품이 갖

고 있지 않은 새로운 기능을 부여한다는 의미에서 기능화라는 용어를 사용하기도 한다. 그밖에 직물이나 편물로 제조한 다음의 가공처리에 후가공, 방사하여 얻은 합성섬유에 대한 가연공정 전반에 대해 사가공이라는 표현이 널리 쓰이고 있다.

# 1. 섬유가공의 목적과 기본 원리

섬유가공의 주된 목적은 제품의 성능을 향상시키거나 새로운 기능을 추가하여 제품의 가치를 높이는 것이다. 따라서 섬유가공은 섬유제품에 고부가가치를 갖도록 하는 매우 중요한 공정이다. 이를 위해서 섬유제품에 기계적 또는 화학적 수단을 가하여 시감이나 촉감과 같은 감각적인 특성을 바꿔주거나 형태안정성 또는 새로운 성능을 부여한다. 이 때 화학적인 반응에 참여하는 성분을 가공제, 반응에 참여하지 않고 균일한 반응을 돕는 역할만을 하는 물질을 조제라고 한다.

## 1) 가공제 및 조제

섬유에 사용되는 가공제는 고체, 액체, 기체 상태의 유기화합물뿐만 아니라 무기화합물, 금속화합물, 유·무기 복합물 등 다양한 종류가 사용된다. 섬유가 실 상태 또는 직물이나 편물로 제조된 후에 처리하는 경우, 이들 가공제는 주로 물에 용해시키거나 분산되어 사용되며 물에 용해되지 않거나 특별한 경우에는 유기용매에 용해시켜 사용한다.

합성섬유나 재생섬유인 경우에는 방사액에 가공제를 첨가하여 방사할 수 있는데, 이 경우에는 가공제가 첨가됨에 따른 방사성 변화, 방사시의 노즐 막힘, 방사된 섬유의 물성 변화 등을 고려하여야 한다. 또한 용융방사인 경우에는 가공제의 열안정성을, 용액방사인 경우에는 용매나 응고액에서의 안정성 등을 충분히 고려하여야 한다.

보통 가공제는 섬유와 화학결합을 할 수 있는 경우와 화학결합을 하지 못하는 경우로 나누어진다. 가공제가 섬유와 화학결합을 하기 위해서는 섬유와 반응할 수 있는 관능기를 가지고 있어야 하며, 이러한 화학결합이 형성되면 대체로 내세탁성을 갖는다. 섬유와 화학결합을 하지 않는 경우는 섬유와 물리적인 2차 결합력에 의해서 결합되어 있거나,

섬유 내부나 표면에 고착되어 있는 경우가 있다. 섬유와의 부착력이 약한 경우에는 섬유와 가공제를 연결시키는 바인더를 사용하기도 한다.

가공제로 사용되는 약제 이외에 가공공정에서는 여러 가지 종류의 조제가 많이 사용된다. 그중에서 계면활성제가 대표적으로 많이 사용되는데 이는 계면활성제의 세정성, 분산성, 침투성, 습윤성, 발포성 등을 이용할 수 있기 때문이다. 그 밖에 산이나 알칼리와 같이 촉매로 사용되는 물질, 반응의 속도를 늦추거나 빠르게 또는 균일하게 하기 위하여 사용하는 물질, 반응이 섬유 표면과 같이 일정한 범위에서만 일어나도록 하는 물질 등이 다양한 용도로 사용된다.

## 2) 섬유와 가공제의 상호작용

### (1) 섬유에 존재하는 가공제의 위치

섬유제품에 약제를 처리하여 가공하는 경우, 효과적인 기능 발현을 위해서 가공제가 존재해야 하는 위치는 ① 섬유 내부, ② 섬유 표면, ③ 섬유 집합체의 표면 등으로 구분할 수 있다. 가공제가 어느 위치에 존재해야 하는지는 가공 목적, 가공제의 종류, 처리 방법 등에 따라서 달라진다. 예를 들어 면직물의 형태안정화를 위해 셀룰로스를 가교시키는 경우 약제는 섬유 내부에 존재하여야 하며, 섬유 표면에 존재하는 가공제는 촉감 등에 영향을 미치므로 수세에 의해 제거하여야 한다. 반면에 양모섬유의 스케일을 파괴시키거나 코팅하는 경우 또는 섬유제품에 발수가공을 하는 경우에는 가공제가 섬유의 표면에 존재하여야 하므로 가공 처리할 때 가공제가 섬유 내부로 들어가지 못하게 하는 방법을 사용한다. 섬유제품에 방수가공을 하는 경우에는 가공제가 섬유의 표면보다는 직물이나 편물 표면과 같이 섬유 집합체 표면에 존재해야 한다.

### (2) 용액에서의 가공제 형태

섬유제품에 대한 가공제의 부가는 대개 물을 매개로 하여 이루어진다. 섬유와 반응하는 약제는 대부분 고체여서 똑같이 고체인 섬유 내부에 균일하게 처리할 수 없다. 따라서 액체 상태로 약제를 운반하기 위한 매개체로 물을 사용하는 것이다. 가공제가 액체인 경우도 100% 액체를 사용하는 경우(예: 액체 암모니아가공)가 아니면 대부분 물을 매개체로 사용한다. 즉, 물이 섬유 내부로 흡수되어 들어갈 때 용액에 존재하는 약제도 함께 섬유 내부로 침투되게 하는 것이다. 이 과정에서 약제의 크기가 너무 크면 가공제가 섬유 내부로 침투되지 못하고 섬유 표면에 존재하게 된다.

이같이 섬유가공에서는 특별한 경우가 아니면 물을 용매로 사용하여 약제를 처리한다. 약제가 물에 용해되는 경우에는 수용액 상태로 사용하지만, 물에 용해되지 않는 경우에는 분산액이나 유화액으로 만들어 처리한다. 일반적으로 분산액은 고체 물질이 물에 미세한 입자 형태로 분산된 상태를 말하며, 유화액은 액체 물질이 물에 분산되어 있는 경우(반대의 경우 포함)를 말한다.

약제가 물에 용해되어 수용액이 되는 것은 약제와 물 분자 사이의 상호작용력(엄격히는 엔탈피와 엔트로피를 동시에 고려한 Gibbs 자유에너지의 변화)이 약제 분자들 사이의 상호작용력보다 크기 때문이다. 물에 용해된 약제는 분자 상태로 나누어지고, 각 약제 분자 주위를 물 분자가 둘러싸는 수화물(水和物, hydrate)을 형성하게 된다. 수화물의 크기는 약제의 농도에 따라 달라지는데, 약제의 농도가 낮으면 주위를 둘러싼 물분자의 수가 많아져 수화물의 크기가 커지고, 농도가 높으면 주위를 둘러싼 물 분자의 수가 줄어들어 수화물의 크기가 감소한다. 물이 섬유 내부로 이동하게 되면 수화물도 따라서 섬유 내부로 이동하게 된다. 이때 용해된 약제 자체의 크기, 이를 포함하는 수화물의 크기, 섬유의 미세 기공이나 분자 사이 공간의 크기 등에 따라서 약제가 섬유 내부로 침투하거나 침투하지 못하고 표면에 머무르게 된다. 물에 용해된 물질이 고분자인 경우 크기가 매우 크기 때문에 수용액 상태이더라도 섬유 내부로 침투하지 못하고 표면에 존재하게 된다. 약제의 크기가 고분자까지는 아니더라도 상당히 크거나 약제의 농도가 높은 경우에는 용액의 점도가 커지게 된다. 이런 경우에는 약제가 섬유 내부로 침투되어 확산되는데 많은 시간이 필요하기 때문에 약제의 빠른 침투를 위해서 침투제를 함께 사용하기도 한다.

물에 용해되지 않는 물질은 분산액이나 유화액으로 만들어 사용하는데, 이들을 물에 분산시키기 위해서는 계면활성제가 필요하다. 분산액이나 유화액은 열역학적으로 불안정하기 때문에 시간이 경과하면 다시 상분리가 일어난다. 분산액이나 유화액인 경우에도 분산된 입자의 크기에 따라 섬유 내부로 침투하거나 표면에 머무르게 된다. 분산액의 입자 크기는 물에 용해된 경우와 비교하면 매우 크기 때문에 섬유 표면에 머무르는 경우가 많다.

## (3) 처리 약제의 섬유내 침투

가공제가 섬유 내부에 존재해야 하는 경우 가공제가 섬유 내부로 침투되어야 한다. 가공제의 섬유 내부로의 침투능은 섬유의 물리·화학적인 구조, 침투 가공제의 농도와 화학적인 성질, 처리 온도, 압력 등에 의존한다. 이러한 섬유내 침투의 기구를 정리하면 다음과 같다.

- 섬유에 존재하는 공동(cavity), 기공(pore) 등으로의 침투
- 가공제에 의해 섬유를 구성하는 분자 사이에 공간이 발생하여 침투가 가능하게 되는 팽윤에 의한 침투
- 이미 팽윤되어 있는 섬유내부로 침투

대부분의 가공 과정은 이미 팽윤이 이루어진 섬유를 대상으로 진행되는데, 팽윤제인 용매와 가공제가 동시에 처리될 때에는 용매가 섬유 내부로 빠르게 침투하고 가공제는 이미 팽윤된 섬유 내부로 침투하게 된다.

팽윤 현상을 이해하기 위해서는 등온수착(等溫收着, sorption isotherm) 현상을 먼저 이해할 필요가 있다. 기체 또는 용액 안의 용질이 고체 표면에서 상(相)의 내부와 다른 농도로 존재하는 현상을 흡착(吸着)이라고 하고, 이 물질이 고체 내부로 이동하면 흡수(吸收)라고 하는데, 흡착과 흡수가 동시에 일어나 이를 구별하기 곤란하거나 두 현상을 동시에 나타내고자 할 때는 수착(收着)이라는 용어를 사용한다. 등온수착이란 일정온도에서 고체가 수착한 물질의 양을 나타내는 것이다. 흡착(수착)되는 물질이 기체(예: 수증기)인 경우, 일정 상대증기압에서의 흡착(수착)량은 흡착(수착)과 탈착이 평형을 이루는 상태에서 흡착(수착)된 기체의 양을 나타낸다. 섬유의 경우 고분자의 성질, 결정화도, 분자 배열 등에 의해 수착 형태가 정해진다. 섬유의 수분율(moisture regain)은 65% 상대습도(relative humidity, RH)에서 섬유가 수착한 물의 양을 말한다.

섬유에 수착되는 물질이 물인 경우 섬유는 수착되는 물의 양에 따라 팽윤이 달라진다. 즉, 수착되는 물의 양이 많으면 팽윤이 커지고, 수착되는 물의 양이 작으면 거의 팽윤되지 않는다. 온도가 달라지면 수착되는 양도 달라지는데, 그 변화는 여러 가지 흡착 모델에 따라 달라진다. 섬유가 단섬유 형태인 경우 고체에 대한 물의 흡착모델로 비교적 쉽게 팽윤 거동을 설명할 수 있지만, 단섬유 형태가 아닌 실이나 직물의 경우에는 섬유 사이의 공간에서 모세관 응축이 일어나 수착에 의한 무게 증가가 더 커진다.

팽윤은 가용화 과정, 즉 용질인 섬유 고분자와 용매와의 자발적인 혼합과정으로 생각할 수 있다. 보통의 경우와 다른 점으로는 팽윤 고분자에 작용하는 가용화를 제한하는 힘에 의해 팽윤이 일정한 한계에 도달한다는 것이다. 플로리와 레흐너(Flory & Rehner)는 고분자의 기본적인 성질로부터 이 같은 제한하는 힘을 계산해 내었다. 그들의 이론에 따르면 팽윤은 망상 고분자들이 등방성 팽창(isotropic expansion)을 하는 것과 같다. 화학적인 가교가 존재하지 않는 점과 비교적 낮은 팽윤값을 보이는 현상은 화학적인 가교와는 다른 어떤 구조인자로 인하여 섬유 팽윤을 저해하기 때문으로 판단된다. 이러한 구조인자들은 ① 결정화도(crystallinity) 또는 보통 측면 규칙성(lateral order)이라 부르는 것과 ② 고분자 사슬의 엉킴(entanglement) 두 가지가 알려져 있다. 후자에 대해 먼저 설명하면, 가황 전의 고무는 가교도 없고 결정 상태도 아니지만 탄성과 제한된 팽윤을 보인다. 탄성과 팽윤 두 현상은 긴 고분자들이 서로 엉킴을 이루고 이들이 가교 역할을 한다는 개념을 바탕으로 설명할 수 있다. 결정성 구조를 갖는 고분자는 규칙성이 다른 여러 영역을 통과한다. 분자간 인력에 의한 고분자들의 응집은 사슬의 규칙성이 증가함에 따라 증가한다. 팽윤을 일으키는 원동력이 무엇이든지 규칙성이 낮은 위치에서 저항을 덜 받게 된다. 따라서 침투 분자들에 의한 팽윤은 규칙성이 가장 약한 위치에서 일어나며, 고분자들을 서로 떨어지게 한다. 규칙성을 가진 부분은 침투를 억제하는 역할을 하며, 가교를 이루는 점과 같은 역할을 한다.

일반적으로 섬유고분자의 팽윤은 용액 제조와 마찬가지로 무열(athermal), 발열(exothermic), 또는 흡열(endothermic) 과정이 가능하다. 친수성 섬유에의 물의 수착은 강한 발열반응이며, 소수성 섬유에서의 수착은 열량 변화가 매우 작다. 수착에 의한 열량의 변화는 친수성 섬유와 물의 인력에 기인한 것이다. 셀룰로스와 수착된 물 분자는 강한 수소 결합력에 의해 결합하며, 흡수열은 셀룰로스 분자에 존재하는 자유 히드록시(hydroxyl)기의 농도에 좌우된다. 예를 들면, 건조 면의 흡습열은 42 J/g, 머서화 면은 63 J/g, 그리고 비스코스 레이온은 105 J/g이다. 지금까지 셀룰로스와 같은 친수성 고분자의 물에 의한 팽윤은 많이 연구된 바 있지만 다른 용매에 의한 팽윤은 그다지 잘 알려져 있지 않다. 연구에 따르면 메탄올, 아세트산, 프로판올, 부탄올, 니트로벤젠 등은 면을 상당히 팽윤시키는 것으로 보고되고 있다.

유기용매에 의한 소수성 섬유의 팽윤이나 용해도는 응집에너지 밀도(cohesive energy density, CED)나 그 제곱근의 형태인 용해도 파라미터(solubility parameter)에 의해 표현된다. 즉, 서로 비슷한 용해도 파라미터를 갖는 고분자와 용매는 팽윤을 크게 한다. 한센(Hansen)의 확장된 3성분(three-dimensional) 용해도 파라미터 개념에 의하면, 용해도 파라미터 값은 분산력(dispersion force), 극성력(polar force), 수소 결합력(hydrogen bonding force) 성분으로 나누어지며, 각각 서로 독립적으로 작용한다.

### (4) 약제의 이행

약제를 섬유 내부로 이동시키기 위한 매개체로 사용되는 물은 대부분 건조공정에서 섬유 표면으로 이동한 후 기체가 되어 증발함으로써 제거된다. 그런데 액체인 물에 의해 섬유 내부로 침투한 약제는, 건조 과정에서 물이 섬유 표면으로 이동할 때에도 따라서 표면으로 이동할 수 있는데, 이러한 현상을 약제의 이행(migration)이라고 한다. 섬유 표면에서 물 분자는 수증기로 증발되지만 고체인 약제는 증발되지 않고 남아있게 된다. 이러한 약제의 이행이 일어나면 섬유 내부보다 표면에 약제의 양이 많이 존재하게 되어 불균일 처리가 된다. 약제의 이행 현상은 섬유와 약제 사이의 친화력, 건조 방법 등에 따라서 달라진다.


## 2. 섬유가공의 분류

섬유가공은 가공방식, 기능성 등 다양한 기준으로 분류가 가능하다. 예컨대 기능성은 형태안정성, 감성, 특수 성능 등으로 나뉘며 가공방식은 화학적 가공과 물리적 가공 혹은 습식가공과 건식가공으로 구분하기도 한다. 편의상 이 저술은 기능성에 따른 분류를 선택하였다.


## 1) 형태안정성 향상

섬유제품의 형태안정성을 향상시키기 위한 가공으로, 방추(防皺)가공, DP 가공, 방축(防縮)가공, 수축(收縮)가공, 세팅, 축융(縮絨), 열고정(熱固定) 등이 이에 해당한다.

## 2) 감성(感性) 변화

시감(視感)이나 촉감(觸感), 청각, 후각 등 인간이 느끼는 감성적인 특성을 변화시키는 것으로 다음과 같은 것들이 있다.

### (1) 시감 변화

주로 광택이나 색상 또는 표면 상태를 변화시키는 가공이다.

- **광택 증진** : 머서화, 캘린더링(므와레, 엠보스 가공 등), 시레, 재귀성 반사
- **광택 저감** : 소광(消光)가공
- **색상 변화** : 심색(深色)화, 변색(變色)가공(일광변색, 감온변색, 감압변색 등)
- **표면상태 변화** : 기모(起毛), 털깎기, 피치스킨가공

### (2) 촉감 변화

섬유제품의 촉감을 변화시키는 가공으로, 부드럽게 하거나 뻣뻣하게 하는 가공, 고무나 가죽과 같은 촉감을 부여하는 가공, 여러 가지 복합적인 촉감을 갖게 하는 가공, 기타 촉감을 부여하는 가공 등이 있다.

- **유연(柔軟)성 향상** : 유연가공, 효소분해, 알칼리 가수분해, 기모(起毛)
- **복합 촉감** : 신합섬가공
- **기타 촉감** : 증량(增量), 세리신 정착(定着), 경화(硬化)가공 등

### (3) 기타 감성

후각과 관련된 방향(放香) 가공이나 소취(消臭)가공, 청각과 관련된 견명(絹鳴)가공 등이 있다.


## 3) 특수성능 부여

섬유제품에 특수한 성능을 부여하기 위한 가공이다.

- **원래의 섬유제품이 지니지 못하는 새로운 성능을 부여하는 가공** : 발수(撥水), 방수(防水),

방염(防炎), 대전(帶電) 방지, 친수화, 방오(防汚)가공 등

- **균일한 표면 구조를 부여하는 가공** : 코팅가공, 라미네이팅 가공 등
- **착용자의 인체를 보호하기 위한 가공** : 항미생물, 축열/보온, 자외선 차단, 전자파 차폐 가공 등
- **기타 특수 성능을 부여하는 가공** : 방미(防黴), 방충(防蟲), 내후(耐候)성, 방융(防融)성 부여 등

때때로 섬유 기능성을 아래와 같이 심미성, 관리성, 안정성, 착용성 등으로도 분류하는 경우도 있다.

- **심미성** : 색, 광택, 봉제성, 드레이프성, 염색견뢰도 등
- **관리성** : 세탁성, 방오성, 내약품성, 방충성, 형태안정성 등
- **안정성** : 발수성, 방수성, 항균성, 자외선 차단성, 전자파 차폐성 등
- **착용성** : 스트레치성, 대전방지성, 흡습(수)성, 투습성, 보온성 등


# 3. 기본 섬유가공

보통의 화학적 가공공정은 가공제를 섬유에 부가하여 일정한 결합력을 갖도록 처리(반응 또는 고착)하는 과정인데, 가공제를 섬유에 부여하는 공정, 약제의 운반에 사용된 용매(주로 물)를 건조시키는 공정, 부여된 가공제와 섬유 사이에 일정한 결합력을 갖도록 하는 반응 또는 고착공정, 부반응이나 미반응 물질을 제거하기 위한 수세공정, 기타 공정들로 이루어진다. 이러한 섬유가공 공정은 가공제의 부가공정과 반응/고착공정을 동일 기계에서 행하는 지와 별도의 기계에서 행하는 지에 따라 연속공정과 배치식 공정으로 분류할 수 있다.

가공제의 부가와 반응/고착을 동일 기계에서 행하는 방법은 비연속식 처리방법으로, 배치식 공정(batch process)이라고 한다. 보통 가공제 액에 섬유제품을 넣은 후 시간이 지남에 따라 약제가 섬유로 이동함으로써 반응이나 고착이 되고 액의 약제 농도는 점차

감소되는 흡진법(exhaustion method)이 사용된다. 다품종 소량생산에 유리하며 고가품의 생산에 적합하다.

가공제의 부가와 반응/고착을 별도의 기계에서 행하는 방법은 연속적인 처리가 가능하여 연속 공정(continuous process)이라 부르는데, 소품종 대량생산에 유리하다. 기본적인 연속 가공공정은 가공제 부여 → 건조 → 반응 또는 고착 → 수세 → 탈수 → 건조 → 마무리의 순서로 이루어진다. 이때 패딩(padding)에 의한 가공제 부여 → 건조(drying) → 큐어링(curing)에 의한 가공제의 반응/고착으로 이루어지는 공정이 주를 이루는데, 이를 PDC 공정이라고 한다.

## 1) 가공제 부여 공정

섬유제품에 어떤 효과나 기능을 부여하기 위하여 사용하는 가공제는 일부 액체와 기체도 있지만 주로 고체 상태이다. 고체 상태인 가공제를 같은 고체인 섬유에 균일하게 부여하기는 곤란하기 때문에 가공제를 액체(주로 물)에 녹인 용액을 사용한다. 연속식에서 가공제를 섬유제품에 부여하는 방법은 가공제 용액에 섬유제품을 침지시킨 후 짜주는 패딩법, 가공제 용액을 섬유제품에 분무시키는 방법, 조각된 롤러를 사용한 롤러법이 있으며, 이외에 가공액을 거품으로 만든 뒤 거품부여기를 사용하는 방법 등 여러 가지가 있다. 가공 목적과 방법에 따라 달라지지만 이들 방법들 중에서 가장 일반적이고 널리 사용되는 방법은 패더(padder)를 사용한 패딩법이다.

### (1) 패딩

패딩은 섬유제품에 가공제를 부여하는 방법의 하나로, 대표적인 연속식 가공제 부여 방법이다. 작업을 연속적으로 처리하여 대량생산이 가능하기 때문에 원가를 절감할 수 있다. 패딩에 의한 가공제 부여는 처리 용액에 섬유제품을 통과시켜 가공제를 흡수시키고, 일정한 압력의 롤러로 짜줌으로써 약제가 섬유 내부로 고르게 스며들게 함과 동시에 여분의 액을 짜내어 균일한 양의 가공제가 처리되도록 하는 공정이다.

패딩에 의해 섬유에 처리되는 용액의 양은 아래와 같이 패딩비(padding ratio)로 정의된다[웻픽업(wet pickup)이라고도 함]. 패딩비는 섬유의 종류, 직물의 조직, 가공제의 종류 및 농도, 압착 압력 등에 따라 달라진다.

$$패딩비 = \frac{W-W_0}{W_0} \times 100(\%)$$

이때 $W_0$는 패딩 전 섬유제품(직물)의 무게이고, $W$는 패딩 후 섬유제품(직물)의 무게이다. $W$는 엄격히는 건조무게를 사용하여야 하나, 섬유의 건조무게 측정이 까다롭기 때문에 보통 실내 습도에서의 무게를 사용한다.

## (2) 섬유에 처리되는 약제의 조절

패딩 시 섬유제품에 처리되는 가공제의 양은 ① 처리액의 농도와 ② 섬유에 처리되어지는 용액의 양(패딩비)으로 조절할 수 있다. 섬유를 용액에 침지하여 통과시킨 후 짜주게 되면 일정량 이상의 용액이 섬유에 포함되기 어려워지며, 반대로 아무리 압력을 높여 짜주더라도 어느 한도 이하로 섬유에 처리되는 용액의 양을 줄일 수 없다. 따라서 패딩비와 함께 용액의 농도를 조절하여 섬유에 처리되어지는 약제의 양을 조절하게 된다.

가공제의 부여공정이 별도로 있는 연속식 공정과는 달리, 배치식 공정에서는 가공제의 부여와 반응 또는 고착 처리가 한 기계에서 이루어진다. 이 경우에는 패딩비라는 개념을 적용할 수 없기 때문에, 액량비 또는 액비(liquor ratio)라는 개념을 사용한다. 액량비는 피처리물의 무게에 대한 가공제 용액의 무게비를 말한다. 연속식에서는 처리 욕조의 용액량이 일정하도록 조절되기 때문에 용액의 양에 대해서는 고려하지 않고 용액의 농도와 패딩비를 알면 섬유에 처리되는 약제의 양을 계산할 수 있다. 그러나 배치식에서는 농도가 정해져 있더라도 용액의 양이 달라지면 섬유에 흡수되는 약제의 양이 달라진다. 예를 들어 섬유와 가공 처리액의 비가 1:1인 경우와 20:1인 경우는 전혀 다른 가공 효과를 나타낼 수 있다. 따라서 배치식 공정에서 섬유에 처리되는 약제의 양은 ① 처리액의 농도와 ② 액량비로 조절한다. 액량비가 작으면 용액에 있는 약제의 절대량이 적기 때문에 원하는 양만큼의 가공제가 섬유와 반응하지 못할 수 있고, 액량비가 커지면 가공제의 양은 충분하지만 가공 후 버리는 약제의 양이 많아지기 때문에 적당한 액량비를 유지하여야 한다. 일반적으로 가공공장에서 사용되는 액량비는 15~20:1 정도이며, 액량비를 작게 하여 처리하는 가공법을 저욕비 가공법이라고 한다.

## (3) 패더 또는 패딩 맹글

패딩 공정에서는 가공제 액을 천에 충분히 침투시키고 여분의 액을 짜내어 일정한 패딩비를 갖도록 하기 위하여 패더를 사용한다. 패더는 가공액을 담는 욕조(bath 또는 trough)와 침지된 천을 짜주는 부분으로 구성되어 있다.

액에 침지 처리된 천 등을 가압된 롤러 사이를 통과시키고 천 등에 포충되어 있는 액을 일부 제거하는 기계를 맹글(mangle)이라 한다. 맹글은 패딩용으로 쓰이지만 수세 후 천에 포함되어 있는 수분을 가능한 많이 제거하여 건조 공정에서 비용을 감소시키는 스퀴지용(sqeezing mangle 또는 squeezer)으로 사용되기도 한다. 엄격히는 패더와 맹글이 구별되지만, 보통 패더 또는 패딩 맹글 대신 맹글이라는 용어를 사용한다.

맹글에는 수직형, 수평형, 경사형이 있다. 수직형은 가압 장치가 용이하나 균일한 패딩이 어려우며 가공에 많이 이용되고, 수평형은 가압 장치가 복잡하나 가공제를 균일하게 분포시킬 수 있어서 염색에 많이 이용된다. 경사형은 두 형의 절충형이라 할 수 있다. 일반적으로 2개 또는 3개의 롤러를 사용하지만 가공 목적에 따라 여러 개를 사용하기도 한다.

맹글의 종류를 나타낼 때 가공제 액에 한 번 담그고 한 번 짜주는 것을 1딥(dip) 1닙(nip) 맹글, 두 번 침지하고 두 번 짜주는 것을 2딥 2닙 맹글 등으로 표시한다. 그림 1-1은 여러 가지 종류의 맹글을 나타낸 것이다.

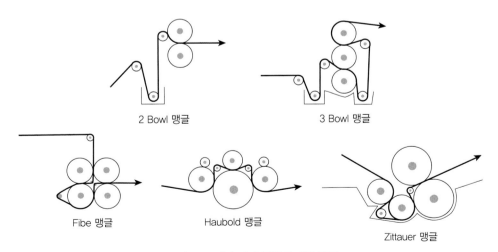

**그림 1-1** 여러 가지 종류의 패딩 맹글

맹글에 사용되는 롤러의 재질은 경질과 연질의 것이 있으며 금속제, 에보나이트제, 합성고무제 등이 보통이다. 가압 방법으로는 지렛대식, 수압식, 유압식 등이 이용된다. 특히 패딩에 사용하는 경우 내약품성이 있어야 하고, 가공의 종류에 따라서는 가열 또는 냉각장치가 필요한 경우도 있으며, 액면 관리장치가 필요하다.

## (4) 선택흡수

가공제 용액에 섬유제품을 패딩 처리할 때, 섬유와 처리 약제 사이의 친화력과 섬유와 물과의 친화력이 서로 다르기 때문에 가공용액에 있는 약제나 물이 용액의 농도와 다르게 섬유에 흡수될 수 있다. 예를 들어 10% 가공제 용액을 사용할 때 섬유에 흡수되는 용질의 농도가 10%보다 크거나 작을 수 있다. 이같이 섬유제품이 용액에서 용질이나 용매를 우선적으로 흡수하는 현상을 선택흡수(preferential absorption)라고 하며, 다음과 같이 선택흡수계수가 정의된다.

$$\text{선택흡수계수} = \frac{\text{섬유상에 존재하는 실제 가공제의 양}}{\text{패딩비로부터 계산한 섬유상의 가공제 양}}$$

선택흡수계수는 1보다 클 수도 있고 작을 수도 있다. 예를 들어 해당 처리조건에서 섬유와 약제 사이의 친화력이 섬유와 물 사이의 친화력보다 크면, 섬유에 존재하는 가공제의 양이 많아져 선택흡수계수는 1보다 커진다. 선택흡수는 섬유와 처리 약제의 종류, 피처리물의 구조, 첨가된 조제의 종류, 처리 온도, 침지 시간 등에 따라서 달라진다.

선택흡수가 일어나면 약제가 용액의 농도와는 다르게 섬유에 흡수되므로 처리욕의 농도가 시간이 지남에 따라 변화하게 되고, 따라서 처음에 처리된 부분과 나중에 처리된 부분의 가공효과가 달라지는 테일링(tailing) 현상이 일어난다. 이러한 선택흡수를 방지하기 위해서는 섬유제품에 처리되어지는 약제의 양과 공급되는 약제의 양이 같아지도록 하는 것이 이상적이다. 섬유제품을 용액에 패딩처리하기 시작하면 선택흡수가 일어나 초기에는 농도의 변화가 있지만, 어느 정도 시간이 지나면 공급되는 약제의 양과 처리되는 약제의 양이 같아지는 평형상태에 도달하게 된다. 그러나 평형상태라 하더라도 공급되는 가공제의 농도와 처리욕의 농도가 다르므로 이를 고려하여 연속적으로 공급되는 약제의 농도를 결정하여야 한다. 평형상태에 도달하기 전에 처리된 부분은 평형에 도달한 후에 처리된 부분과 약제의 농도가 달라 제품으로 사용하기 곤란하기 때문에 해당

부분을 잘라서 버리게 된다. 따라서 용액이 평형에 도달하는 시간을 줄이는 방법을 사용하여야 한다.

## 2) 건조공정

건조공정은 가공제 부여 후의 건조와 수세 후의 건조에 따라 그 목적이 달라진다. 먼저 가공제를 부여한 후 행하는 건조공정은 섬유제품에 필요 이상으로 많은 수분을 제거하여 가공제와 섬유 사이의 반응이 효율적으로 일어나도록 하기 위함이다. 즉, 물은 가공제(주로 고체)를 섬유 내부로 이동시키기 위해 사용되었기 때문에, 이를 제거함으로써 가공제의 농도를 높여 섬유와 가공제 사이의 반응이나 가공제의 고착이 효율적으로 이루어지도록 하는 것이다. 약제 부여 후 섬유제품을 건조시키면 건조 방법에 따라 섬유 내부에 존재하는 가공제가 표면으로 이동하는 현상이 나타날 수 있다. 이러한 약제의 이행은 불균일 처리를 유발하기 때문에 주의하여야 한다. 반면에 수세 후의 건조는 그 다음 공정에서의 취급 용이성을 위하여 행한다. 예를 들어 수세 후 또 다른 가공 처리를 하고자 할 때 섬유 내부에 물이 존재하고 있으면 새로운 가공제가 섬유 내부로 침투하기 힘들기 때문에 건조시켜야 하며, 수세 후 다른 가공이 아닌 마무리 처리를 하더라도 건조가 필요하다.

건조공정에서는 대류, 열전도 또는 복사열을 이용하여 피처리물을 가열한 후 수증기를 제거한다. 보통 80~110°C의 온도에서 처리하는데, 건조만 일어나고 약제와의 반응은 다음 단계에서 일어나도록 하는 것이 중요하다. 섬유에 존재하는 물은 ① 섬유와 결합된(주로 수소 결합) 수분, ② 섬유의 비결정 영역에 존재하는 수분, ③ 섬유제품의 미세 공극이나 모세관 사이에 존재하는 수분으로 구분할 수 있다. 대부분의 경우 ②나 ③의 수분이 건조의 대상이 된다. 건조 후 수분량은 다음에 이어지는 공정에 따라 다르게 조절된다.

### (1) 건조기계

건조기계는 열을 피건조물에 전달하는 방법에 따라 다음과 같이 분류할 수 있다.

- **공기매개 열전달식** : 대류를 이용하여 공기가 건조할 물질에 열을 전달하는 방법으로,

열기 건조기, 열풍 건조기, 감압 건조기 등이 여기에 해당한다.

- **접촉식** : 열전도를 이용하여 증기, 전기, 가스 등에 의해 가열시킨 드럼에 피건조물을 접촉하여 건조시키는 것으로 실린더 건조기, 펠트 건조기가 있다.
- **복사식** : 복사열을 이용하는 것으로 적외선 건조기, 고주파 건조기 등이 있다.

## (2) 건조방법

각 건조방법에 대한 설명은 다음과 같다.

- **실린더 건조(cylinder drying)** : 가열한 건조 실린더의 표면에 직물을 접촉시켜서 건조하는 것이다. 양면 실린더 건조기와 편면 실린더 건조기가 있으며, 젖은 상태에서 경사 방향으로 잡아당기기 때문에 길이는 늘어나고 폭은 감소한다. 섬유제품의 지질이 단단해지고 직물 표면이 납작해져서 금속광택과 종이와 같은 촉감이 나기 쉽다. 이러한 문제점을 해결하기 위하여, 접촉식인 실린더 건조를 한 후 열풍 건조를 조합하는 것이 많다.

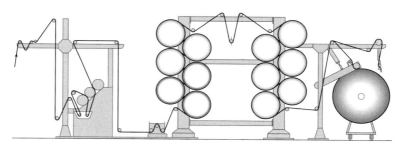

그림 1–2 실린더 건조기

- **펠트 건조(felt drying)** : 가열 실린더와 펠트 사이로 직물을 통과시켜 건조시키는 방식이다.
- **열기 건조(hot air drying)** : 밀폐된 건조실 안에 방열용 증기관을 배관하여 실내를 따뜻하게 하고, 그 속에 직물을 진행시켜 열기에 의해 건조시키는 방식이다. 고온 건조가 아니므로 직물의 질을 손상시키지 않고 금속광택도 나지 않는다. 핀으로 직물의 양변을 잡아 긴장시키면서 진행하는 긴장식과 직물을 일정한 길이로 달아 내리면서 지지 롤러를 진행시켜 건조하는 현수식이 있다.

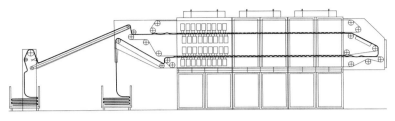

그림 1-3  열기 건조기

■ **열풍 건조(hot flue drying)** : 건조실 내에 열풍(40~50°C)을 보내어 수분을 증발시켜 건조시키는 방법이다. 열기 건조보다 효율이 좋으나 섬유제품 속의 가공제가 표면으로 이행되어 불균일 처리가 일어난다. 또, 열풍이 섬유제품에 있는 기공 크기가 큰 쪽으로 집중 통과하기 때문에 불균일 건조가 되기 쉽다.

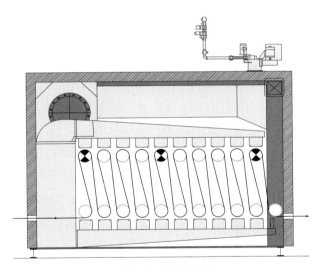

그림 1-4  열풍 건조기

■ **적외선 건조(infra-red drying)** : 적외선을 사용하는 복사에 의한 건조방법이다. 적외선이 직물 내부로 흡수되어 열로 변하여 직물의 내부부터 건조된다.

■ **고주파 건조(high frequency drying)** : 복사열을 이용한 건조방법으로, 섬유제품에 고주파의 전파를 흡수시키고 이때 일어나는 열에 의해서 건조시킨다. 직물 내부까지 균일하게 건조되고, 약제의 이행이 없으며, 건조속도가 빠르고 함수율 10%까지 건조가

가능하다. 직물의 수분 온도는 올라가지만 복사 때문에 공기는 가열되지 않아 인화 위험성이 없다. 그러나 설비비나 유지비(전기 소비)가 많이 든다는 단점이 있다.

- **감압 건조(진공 건조)** : 압력을 낮추면 물의 끓는 온도가 내려가는 현상을 이용하여 감압 또는 진공상태를 만들어 낮은 온도에서 건조하는 방법이다. 온도를 높이지 않아도 되기 때문에 섬유 손상이 없고 촉감이 좋다. 그러나 연속식에서는 진공상태를 유지하기 곤란하기 때문에 공업적으로 많이 이용되지는 않는다. 특별히 온도를 높여서 건조하기 곤란한 제품의 건조에 사용되며, 실험실 등에서 많이 이용된다.

## 3) 가공제의 반응 또는 고착공정

섬유제품에 부여된 가공제는 건조에 의해 수분이 제거된 후 섬유와 반응(reaction)하거나 섬유에 고착(fixation)된다. 반응은 섬유와 가공제 사이에 화학적인 결합이 형성되는 것을 말하며, 고착은 가공제에 섬유와 직접 반응할 수 있는 관능기가 없는 경우 가공제가 세탁에 의해 탈락되지 않도록 고정시키는 것을 말한다.

### (1) 고착(固着)

고착에는 크게 내부고착법과 외부고착법이 있다. 내부고착법은 섬유 내부에 존재하는 가공제의 크기를 키워 외부로 빠져나오지 못하도록 하는 방법이다. 예를 들어 단량체나 섬유 내부로 침투할 수 있을 정도의 초기축합물을 처리하여 섬유 내부에 존재하게 한후, 이들을 중합시킴으로써 크기를 키워 섬유 외부로 빠져 나오지 못하게 하는 것이다. 처리된 가공제와 섬유 사이에는 화학결합이 존재하지 않지만 세탁에 의해 빠져 나오지 않는다. 또 다른 예로는 음이온기를 갖는 물질을 섬유 내부로 침투시킨 후, 상당한 크기를 갖는 양이온 물질을 침투시켜 두 물질을 반응시킴으로써 크기를 키워 섬유 밖으로 빠져나오지 못하도록 하는 것으로, 직접염료의 고착제에 의한 고착이 이에 해당한다.

외부고착법은 주로 섬유 표면에 필름을 형성시키거나 바인더(수지 접착제)를 사용하여 고착시키는 방법이다. 필름 형성능이 있는 고분자를 수용액 또는 유화액 상태로 하여 처리하면, 고분자의 크기 때문에 섬유 내부로 침투하지 못하고 섬유 표면에 존재하여 필름을 형성한다. 이때 고분자가 수용성인 경우 내세탁성을 부여하기 위해서는 고분자를 서로 가교시켜야 한다. 한편 입자 크기가 크면서 섬유와 결합할 반응성기가 없는 화합물인 경우에는 수지 접착제인 바인더를 사용하여 외부에 고착시킨다. 그러나 사용하는 바인더에 따라서 섬유의 여러 가지 표면 특성이 변화하며, 고착된 가공제도 반복 사용에 따라 탈락하기 쉽다.

## (2) 반응/고착방법

연속식에서 가공제를 반응시키거나 고착시키기 위해 사용하는 방법에는 건조 상태에서 열을 이용하는 건식법, 열과 함께 물이 사용되는 습식법이 있으며, 이외에 빛을 사용하는 조사(照射)법이 있다. 건식법에 사용되는 기계는 큐어링기, 베이킹(baking)기, 서모졸(thermosol)기, 암모니아 큐어링기 등이 있고, 습식법에 사용되는 기계는 증열기(steamer), 침지기, 체류기(J-box) 등이 있으며, 조사법에는 방사선($\gamma$-선), 전자선, 플라스마(plasma)를 이용하는 기계 등이 있다.

## (3) 큐어링

큐어링은 건열 처리에 의한 가공제의 반응/고착방법으로, 가장 대표적인 연속 처리 방법이다. 큐어링에서 가장 중요한 요인은 온도와 시간인데 섬유와 가공제의 종류, 촉매, 함께 사용하는 약제의 종류 등을 고려하여 처리 온도와 처리 시간을 설정하여야 한다. 큐어링이 제대로 되지 않으면 반응/고착이 되지 않아 수세시 약제의 이탈이 심하게 되고, 큐어링이 너무 과하게 되면 섬유의 손상이 심해진다. 면섬유인 경우 보통 130~160℃에서 큐어링하며, 160℃ 이상에서 처리하는 경우 시간이 길어지면 면섬유의 손상이 일어나 황변되기 시작한다.

## (4) 배치식 공정

배치식 공정에서는 주로 가공제의 부여와 반응/고착을 별도의 기계에서 하지 않고 동일 기계에서 처리한다. 즉, 가공제 액에 피가공물을 넣은 뒤 반응/고착이 끝날 때까지 진행하게 된다. 이때, 균일한 처리를 위하여 가공제 액을 순환시키는 방법(예: 빔 염색기, 패키지 염색기 등), 피가공물을 순환시키는 방법(예: 지거, 윈스 등), 가공제 액과 피가공물을 동시에 순환시키는 방법(예: 제트 염색기 등) 등을 사용한다.

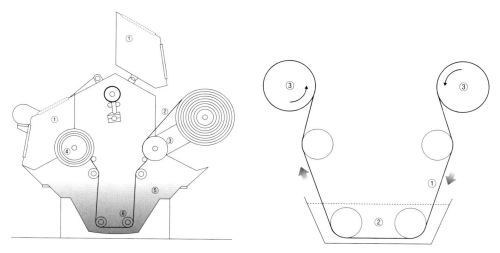

**그림 1-5** 지거(jigger)

## 4) 수세 및 탈수

가공 후 직물에 남아 있는 불순물(미반응 또는 미고착 가공제, 부가생성물, 촉매 등)이나 바람직하지 않는 곳에서 생성된 반응물(예를 들어, 섬유 내부에 처리되어야 하는 가공제가 섬유 표면에 존재하는 경우) 등은 품질 저하, 위생상 문제, 또는 후속 공정에 장애를 주기 때문에 수세(washing) 공정에서 이들을 제거하여야 한다. 최종 마무리 가공과 같이 가공 목적에 따라서는 수세를 하지 않아야 하는 경우도 있다. 수세를 한 후에는 또 다시 건조를 하여야 하기 때문에 비용이 많이 들어 가급적 수세를 하지 않는 것이 경제적이다. 수세에 사용되는 세정제에는 알칼리, 비누, 세제, 중성세제 등이 있으며 가공 목적에 따라 선택한다. 연속식에서 수세에 사용되는 방법에는 로프 수세, 확포 수세, 윈스 수세 등이 있다.

수세를 마친 후 직물에서 여분의 수분을 제거하는 작업을 탈수(dehydration, hydro-extraction)라 한다. 탈수의 목적은 수세 후 건조 비용을 줄이기 위하여 수분을 최소화시키기 위함이다. 참고로 건조는 섬유 자체가 가지는 수분을 제거하는 공정인데 비하여, 탈수는 섬유 사이에 존재하는 수분을 제거하는 공정이다. 탈수에는 다음과 같은 방법들이 있다.

- **압착탈수** : 로프 또는 확포 상의 섬유제품을 롤러(squeezer) 사이로 연속적으로 통과시켜 강압하여 물을 짜내는 방법으로, 확포 탈수 후 면직물의 함수율은 60~75% 정도이다.
- **원심탈수** : 원심력을 이용하여 탈수하는 방법으로, 면이나 마직물인 경우 함수율을 50~60% 정도로 낮출 수 있다. 구김이나 접은 자리가 생기고, 연속 작업을 할 수 없어 배치식에 이용된다.
- **진공탈수** : 진공의 흡인력을 이용하여 탈수하는 방법으로, 직물을 압박하지 않고 구김이 생기지 않으나, 탈수 능력이 나쁘고 진행속도가 느리다.

## 5) 기타 가공공정

### (1) 급 습

급습(damping)은 건조된 직물에 필요에 따라 습기를 주는 공정이다. 직물이 건조되면 정전기가 발생하여 조작이 불편하고 잔털 발생이 쉬워진다. 또, 심하게 건조되면 탄성이 상실되고 단단해지며 취화(脆化)되기 때문에 적절한 습기를 공급해 주어야 한다. 급습을 하는 방법에는 자연 급습, 포개감기 급습, 롤러 급습, 증기 급습, 브러시 급습, 분무 급습 등이 있다.

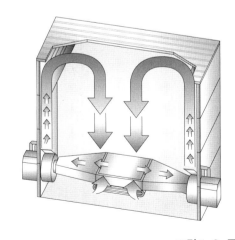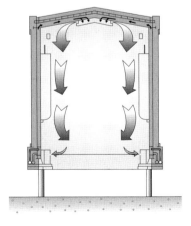

그림 1-6 급습 장치

## (2) 폭내기 또는 폭출(幅出)

습식공정에서 직물은 길이 방향으로 인장되므로 길이가 늘고 폭이 좁아진다. 이같이 좁아진 직물의 폭을 원하는 일정한 폭으로 넓히는 공정을 폭내기 또는 폭출(tentering)이라고 한다. 폭내기는 건조 후에 급습하고 난 다음이나 반건조 상태에서 행하는데, 폭출기(tenter)를 사용하여 경사 방향으로 적당히 긴장시킨 다음, 직물의 좌우 양변을 핀이나 클립으로 잡고 당겨 폭을 내는 동시에 위사를 바르게 해준다.

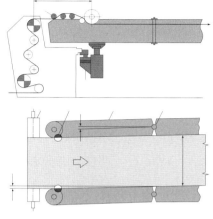

그림 1-7  텐더

## (3) 가호(加糊)

직물에 풀을 먹이는 공정을 가호(sizing)라고 한다. 직물을 뻣뻣하게 하거나, 얇은 직물에 두꺼운 느낌을 주고 무게를 증가시키기 위하여, 또는 풀먹이기 한 후에 광내기 가공을 하기 위해 행하는데, 이러한 성질은 세탁에 의해 없어지는 일시적 효과이다.

　직물에 단단함을 부여하거나 점착성을 이용하여 증량제를 기계적으로 직물에 고착시키는 풀 재료인 호료(糊料)에는 녹말(starch), 가공 녹말, 천연고무, 단백질(젤라틴), 카복시메틸셀룰로스(CMC), 폴리비닐알코올(PVA) 등이 있다. 가공 풀은 호료뿐만 아니라 증량제, 유연제, 방부제, 착색제 등을 적당히 배합하여 제조한다.

## (4) 발호(拔糊)

직물의 정련, 표백 및 염색에 앞서 경사에 있는 풀을 제거하는 공정(풀·빼기)을 발호(desizing)라고 한다. 이를 위해서 보통 발호제를 사용하는데 일반적으로 침지법, 산액 침지법, 비누 발호법, 발효법 등이 있다. 전분을 주체로 한 풀감에는 전분질 분해 효소나 각종 산류를 사용하고, 단백질이나 유지류일 경우에는 이에 적합한 분해 효소나 적당한 약제를 사용한다.

# 4. 습식공정과 오염

섬유공업은 물을 많이 사용하는 산업분야에 속한다. 염색 및 가공은 대부분 습식공정으로서 폐수 발생으로 인한 수질오염과 환경문제를 해결하여야 한다. 천연섬유는 여러 가지 불순물을 포함하고 있어 염색, 가공공정과 함께 정련 단계에서도 오염물질이 발생한다. 합성섬유 자체는 자연적인 불순물을 포함하고 있지 않지만 각종 습식공정을 거치면서 많은 오염물을 배출한다. 습식공정에서 발생하는 폐수는 침전, 부유, 응집, 응고, 산화, 생화학적 처리, 흡착, 막투과, 이온교환, 증류 등 다양한 방법을 적용하여 처리된다.

## 1) 습식공정에서의 오염

### (1) 발호공정

호제로 사용되는 PVA와 CMC는 모두 생분해능이 없다. 산화칼슘과 이산화탄소를 처리하면 CMC를 침전시켜 분리할 수 있으며, PVA의 제거에는 흡착이나 분자여과법이 추천되고 있다. 발호 폐액은 초여과법, 역삼투법 등에 의해 재생된다. 재생에 의해서 얻는 PVA의 양은 96% 정도 도달하는 것이 가능하다.

### (2) 정련공정

합성섬유의 경우 비이온 및 음이온 계면활성제를 사용하여 약 알칼리 조건에서 정련하는데, 수질오염의 주범은 세제, 기름, 용매, 대전방지제 등이다. 분지형 음이온 계면활성제를 사용하는 경우 생분해가 되지 않아 오염도가 매우 크지만, 직쇄상의 경우는 생분해능을 갖는다. 비이온 계면활성제인 에톡시화알킬페놀류는 실온에서 분해가 어렵다.

### (3) 표백공정

표백제에는 과산화수소, 아염소산나트륨, 차아염소산나트륨 및 과아세트산 등이 있다. 과산화수소는 물과 산소로 분해되어 자체로는 유해물이 아니나 첨가제로 들어 있는 성분이 문제가 된다. 아염소산나트륨 자체는 수질 오염을 일으키지 않으나 함께 첨가되는 부식 방지제인 아질산나트륨은 오염물질이다. 그리고 과아세트산은 자체가 오염물질이다.

## (4) 염색공정

pH 조절을 위하여 아세트산이 널리 쓰이는데, 아세트산은 생분해가 매우 어려우므로 생분해가 가능한 포름산으로 교체하는 것이 바람직하다. 포름산은 낮은 농도로도 pH 조절이 가능하며 오염도를 낮출 수 있는 장점이 있다.

## (5) 날염공정

날염공정에서의 폐수는 날염물의 세척에 의해 발생한다. 여기에는 계면활성제, 염료나 안료, 농후화제, 기타 여러 조제 등이 포함되어 있다. 조제의 선정은 생분해능의 관점에서 중요하다. 농후화제는 폐액의 대부분을 차지하는데 전분의 경우는 쉽게 생분해하나 CMC, PVA, 그리고 다른 합성 농후화제는 생분해능이 없다. 조제의 종류에 따라 생물학적 처리를 할 것인지, 물리화학적 처리를 병행할 것인지를 결정한다.

## (6) 가공공정

가공공정에서 사용하는 많은 고분자 유화액은 pH, 염, 교반 등에 민감하여 폐수에 들어가면 쉽게 응고한다. 응고되지 않고 남아 있는 부분은 생물학적인 처리에 의해 제거되지 않는 경우가 있으며 이때는 화학적 처리가 필요하다. 면의 수지가공에 사용하는 많은 가공제는 요소, 멜라민, 포름알데히드, 그리고 글리옥살로부터 제조된다. 이들 중 일부는 생분해성이지만 나머지는 그렇지 않다. 포름알데히드 유도체는 폐수의 흐름에서 서로 반응하거나 다른 약제와 반응하여 불용성 침전물을 이루는데 침전에 의해 제거된다. 방염가공제는 일반적으로 인이나 질소를 함유하고 있다. 중요한 방염가공제인 THPC[tetrakis(hydroxymethyl) phosphonium chloride]나 APO[tris(1-aziridinyl) phosphine oxide]는 그대로 방류하면 심각한 공해를 유발시킨다. 아크릴산과 메타크릴산 공중합체와 같은 방오가공제는 자유 카복시기를 지니고 있어 생물학적인 처리가 쉽지 않으며 물리, 화학적 수단에 의해 제거되어야 한다. 방충가공제인 DDT, Eulan, 그리고 Mittin FF 등은 생분해능이 없고 독성이 커서 현재는 사용되지 않는 추세이다.

## 2) 오염을 줄이는 방법

오염을 줄이기 위한 수단으로서 용수의 재사용, 거품을 이용한 공정의 개발, 용매를 사용하는 공정의 개발 등을 들 수 있다.

### (1) 용수의 재사용

물의 소비를 줄이는 방법이다. 폐수를 여과하고 활성탄 처리를 한 경우는 양말류의 염색에 적당하다. 마찬가지로 활성오니 플랜트, 응집, 활성탄 흡착, 그리고 이온교환 수지를 순차적으로 거친 경우는 재사용이 가능하다.

### (2) 거품을 이용하는 공정

거품은 염료, 안료, 가공제 등을 처리하는 매질로 사용된다. 거품을 이용하는 공정은 용수의 사용이 작고 에너지가 매우 작게 드는 장점을 지니고 있다. 단점으로는 수질오염의 문제와 생화학적 처리조의 바닥에 기포를 발생시키는 것을 들 수 있다. 거품 발생에 쓰이는 계면활성제는 무엇보다도 생분해가 가능하여야 한다. 전반적으로 거품을 이용하는 공정은 일반 습식공정에 비하여 오염 발생량이 매우 작아 폐수처리하기 좋다.

### (3) 용매에 의한 가공공정

용매의 회수율에 의존하며 수질 오염의 문제는 적다. 그러나 용매의 일부는 처리공정이나 회수공정에서 대기 중으로 빠져나가며, 염소계 탄화수소와 같은 분자량이 큰 용매들은 공정장치에 부착하여 대기 오염을 유발한다.

수질오염의 측정방법으로는 ① 5일 동안 요구되는 생화학적 산소요구량(biological oxygen demand, BOD)의 측정법(BOD-5)과 ② 화학적 산소요구량(chemical oxygen demand, COD)의 측정법이 있으며, 그밖에 과망간산치(permanganate value) 및 디크롬산치(dichromate value) 등이 있다.

# **02**

# 형태안정성
# **향상**을 위한 **기능화**

천연섬유에 대한 형태안정성 부여 가공은 그동안 많은 기술혁신을 거쳐 안정된 단계에 도달하였다. 이제 형태안정성 개선은 더는 시급한 과제가 아니다. 그러나 천연섬유에 대한 이해와 모사를 바탕으로 이 과제를 해결하였으며 이것이 기술혁신의 출발점이었다는 점을 기억할 필요가 있다.

천연 면과 마는 착용과 세탁 과정에서 구김이 심하게 발생하는 문제를 지닌다. 이러한 구김은 다양한 수지가공 공정을 거치면서 개선이 이루어졌다. 특히 초기에는 가공제의 축합반응을 적용하였으나 점차 고분자과학에 대한 이해가 진전되면서 분자-분자 가교반응이 구김 개선에 중요하다는 점이 드러나게 되었다.

양모는 스케일 구조와 가교 구조를 포함하는 다층구조를 지니고 있어 이상적인 섬유소재이다. 화학적으로도 외부가 소수성이고 내부가 친수성이어서 높은 탄성, 발수성, 흡착성과 염색성을 보인다. 이러한 장점과 함께 면과 마의 구김처럼 양모의 수축 방지라는 오래 지속된 과제도 존재한다.

견은 보통 세리신을 제거하고 남은 피브로인 성분을 섬유소재로 사용한다. 정련 견은 독특한 광택과 촉감을 지녀 고급 의류소재로서 특별한 위상을 지닌다. 그러나 같은 단백질섬유인 양모에 비해 견은 구조가 단순한 편이다. 형태안정성 관련 과제도 양모와 크게 다르다. 예컨대 세리신을 보완하는 증량이 큰 비중을 차지한다. 염류나 각종 용매에 의한 팽윤도 견의 가공에 널리 활용되고 있다.

형태안정성 개선과 관련하여 합성섬유는 천연섬유와 전혀 다른 방식이 적용된다. 잘 분화된 미세구조를 지니고 있는 천연섬유와는 달리 합성섬유는 방사와 연신, 가공 단계에 이르러 미세구조가 발현되기 때문이다. 요컨대 합성섬유에 대한 형태안정성 부여는 열처리 공정에 전적으로 의존한다고 하겠다.


# 1. 셀룰로스계섬유의 형태안정성

미시적으로 면섬유의 단면은 대략 큐티클(1차 세포벽을 둘러싼 매우 얇은 왁스, 펙틴, 단백질 층), 1차 세포벽(~0.1μm 두께), 2차 세포벽(~4μm 두께), 루멘(중공, lumen)으로 구분할 수 있다. 면섬유의 길이는 직경의 1,000~4,000배 정도이다. 전자현미경으로 관찰하면 1차 세포벽은 마이크로피브릴이 3차원으로 가교된 형태에 가깝다(면섬유의 단면구조: 그림 2-1). 결정구조인 마이크로피브릴은 소재에 따라 조금 차이가 나는데 면 린터의 경우 7~9nm, 모시의 경우 10~15nm 정도이다. 면은 천연 상태에서 90~95% 셀룰로스, 1~2% 단백질 성분, 0.3~1% 왁스, 0.7~1.2% 펙틴질, 그리고 소량의 유기산과 무기물을 함

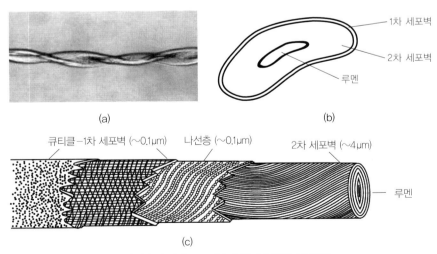

그림 2-1 면섬유의 미세구조: (a) 측면, (b) 단면 (c) 전체

유하고 있다.

면섬유의 가공을 위해 먼저 불순물을 제거하는 정련을 행한다. 면섬유는 높은 결정구조로 인하여 직물의 형태에서는 매우 쉽게 구김이 발생하는데 면섬유에 형태안정성을 주기 위해서 구김 발생을 억제하는 기능 부여가 가장 중요하다. 이를 위하여 1930년대부터 수지처리에 의한 가공이 시도되었는데 수지(전구체의 형태)를 섬유 내부로 침투시켜 자체 중합 혹은 셀룰로스와 가교를 유도하는 방식이 일반적이다. 또한 부수적인 가공효과로서 머서화와 같은 수산화나트륨 처리를 하면 약간의 구김 개선효과를 얻을 수 있다.

## 1) 면의 구조와 성질

### (1) 미세구조

면화에서 얻어지는 섬유(린터)는 $\beta$-D-글루코스가 선형으로 축합한 셀룰로스라고 부르는 다당류이다. 그 화학구조는 $\beta$-D-글루코스 1번 탄소에 있는 수산기가 다른 $\beta$-D-글루코스 4번 탄소의 수산기와 탈수축합하여 얻어진 폴리-1,4-$\beta$-D-글루코사이드이다. 1,4-$\alpha$-글루코스 결합에 의한 아밀로스(식물성 전분은 선형 아밀로스 20%와 분지형 아밀로펙틴 80%로 구성됨, 동물성 전분인 글리코겐은 아밀로펙틴보다 더 분지가 많은 구조를 지님)와 달리 $\beta$-결합인 셀룰로스는 두 분자가 연결된 셀로비오스가 구조적인 반복단위이지만 화학적인 반응성은 무수 글루코스 단위(anhydroglucose unit, AGU)와 같다.

셀룰로스의 분자구조는 그림 2-2(a)와 같은데 기능성 부여에 참여하는 반응은 AGU 단위에 존재하는 세 개의 수산기에서 일어난다. 보통 셀룰로스 말단은 환원이 가능한 부분과 그렇지 못한 부분으로 되어 있다. 그중 환원이 가능한 부분의 알데히드기는 정량에 의해 분자량 결정에 활용된다. 면 셀룰로스의 경우, 분자가 모여 집합체를 형성하며 높은 배향구조와 결정화도가 큰 특징을 지닌다. 따라서 용해하지 않는 한 균일한 가공처리는 불가능하며 수산기의 반응도 표면이나 비정영역에서 발생한다.

### (2) 물리적 성질

면섬유(린터)는 다당류인 셀룰로스가 잘 배향된 구조를 이루는 것으로서 높은 분자간 수소결합과 결정화도를 지닌다. 외형적으로는 천연 꼬임(natural twist, convolution)과 완두콩 모양으로 찌그러진 단면구조를 지닌다. 천연 면섬유는 평균적으로 길이 9,000$\mu$m, 두께 19$\mu$m, 중합도 12,000 정도를 나타낸다. 또한 파단강도 3.0~5.0g/d(건조), 3.3~6.0g/d(습윤), 탄성회복 75%(2% 신장), 파단신도 2~10%(건조, 습윤), 밀도 1.54~1.56g/cm$^3$, 수분흡수 8.5%(미처리, 포화 15~25%), 8.5~10.3%(머서처리, 포화 15~27%+)(20°C, 65%RH) 등의 물성을 지녀 아마, 모시, 비스코스레이온, 아세테이트 등과는 뚜렷하게 구분된다.

## (3) 화학적 성질

면섬유는 높은 결정구조를 지니고 있어 완전히 용해하지 않고는 균일한 반응을 유도하기 불가능하다. 이에 대한 연구는 오랜 과제인데 셀룰로스를 팽윤 혹은 용해를 조절하려는 노력은 지금까지도 이어지고 있다. 팽윤을 시키는 용매로는 알칼리 수산화물(수산화나트륨, 수산화칼륨, 수산화리튬 등)이 대표적이다. 특히 수산화나트륨은 면섬유의 머서화(높은 농도)나 정련(낮은 농도) 공정에 사용된다. 면 셀룰로스의 용해 혹은 팽윤 특성은 비스코스 레이온과 같은 습식방사나 아세테이트와 같은 유도체 제조에 적용된다. Cuam(Bemberg), NMMNO(N-methyl morpholine N-oxide) 등은 셀룰로스를 직접 용해하며 비스코스 레이온(수산화나트륨), 아세테이트(포름산) 등은 유도체 제조과정에서 매질 혹은 용매를 사용한다. 균일한 유도체(에테르나 에스터) 구조는 분자사슬 사이의 수소결합이 사라지면서 전혀 다른 물성을 나타낸다.

- **에테르화** : 셀룰로스는 알킬기(메틸, 에틸), 모노클로로아세트산나트륨(카복시메틸), 알킬렌옥사이드/수산화나트륨(하이드록시에틸, 하이드록시프로필), 아크릴로니트릴/수산화나트륨(시아노에틸) 등으로 치환되면 에테르로 바뀐다(그림 2-2(b)). 이들 유도체들은 치환 정도에 따라 호제, 농후화제, 유화제, 발수제, 방부제 등으로 사용된다.

- **에스터화** : 셀룰로스는 무수아세트산(아세테이트, 트리아세테이트), 무기산(질산셀룰로스, 황산셀룰로스), 요소(카바메이트), 수산화나트륨/이황화탄소(셀룰로스 산토겐산 나트륨) 등과 반응하여 에스터 구조가 된다(그림 2-2(c)). 이들의 주 용도는 콜로디온, 라커, 필름, 고착제, 인조피혁, 재생섬유, 비스코스 레이온 등이다.

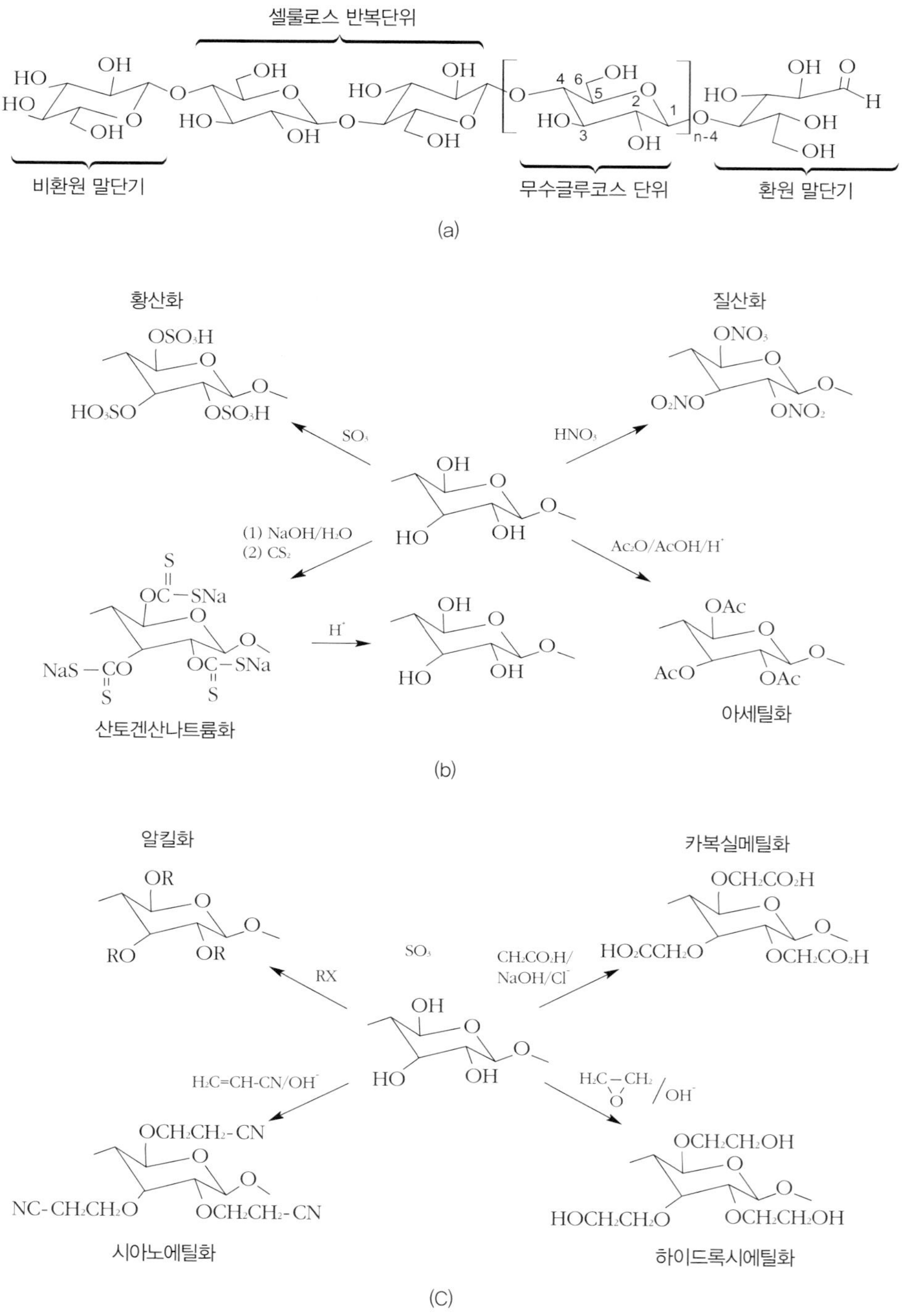

그림 2-2 셀룰로스: (a) 분자구조, (b) 에테르화 및 (c) 에스터화

## 2) 수지가공

면, 마, 레이온 등과 같은 셀룰로스계 제품은 구김(crease)이 가기 쉬우므로 방추성(防
皺性)을 부여하기 위한 가공이 필요하다. 방추성을 부여하는 기본 원리는 셀룰로스섬
유 안에 초기축합물(precondensate)을 넣어준 뒤 섬유 안에서 중합시키거나, 가교제
(crosslinking agent)를 사용하여 셀룰로스섬유 분자를 가교시켜 주는 것이다. 이같이 섬
유 안에서 중합되거나 셀룰로스와 반응하는 물질을 수지(樹脂, resin)라고 하며, 수지가공
에 의해서 면섬유 직물의 방추성, 방축성, WW성, DP성, 형태안정성 등이 향상된다.

### (1) 수지가공 직물의 특성 평가

수지가공 직물의 특성은 다음과 같은 방법으로 평가된다.

■ **구김회복각도(wrinkle recovery angle, WRA)** : 방추성은 건조 상태에서 측정하는 건방
추도와 습윤 상태에서 측정하는 습방추도로 표현되는데 흔히 구김회복각도(개각도)가
적용된다. 측정방법은 일정 크기(예: 4×1.5cm)의 시료를 일정 시간(예: 5분) 동안 일정
하중(예: 500g 추)을 주고 접어둔 후, 하중을 제거하고 일정 시간(예: 5분)이 지난 후의
개각도를 측정하는 것이다. WRA는 경사 방향과 위사 방향의 개각도 합($°$, w+f)으로
표시한다.

■ **WW 등급(wash and wear level)** : 구김회복각도로 방추성을 평가하기 어려운 수지처리
직물은 규정된 세탁 방식으로 세탁한 뒤 구김이 가는 정도를 표준 시료(플라스틱 모
델)와 비교하여 육안 판정한다. 1~5급이 있는데 1급이 가장 구김이 심한 상태이고, 5
급이 가장 구김이 없는 상태이다.

■ **DP 등급(durable press level)** : 가공 기술이 발달하면서 기존 WW 등급으로는 구분하
기 어려운 상황이 발생하게 되었다. 이러한 문제를 해결하기 위해 WW 등급보다 보다
가혹한 조건에서 세탁하여 구김을 판정하는 DP 등급이 도입되었다. WW 등급과 마찬
가지로 세탁 후 표준 시료와 비교하며, 1~5급이 있다.

## (2) 수지가공의 발전과정

수지가공은 그 발전 단계에 따라 방추가공(wrinkle resistant finish, anti-crease finish), WW 가공(wash and wear finish), DP 가공(durable press finish)으로 구별된다.

① **방추가공**  1940년대 후반 구김이 거의 생기지 않는 합성섬유가 출현함에 따라 면제품에 대한 방추가공의 필요성이 대두되었는데, 면섬유의 비결정 영역에 고분자 물질을 집어넣으면 분자사슬의 움직임이 제한되어 방추성을 부여할 수 있을 것으로 생각되었다. 그러나 분자량이 큰 고분자 물질을 직접 면섬유 내부로 넣을 수는 없기 때문에, 고분자를 쉽게 형성시키는 약제를 면섬유 내부에 침투시키고 섬유 내부에서 중합시키는 방법(in situ polymerization)을 사용한다.

주로 요소(urea) 포름알데히드 수지나 멜라민(melamine) 포름알데히드 수지와 같이 고분자 형성능이 큰 물질을 사용한다. 이들은 섬유 내부에서 축합하여 고분자를 형성한다. 그런데 축합 반응은 반응속도가 느려 단량체 상태의 화합물을 섬유에 처리하면 중합체가 되기까지 시간이 많이 걸리기 때문에, 어느 정도 중축합이 진행된 초기축합물(precondensate) 형태의 수지가 사용된다. 보통 분자량이 크지 않은 초기 축합물은 수용액 상태에서 섬유 내부로 침투시켜 섬유 내에서 중합 반응을 유도한다.

WRA(건방추도) 150~160°, WW 등급 1등급인 미처리 제품에 위와 같은 처리를 하면 WRA 220~230°, WW 등급 2~3급 정도인 방추성을 부여할 수 있는데, 면이나 레이온 제품에 적용된다.

② **WW 가공**  중축합형 고분자를 사용한 초기의 수지가공은 건방추성은 우수하지만 세탁 후 구김이 많이 생겨 습방추성은 없었으나, 1950년대 후반 세탁 시에도 구김이 가지 않게 하는 WW 가공법이 개발되었다.

섬유의 비결정 영역에 고분자물을 집어넣으면 건방추성은 향상되지만 습방추성은 향상되지 않는다. 그러나 셀룰로스 분자사슬을 서로 가교(crosslinking)시키면 분자 사슬의 이동이 제한을 받아 건방추성과 습방추성이 함께 증가한다. 따라서 면섬유 내에서 고분자를 쉽게 형성하는 물질보다는 셀룰로스 분자사슬을 가교시키는 가교제를 사용하게 되었다. 이러한 가공제는 주로 고리형 요소 화합물들이 사용되는데, 자체 중합이 되지 않고 주로 가교결합을 형성하기 때문에 셀룰로스 반응형 수지(cellulose reactant resin)라고 한다.

　방추가공에서 WW 가공으로의 발전은 이러한 새로운 약제의 개발에 기인한 것이라고 할 수 있다. 반응형 수지를 사용하면 면제품에 WW 등급 3~4급, WRA(건방추도) 250~260° 정도의 방추성을 부여할 수 있다.

③ **DP 가공**　1960년대 후반 들어 WW성 뿐만 아니라 의류상의 형태안정성이 요구되게 되었다. 즉, 구김(crease)이 생기지 않도록 할 뿐만 아니라(편평기억성, flat memory), 인위적으로 준 주름은 오래 동안 지속됨(주름기억성, pleat memory)과 동시에 세탁이나 착용시 심 퍼커링이 생기지 않도록(no seam puckering) 하는 것이다.

　방추가공에서 WW 가공으로의 발전이 새로운 약제에 기인한 것이라면, WW 가공에서 DP 가공으로의 발전은 새로운 공정의 개발에 기인한 것이다. DP 가공에서 사용되는 약제 자체는 WW 가공에서 사용하는 환상 요소 화합물이나 카바메이트와 같은 가교제이다. 그러나 가공공정에서 가공제의 패딩, 건조, 큐어링을 마친 후 재단, 봉제 공정을 거치는 WW 가공과는 달리, DP 가공에서는 가공공정에서 패딩, 건조까지만 마친 후 봉제 후에 큐어링하는 공정법을 사용한다. DP 가공에서는 봉제 후에 큐어링하기 때문에 제품의 형태안정성이 증가한다. 그러나 가공제와 촉매는 봉제 공정이 끝날 때까지 섬유 내에 존재해야 하기 때문에 촉매로는 일반 산이 아닌 큐어링 과정에서 산이 생성되는 물질(잠재촉매)이 사용된다.

　DP 가공에 의해서 WW 등급 5급 이상, DP 등급 3~4급, WRA(건방추도) 280~300° 인 제품을 생산할 수 있다. 그러나 높은 방추성이 요구되고 고온 큐어링을 하여야 하기 때문에 처리된 면섬유의 강도저하가 심하여 얇은 면직물에는 DP 가공을 할 수 없고, 주로 면/합섬 혼방 제품에 적용된다.

　1990년대 이후 포름알데히드 기체를 이용한 가공법, 폴리카복시산을 이용한 가공법 등 새로운 처리 방법들이 개발되었으나 아직까지 널리 사용되지는 못하고 있다.

## (3) 가공제와 촉매

수지 가공제는 크게 섬유 내부에 고분자 물질을 생성시키는 중축합형 가공제와 셀룰로스 분자를 가교시키는 가교반응형 가공제로 나누어진다.

　중축합형 가공제는 주로 수지가공에 적용된 물질로 요소(urea)나 멜라민에서 유도된 구조로 되어 있다. 이들을 산 촉매와 함께 섬유에 처리하고 큐어링하면 반응성기의 중축합 반응에 의하여 섬유 내부에 자체적인 3차원 가교고분자를 생성한다. 비결정 영역에 불용성 고분자가 생성되기 때문에 셀룰로스 분자쇄의 움직임이 제한되어 방추성이 부여된다.

가교반응형 가공제는 자체적으로 반응하기보다는 셀룰로스의 하이드록시기와 반응한다. 이처럼 셀룰로스 분자쇄와 가교를 이루어 건방추성과 습방추성을 모두 향상시키는 성질을 WW 및 DP 가공에 활용한다.

수지가공제는 면섬유를 변색시켜도 안 되고 자체 색깔이 있어도 안 된다. 중축합형 가공제나 가교반응형 가공제 모두 아민기(-NH$_2$)에 포름알데히드를 반응시켜 제조한 N-메틸올 화합물이 주를 이루고 있는데, 이들 N-메틸올 화합물을 아미노플라스트(aminoplasts)라고 한다.

### ① 요소 포름알데히드 수지

요소에 포름알데히드를 반응시키면 다음과 같이 디메틸올 요소가 되는데, 이같이 요소와 포름알데히드로부터 유도된 가공제들을 요소 포름알데히드 수지라고 한다.

$$H_2N\text{-}CO\text{-}NH_2 + 2\ HCHO \rightleftharpoons HOCH_2\text{-}NH\text{-}CO\text{-}NH\text{-}CH_2OH$$

요소　　　　　포름알데히드　　　　　　디메틸올 요소(DMU)

메틸올기(-CH$_2$OH)와 제2급 아민기(-NH-)에 있는 수소는 반응성이기 때문에 디메틸올 요소에는 4개의 반응성기가 존재한다. 따라서 디메틸올 요소를 산성 촉매와 함께 면섬유에 처리하면 섬유 내부에서 3차원 가교고분자를 생성하여 방추성을 부여한다. 일부 메틸올기는 셀룰로스의 하이드록시기와 반응하여 가교결합을 형성한다.

디메틸올 요소는 반응성이 너무 커서 35℃ 이상의 수용액에서 자체 중합이 쉽게 진행된다. 따라서 약제의 용액 저장안정성을 높이기 위해서 메틸올기(-CH$_2$OH)를 메톡시메틸기(-CH$_2$OCH$_3$)로 바꾼 디메톡시메틸요소(CH$_3$OCH$_2$-NH-CO-NH-CH$_2$OCH$_3$)를 사용하기도 한다.

### ② 멜라민 포름알데히드 수지

멜라민에 포름알데히드를 반응시켜 제조된 수지로, 메틸올기가 3개인 트리메틸올 멜라민(TMM)과 메틸올기가 6개인 헥사메틸올 멜라민(HMM)이 있다. 멜라민 포름알데히드 수지와 마찬가지로 이들이 저장안정성을 갖도록 메틸올기

$$\text{TMM}$$

$$\text{HMM}$$

가 메톡시메틸기로 치환된 트리메톡시메틸 멜라민(TMMM)이나 헥사메톡시메틸 멜라민(HMMM)을 사용하기도 한다.

③ **환상 요소 화합물**　환상 요소 화합물은 단독으로 축합중합하기 어렵고, 주로 셀룰로스와 반응하여 가교결합을 형성하는 대표적인 셀룰로스 반응형 수지이다. dimethylolethylene urea(DMEU), dimethylolpropylene urea(DMPU), dimthyloldihydroxyethylene urea (DMDHEU), tetramethylolacetylene urea, dimthylol N-alkyltriazone 등의 화합물들이 있으며, 이들의 구조식은 다음과 같다.

$$\text{DMEU} \qquad \text{DMPU} \qquad \text{dimthylol N-alkyl triazone}$$

$$\text{DMDHEU} \qquad \text{tetramethylolacetylene urea}$$

　이들 중에서 DP 가공제로 가장 많이 사용되는 수지는 DMDHEU인데, DMDHEU에 의한 면섬유의 가교반응은 다음과 같다. DMDHEU는 자체 축합반응은 잘 일어나지 않고 1

~2개의 분자가 축합된 셀룰로스 가교 구조가 발생한다.

$x=1.4\sim1.5$

**④ 카바메이트 수지**  환상 요소화합물에 속하지 않지만 다음과 같은 카바메이트 화합물도 반응형 가교제로 사용된다.

디메틸올 카바메이드

**⑤ 기타 가교제**  아세탈, 에폭사이드, 디클로로프로판올, 디비닐설폰, 에피클로로하이드린, 포름알데히드, 폴리카복시산 등과 같은 화합물들이 셀룰로스 분자를 가교시키는 가교제로 사용된다. 이들은 질소 원자를 포함하지 않기 때문에 질소 원자를 포함하기 때문에 발생하는 문제점(예: 염소 상해성 등)이 없지만 공업적으로 널리 사용되지는 않고 있다.

글리콜아세탈                   디에폭사이드                   디클로로프로판올

디비닐설폰                   에피클로로하이드린                   부탄테트라카복시산

**⑥ 촉매**  수지가공에 사용되는 촉매는 강도나 촉감에 영향을 주지 않으면서 비결정 영역에 안정한 고분자나 가교를 형성시킬 수 있는 물질이어야 한다. 축합중합이나 가교반응

은 산성 촉매 하에서 진행되는데 산을 사용하는 경우 면섬유의 상해가 심하기 때문에 상온에서는 산으로 작용하지 않지만 큐어링 온도에서 산을 내놓는 물질을 사용한다. 이러한 촉매를 잠재촉매(latent catalyst)라고 하는데, 주로 다음과 같이 강산과 약염기로 된 염이 이용된다.

$Zn(NO_3)_2$, $ZnCl_2$, $MgCl_2$, $NH_4NO_3$, $NH_4SCN$, $(NH_4)H_2PO_4$, $(NH_4)_2SO_4$ 등

암모늄 계통의 촉매는 부반응에 의해 처리 제품의 비린내를 유발하는 물질을 발생시킬 수 있다. 사용하는 촉매는 수지 종류에 따라 달라지는데 어떤 수지에 어떤 촉매가 좋은지에 대한 일반적인 관계는 없으며 DP성, 강도저하, 포름알데히드 발생 등을 고려하여 선정한다.

## (4) 처리공정

방추가공과 WW 가공은 그림 2-3에 나타낸 것과 같이 가공공정에서 가공제 용액 패딩, 건조, 텐터링, 큐어링, 소핑, 건조와 같이 전형적인 PDC 공정에 의해서 처리된 후 이후 재단·봉제공정을 거친다.

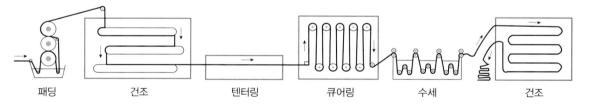

패딩　　　　건조　　　　텐터링　　　　큐어링　　　　수세　　　　건조

그림 2-3 수지가공 공정 개략도

DP 가공은 가공제 처리후 큐어링하는 시기에 따라 프리큐어법과 포스트큐어법으로 구분된다(그림 2-4). 프리큐어법(precure process)은 가공공정에서 약제의 반응이 일어나는 큐어링을 하는 것으로 WW 가공공정과 비슷하다. 가공제 용액 패딩, 건조, 큐어링하고 수세한 후 봉제 공정에서 재단·봉제한다. 주름이 필요 없는 경우에는 봉제품 상태에서 구김을 없애기 위해 간단한 프레스를 한다. 가공공정에서 일단 큐어링이 되었기 때문에 주름이 필요한 봉제품인 경우 고온 처리를 하여야 한다. 즉, 기존의 가교결합을 절

단하고 새로운 위치에서 가교결합을 형성하여야 하기 때문에 200~240°C에서 압력을 1~2kg/cm² 가한 상태로 15~20초간 고온 프레스 처리한다.

포스트큐어법(post cure process)은 봉제품을 만든 후 큐어링하는 것으로 지연 큐어링법(deferred cure process, delayed cure process)이라고도 한다. 가공공정에서는 가공제 용액 패딩과 건조까지만 한다. 봉제공정에서 재단·봉제한 후 구김을 없애고 주름을 부여하기 위해서 150~160°C에서 약간 압력을 가한 상태에서 10~20초간 프레스하고, 140~160°C의 오븐이나 챔버에서 3~8분 정도 큐어링한다.

최근에는 가공공정에서 가공제를 처리하지 않고 봉제공정에서 최종 의류제품 상태로 가공제를 처리하고 큐어링하는 처리가 많아지고 있다. 원단 제조회사와 봉제회사가 다를 때 각 원단의 가공제 처리 이력을 알 수 없는 경우도 있고, 최종 제품 상태에서 가공을 하면 심지(芯地)나 이지(裏地), 재봉사까지 함께 DP 가공되기 때문에 형태안정성과 DP성이 우수해진다. 이 경우 봉제공정을 거친 제품을 일단 수세하여 불순물을 제거함과 동시에 제조공정에서 발생한 변형을 수축시킨다. 이때 필요하면 유연제 처리나 효소 처리를

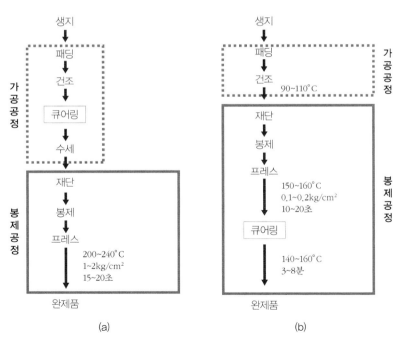

그림 2-4 프리큐어법과 포스트큐어법에 의한 DP 가공공정

병행한다. DP 가공제가 들어있는 용액에 침지시킨 후 탈액, 건조, 프레스하고, 최종적으로 챔버에서 큐어링시킨다. 이 방법은 배치식 처리법으로 일종의 포스트큐어링법에 의한 DP 가공공정이라고 할 수 있다.

각 공정에서의 구체적인 사항은 다음과 같다.

- **패딩** : 셀룰로스 가교제, 촉매, 습윤제, 유연제로 된 용액에 상온에서 보통 2 dip 2 nip(또는 1 dip 2 nip)으로 처리한다. 수지를 섬유 내부에 균일하게 분포하게 하기 위해 패더의 압력을 크게 하고 패딩비(wet pickup)를 작게(약 80% 정도) 한다. 패딩비가 큰 경우 섬유와 섬유 사이, 실과 실 사이에 가교가 발생하여 뻣뻣한 촉감이 나타나기 쉽다.

- **건조** : 수분의 증발만 일어나고 패딩된 수지는 중합되지 않을 정도의 온도에서 건조한다. 보통 80~100℃에서 3~5분 동안 건조하지만, 목적에 따라서는 이보다 낮은 온도나 높은 온도로 건조하기도 한다. 건조 온도가 너무 높으면 약제의 이행이 심해 불균일 처리가 되기 쉽기 때문에 되도록 저온으로 건조한다.

- **텐터링** : 무긴장하에서 텐터링하여 규정된 폭을 유지하고 위사를 정렬시킨다.

- **큐어링** : 가공제와 섬유 사이에 반응이 일어나도록 하는 공정으로 장력이 걸리지 않는 상태(slack)로 140~160℃에서 3~5분간 처리한다. 가공제의 종류에 따라 큐어링 조건이 달라진다. 일반적으로 큐어링 온도가 높아지면 처리시간이 짧고 DP성이 좋아지지만, 강도가 저하하기 쉽고 포름알데히드와 같은 부산물의 발생이 많아진다.

- **수세(소핑)** : 미반응 물질, 섬유 외부에 부착된 수지, 부산물, 촉매에서 생성된 산 물질 등을 제거하기 위해서 수세를 한다. 섬유 내부에서 반응하지 않고 섬유 외부에 부착된 수지는 뻣뻣한 촉감, 방추도 저하, 인열강도 및 내마모성 저하의 원인이 된다. 부산물은 반응 부산물에 의해서 발생하는 여러 가지 화합물들로 주로 유리 포름알데히드, 비린내를 유발하는 물질 등이다. 또, 촉매에서 생성된 산 물질은 섬유의 손상을 방지하기 때문에 제거되어야 한다. 수세를 할 때에는 내부에 형성된 수지나 가교를 파괴시키지 않는 온화한 조건으로 행하여야 한다. 주로 소핑(soaping) 처리를 하게 되는데 소핑 시에는 단순히 비누만 사용하는 것이 아니고 여러 가지 복합 소핑제가 사용된다. 유리 포름알데히드 등을 제거하기 위해서는 약알칼리 용액으로 수세하여야 한다. 포

스트큐어법에서는 수세를 하지 않지만 수지의 종류에 따라서는 큐어링 후 수세가 필요한 경우도 있는데, 이때에는 의류 상태에서 수세하게 된다. 수세를 하는 경우에는 수세 후 건조 비용, 수세에 의해 발생된 폐수 처리 비용 등 경제적인 면을 고려해야 한다.

## (5) 강도저하 개선방법

수지가공한 면직물은 인장강도, 인열강도, 마모강도 등의 강도가 심하게 저하되는데, 강도저하가 너무 심하면 제품으로서의 가치를 상실하게 된다. 면직물의 경우 직물 두께 등에 따라 다르지만 대체적으로 처리 전 직물과 비교할 때 최소한 70% 이상의 강도를 유지하여야 상업적으로 이용할 수 있다. DP 가공인 경우 높은 방추성이 요구되기 때문에 약제의 사용량이 많아져 강도저하가 심하다. 따라서 얇은 직물의 경우 100% 면직물에는 처리할 수 없고, 면/PET 같이 합성섬유와 혼방된 직물이어야 처리할 수 있다. 혼방직물에서는 DP 가공에 의해 면섬유의 강도가 저하되더라도 합성섬유에 의해서 강도가 보강된다.

① **강도저하의 원인**  수지가공한 직물의 강도가 저하하는 이유는 촉매로 사용하는 산의 영향, 고온 큐어링에 의한 섬유의 손상, 생성된 가교결합의 부분적인 편중 때문이다. 일반적으로 분자사슬이 가교로 연결되면 가교 전에 비해 강도가 증가한다. 그럼에도 불구하고 면직물이 가교결합에 의해서 강도가 저하하는 현상이 발생하는데 그 이유는 촉매로 사용하는 산의 영향과 불균일한 처리(가교결합의 편중) 때문이다. 불균일 처리는 동일한 섬유 내에서의 불균일(예를 들어 섬유 표면과 내부, 결정 영역과 비결정 영역의 가교도 차이), 실에 존재하는 서로 다른 섬유에서의 불균일(예를 들어 실의 표면에 있는 섬유와 실의 내부에 있는 섬유), 직물 안에서 불균일(예를 들어 직물 표면에 있는 실과 조직 내부에 있는 실의 차이) 등 여러 가지가 있을 수 있다. 특히 수지 처리 후 건조과정에서 가공제가 섬유의 표면 또는 실의 표면, 실과 실이 교차되는 부분 등으로 이행되기 때문에 불균일 처리가 일어나기 쉽다. 수지가공 직물의 강도저하를 줄이기 위한 방법은 산 촉매에 의한 손상을 최소화하면서 균일한 처리가 되도록 하는 것이 기본 원리이다.

불균일 처리가 되면 직물의 강도가 심하게 감소하는 까닭은 다음과 같은 예에서 쉽게 이해될 수 있다. 10가닥의 섬유가 가공 처리를 하기 전에 각각 100이라는 강력을 가지며 이를 수지처리 하였을 때 평균 90%의 강력유지율을 나타낸다고 가정하고 다음 두 경우의 강력을 비교해 본다.

i) 균일한 처리가 되어 10가닥의 섬유가 전부 강력 90으로 된 경우
ii) 불균일 처리가 되어 8가닥의 섬유는 강력이 90, 한 가닥은 100, 나머지 한 가닥은 80으로 되어 평균 강력유지율이 90%인 경우

전체적으로 큰 힘이 걸리지 않는 경우에는 두드러진 차이가 나타나지 않는다. 그러나 만일 850이라는 힘이 가해지면 i)의 경우에는 각 섬유에 85의 힘이 걸리기 때문에 10가닥으로 된 전체는 끊어지지 않는다. 그러나 ii)의 경우 가장 취약한 섬유의 강력 한계가 80이기 때문에 이 섬유가 먼저 끊어지게 된다. 한 가닥이 끊어지면 나머지 9가닥이 850이라는 힘을 지탱해야 하는데, 각각에 걸리는 힘(850/9)이 90보다 크기 때문에 결국 모든 가닥의 섬유가 절단된다.

이러한 취약점에서의 파괴 시작은 모든 재료에서 나타나는 일반적인 현상이지만 수지가 공한 면직물인 경우 불균일 처리가 되기 쉽기 때문에 강도저하가 심하게 나타나게 된다.

② **고분자 첨가법** 이 방법은 고분자 유연제를 첨가하여 섬유 표면에 필름을 형성시켜 표면 보호, 방추도 증가와 함께 내마모성을 향상시켜 주는 방법으로, 처리 면직물의 강도저하를 감소시키기보다는 강도가 저하된 직물을 보완하기 위한 용도로 쓰인다. 수지 가공제 액에 에멀션 형태의 고분자 유연제를 첨가하여 처리하거나 수지가공 후 고분자 액으로 다시 처리하여 유연 효과와 강도 보완 효과를 병행한다.

주로 사용되는 고분자는 폴리(디메틸 실록산) 또는 폴리(수소메틸 실록산)과 같은 실리콘 고분자, 폴리에틸렌과 같은 폴리올레핀계 고분자, 폴리우레탄, 폴리아크릴레이트 등이다.

③ **선택 처리법** 시료 전체를 가공제로 처리하지 않고 어느 일부분만 처리하는 방법이다. 처리된 부분에 의해 DP 효과를, 처리되지 않은 부분에 의해 강도를 유지시키는 방법으로 다음과 같은 것들이 있다.

■ **이면(裏面) 처리법** : 직물의 표면에는 처리를 하지 않고 이면에만 DP 가공 처리를 하는 것으로 일반적인 패딩법으로는 적용할 수 없다. 점도가 큰 호제를 포함하는 액에 DMDHEU와 같은 가공제를 넣고 날염과 유사한 방법으로 이면에 처리한 후 건조하고 큐어링한다. 또는 가공제 액을 거품을 만든 후 거품처리법에 의해서 한쪽 면에만 처리

할 수도 있다.

- **촉매 불활성화법** : 수지를 패딩 처리하고 건조한 후 직물의 한쪽 면을 염기성 화합물로 처리하는 방법이다. 염기성 화합물은 날염과 같은 방법으로 처리하여야 하며, 염기성 화합물에 의해 한쪽 면의 산성 촉매가 불활성화 되어 반응이 일어나지 않는다.

- **내부가교법(core crosslinking)** : 가교제와 촉매를 포함하는 용액에 패딩한 후, 8~10%의 수분율이 되도록 건조하고 이어서 암모니아 기체 챔버를 통과시킨다. 섬유가 암모니아 기체와 접촉하면 섬유 표면의 촉매가 중화되고, 이어서 큐어링을 시키면 중화되지 않은 촉매가 남아 있는 섬유 내부에서만 가교 반응이 일어난다. 이렇게 처리된 제품은 내마모성이 우수하고 강도저하가 심하지 않지만, 프리큐어법에만 적용 가능하고 포스트큐어법에는 적용할 수 없다.

- 기타 방법으로 가교시킨 섬유와 가교시키지 않은 섬유의 혼합물을 사용하는 방법이 있다.


④ **고분자 형성과 가교결합을 동시에 형성하는 방법**  셀룰로스 분자쇄를 가교시키는 가교제와 고분자 형성능이 큰 약제를 함께 사용하여 셀룰로스 분자쇄를 가교시킴과 동시에 섬유 내부에 고분자물을 형성시키는 두 가지 방법을 병행하는 것이다. 즉, DP 가공에서 사용되는 반응형 수지와 수지가공에서 사용되는 중축합형 수지를 동시에 사용하는 방법이다. 두 종류의 수지 용액에 패딩하고 면섬유가 팽윤되어 있는 상태에서 중축합형 수지를 먼저 반응시키고, 반응형 수지는 기존 포스트큐어법에서와 같이 재단·봉제후 큐어링되도록 한다.

- **습식고정법(wet-fixation process)** : 중축합형 수지와 반응형 수지 및 중축합형 수지용 산촉매(염산, pH 2)가 들어 있는 가공제 용액에 패딩한 후 80℃ 정도의 낮은 온도에서 15분 정도 건조시킨다. 이를 알칼리로 중화시키고 수세·건조한 후 반응형 수지 촉매(질산아연 또는 염화마그네슘)와 유연제가 들어있는 용액에 다시 패딩하고 건조시킨다. 이후에는 봉제, 프레스를 거쳐 큐어링하는 기존의 DP 공정에서와 같이 진행된다. 처리공정은 다음과 같다.

1차 패딩액(중축합형 수지, 반응형 수지, 중축합형 수지용 산 촉매) ▶ 패딩 ▶ 가열 (82℃, 15분) ▶
중화, 수세, 건조 ▶ 2차 패딩액(반응형 수지용 잠재 촉매, 유연제) ▶ 패딩 ▶ 건조 ▶
재단, 봉제, 프레스 ▶ 큐어링

중축합형 수지는 반응이 매우 잘 일어나기 때문에 첫 번째 패딩 후의 건조과정에서 섬유 내부에 고분자물을 형성시킨다. 이때 섬유는 완전 건조되지 않은 상태이기 때문에 비교적 균일한 반응이 일어난다. 온도를 고온으로 올리지 않기 때문에 무기산(염산) 촉매를 사용할 수 있지만 그래도 강도저하가 일어날 수 있으므로 초기 공정 개발 이후에는 포름산이나 락트산과 같은 유기산이 사용되고 있다. 촉매로 존재하는 산을 제거하기 위해서 바로 중화·수세·건조과정을 거친다. 첫 번째 가열과정에서 반응형 수지는 전혀 반응하지 않고 섬유 내부에 존재하지만 이를 반응시키기 위한 촉매가 없기 때문에 두 번째 용액에서 반응형 수지 촉매와 유연제를 패딩하여 이후로는 기존 DP 가공과 같이 진행된다. 즉, 이 방법은 1단계로 수지가공을 하고, 2단계에서 DP 가공을 하는 것이라고 할 수 있다. 다만 1단계 수지가공 시에 수지가공제와 DP 가공제를 한꺼번에 넣은 후 수지가공제만 반응시키고, 2단계에서 DP 가공용 촉매를 첨가하여 진행하는 방식이다.

습식고정법 처리에 의해서 건방추성과 습방추성 및 주름유지성이 우수하고 강도저하가 작은 제품을 생산할 수 있다. 다만 이 방법은 첫 번째 반응이 끝난 후 수세과정을 거치기 때문에 반응형 수지가 탈락하는 등 약제의 손실이 심하고, 2중 처리와 수세 후 건조과정 때문에 에너지 소모가 많다는 단점이 있다. 그러나 1단계에서 중축합형 수지에 의해 섬유 내부에 고분자물이 형성되기 때문에 함께 처리된 반응형 수지가 섬유 내부에 어느 정도 고착되는 효과가 있어 수세과정에서 반응형 수지가 모두 탈락되지는 않는다. 이렇게 수세에 의해서 반응형 수지가 탈락됨에도 불구하고 첫번째 용액에 반응형 수지와 중축합형 수지를 한꺼번에 넣고 처리하는 이유는 일단 수지가공을 하고 나면 반응형 수지를 섬유 내부로 침투시키기 힘들기 때문이다. 즉, 면섬유 내부에 고분자 물질이 이미 형성되어 있기 때문에 반응형 수지가 들어있는 두 번째 용액에 패딩하더라도 수지가 섬유 내부로 침투하기 힘들고, 균일한 침투는 더욱 어려워지기 때문이다.

- **다중고정법(poly−set process)** : 이 공정도 습식고정법과 거의 비슷하게 1단계에서는 수지가공을, 2단계에서는 DP 가공을 하는 방법이다. 다만 1차 패딩액에 강산 촉매를 사

용하는 습식고정법과는 달리 다중고정법에서는 중축합형 수지용 촉매로 아세트산아연(zinc acetate)이나 아세트산지르코늄(zirconium acetate)과 같은 약산성 촉매를 사용하고, 이들이 약산이기 때문에 낮은 온도에서 중합이 되지 않아 건조와 큐어링 과정을 거친다. 이들 촉매가 약산성이기 때문에 섬유에 큰 상해가 없어 수세를 하지 않고 그대로 둔 채 2단계 처리로 들어가, 이후는 습식고정법과 같은 방법으로 진행된다. 습식고정법과는 달리 수세공정이 없기 때문에 반응형 수지의 탈락이 없다. 처리공정은 다음과 같다.

> 1차 패딩액(중축합형 수지, 반응형 수지, 약산성 촉매) ▶ 패딩 ▶ 건조 ▶ 큐어링
> 2차 패딩액(반응형 수지용 잠재 촉매, 유연제) ▶ 패딩 ▶ 건조 ▶ 재단, 봉제, 프레스 ▶ 큐어링

ⓔ **팽윤처리법**　면섬유가 팽윤되어 있는 상태에서 가교시켜 건조된 상태에서 처리하는 경우보다 균일한 처리가 되도록 하는 방법이다. 일부 약제(예: N-메틸올 아세트아마이드)는 면섬유를 팽윤시키면서 셀룰로스를 가교 반응시킬 수 있다. 이들 셀룰로스 가교반응형 팽윤제와 셀룰로스 가교제, 촉매, 유연제가 들어있는 용액에 패딩한 후 낮은 온도(37~38°C)에서 건조시킨다. 이후 재단과 봉제를 거쳐 프레스와 큐어링하면 면섬유가 팽윤된 상태에서 반응이 일어나 어느 정도 균일한 가교결합이 생성된다.

## (5) 수지가공의 문제점과 개선방법

면직물에 방추성, WW성, 또는 DP성을 부여하기 위하여 수지가공을 하는 경우 처리직물의 강도가 저하될 뿐만 아니라 제품의 황변, 포름알데히드 발생 및 비린내 등의 여러 가지 문제점들이 발생한다. 이러한 문제점들은 근본적으로 해결하기는 어렵지만 어느 정도 개선시킬 수는 있는데, 각 문제점들의 발생 원인과 개선방법은 다음과 같다.

① **염소 상해성**　면직물의 수지가공제는 대부분 질소원자를 포함하는 아미노플라스트 화합물(aminoplasts)인데, 질소원자는 전기음성도가 크기 때문에 질소원자에 결합된 수소원자가 쉽게 이탈되어 다른 화합물과 반응할 수 있다. 이를테면 면직물에 처리된 수지가공제는 다음과 같은 반응에 의해 염소분자($Cl_2$)나 차아염소산(hypochlorous acid)과 반응하여 수소원자가 염소원자로 치환된다.

$$\text{R-NH-R}' \ + \ \text{Cl}_2 \ \longrightarrow \ \text{R-NCl-R}' \ + \ \text{HCl}$$
$$\text{R-NH-R}' \ + \ \text{HOCl} \ \longrightarrow \ \text{R-NCl-R}' \ + \ \text{H}_2\text{O}$$

이같이 면직물에 처리된 가공제에 염소원자가 보유되는 것을 염소보유성(chlorine retention)이라고 한다. 염소보유성은 고리형 아미노플라스트 화합물과 같이 질소원자에 직접 결합된 수소원자가 없는 경우에도 발생한다. 다만 이 경우에는 질소원자에 수소원자가 직접 결합되어 있는 경우보다는 발생량이 작아진다.

수지에 결합되어 있는 염소원자는 수분과 열이 존재하면 다시 다음 반응식과 같이 염산과 반응성 산소원자를 발생시키면서 원래의 화합물로 되돌아가는데, 이들에 의해 면섬유가 심하게 손상되고 황변한다. 예컨대 다림질은 대표적인 수분과 열이 존재하는 반응조건이다.

이러한 염소원자에 의한 상해를 줄이기 위해서는 질소원자를 포함하지 않는 가공제를 사용하는 것이 가장 좋은 방법이다. 질소원자를 포함하는 경우에는 염소원자와 쉽게 반응하지 않는 화합물을 선택하여 사용한다. 질소원자에 수소원자가 결합되어 있지 않으면 염소와 반응하기 힘들어지기 때문에 가급적 고리형 아미노플라스트 화합물을 사용한다. 또, 염소원자와의 반응성은 질소원자의 전자밀도와 관련되는데, 질소원자에 결합된 원자와의 전자밀도 차이가 클수록 결합이 쉽게 끊어질 수 있다. 따라서 전자밀도 차이가 없는 화합물을 선정하여 사용하면 염소보유성을 감소시킬 수 있는데, N-메틸올 화합물에서는 오각환 고리보다 육각환 고리가 염소와의 반응성이 작다.

염소에 의한 상해를 줄이는 두번째 방법은 수지가공 처리된 면직물을 가급적 염소원자가 포함된 화합물과 접촉하지 않도록 하는 것이다. 차아염소산은 주로 세제에 포함되는 표백제에서 발생한다. 따라서 수지가공 제품은 염소계 표백제를 포함하는 세제로 세탁하지 않도록 하여야 하며, 이 같은 유의사항은 의류 제품의 세탁 라벨에 그림 2-5와 같은 표시로 나타낸다.

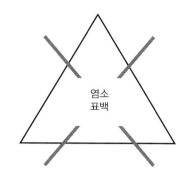

**그림 2-5  염소계 표백제 사용금지 세탁 라벨**

② **유리**(遊離) **포름알데히드**   N-메틸올 화합물로 수지가공된 면직물에서는 포름알데히드(HCHO) 기체가 발생하는데, 포름알데히드 기체는 인체에 해롭기 때문에 각국에서는 그 발생량을 규제하고 있다. 포름알데히드가 발생하는 이유는 가공제로 사용되는 N-메틸올 화합물이 다음과 같이 아민 화합물에 다량의 포름알데히드를 반응시켜 제조되기 때문이다.

아민 화합물(R-NH$_2$ 또는 R-NH-R′) + 포름알데히드(HCHO)

$\rightleftarrows$ N-메틸올 화합물(N-CH$_2$OH)

이 반응은 평형반응이기 때문에 N-메틸올 화합물로부터 포름알데히드가 유리된다. 섬유에 처리된 N-메틸올 화합물은 메틸올기가 모두 반응한 것은 아니기 때문에 남아있는 메틸올기로부터 포름알데히드가 발생하며, 이는 수지가공제로 N-메틸올 화합물을 사용할 때 불가피한 현상이다. 수지가공 면제품에서 발생하는 냄새는 포름알데히드 냄새와 비린내 등이 혼합된 것이다. 포름알데히드는 물에 녹기 때문에 세탁을 거치면서 발생된 포름알데히드가 제거되며, 착용과정에 점차 그 발생량도 줄어든다.

수지 처리된 제품에서의 포름알데히드 발생량을 감소시키기 위해서 가공제 제조회사에서는 여러 가지 방법을 강구하여 왔다. 즉, 포름알데히드가 작게 발생하도록 하는 제조방법을 사용하여 저포름알데히드 가공제라는 이름으로 시판하고 있으며, N-메틸올 화합물 대신 글리옥살 수지를 사용하는 등 비포름알데히드계 가공제도 판매되고 있다. 그러나 아직도 수지 가공제의 주류로 사용되는 제품은 N-메틸올 화합물이기 때문에 포름알데히드를 제거하는 방법을 강구해야 한다.

포름알데히드의 발생량을 줄이기 위해서는 가급적 포름알데히드가 작게 발생하는 가공제를 사용하고(예를 들어, 선형 요소 화합물보다는 고리 요소 화합물), 가공 처리시 큐어링 온도 등이 너무 높지 않도록 하여야 한다. 일단 발생된 포름알데히드는 큐어링 후 알칼리성 용액으로 수세하면 제거할 수 있다. 수세를 하면 수세 후 건조과정까지 거쳐야 하기 때문에 생산 비용이 추가된다. 직물 상태에서 큐어링을 하는 프리큐어법인 경우에는 가공공장에서 큐어링후 수세를 할 수 있지만, 포스트큐어법인 경우에는 의류 제품이 만들어진 상태에서 큐어링되기 때문에 가공공장에서 수세를 할 수 없다. 특히 생산된 의류 제품을 밀폐된 상태에서 보관할 경우 유리 포름알데히드 기체가 대기 중으로 빠져 나가지 못하는 문제가 발생한다.

발생된 포름알데히드를 감소시키는 방법 중 포름알데히드 포착제(formaldehyde scavenger 또는 formaldehyde acceptor)를 사용하는 방법이 있다. 이 방법은 포름알데히드와 아주 쉽게 반응할 수 있는 물질을 직물에 미리 처리해 두는 것으로, 포름알데히드가 발생되면 이들 화합물과 반응하여 제거된다. 포름알데히드 포착제로는 요소, 에틸렌 요소, 프로필렌 요소, 디시아노디아마이드 등과 같은 아민 화합물이 사용되며, 수용성이기 때문에 세탁에 의해 쉽게 제거된다.

③ 비린내(fishy odor)　N-메틸올 화합물로 수지가공한 제품은 고온다습한 조건에서 비린내가 나는 화합물을 발생시킨다. 비린내가 나도록 하는 화합물은 트리메틸아민($(CH_3)_3N$), 디메틸아민($(CH_3)_2NH$), 메틸아민($CH_3NH_2$), 암모니아($NH_3$) 등 주로 암모니아에서 유도된 화합물들이며, 비린내가 나도록 하는 정도는 트리메틸아민 ＞ 디메틸아민 ＞ 메틸아민 ＞ 암모니아 순이다. 이들은 수지가공 시 사용한 가공제와 촉매 등의 부반응에 의해서 발생되는데 특히 포름알데히드와 암모늄 계통의 촉매와 관련이 크다. 부반응에 의해서 생성

되는 양은 매우 작은 양이지만 이들 화합물, 특히 트리메틸아민은 극소량만 존재하더라도 비린내가 난다. 발생된 화합물들은 큐어링 과정에서 산과 결합되는데 세탁에 의해서도 쉽게 제거되지 않으며, 고온 다습한 조건에서 다시 분리된다.

$$(CH_3)_3N + HCl \longrightarrow (CH_3)_3N \cdot HCl \xrightarrow{\text{고온다습}} (CH_3)_3N\uparrow + HCl$$

비린내가 나지 않도록 하는 방법은 트리메틸아민 등 화합물의 발생을 최소화시키는 것으로, 가공공정에서 큐어링 시간을 단축시키거나 최종 건조 시 과건조를 하지 않으며 건조시 환기를 충분히 시켜준다. 큐어링 후 수세를 하는 경우에는 약 알칼리성 용액(pH 8~9)으로 철저히 수세한다. 또, 비린내의 주 발생 원인이 포름알데히드와 암모늄 화합물 사이의 반응이기 때문에 암모늄 계통의 촉매를 사용하지 않거나, 포름알데히드 포착제 사용과 같이 포름알데히드 제거 방법을 사용하면 감소시킬 수 있다.

## (6) 새로운 DP 가공법

기존의 수지가공은 여러 가지 문제점이 있기 때문에 이를 개선하기 위해 여러 가지 방법들이 개발되었다. 염소보유성이나 포름알데히드 문제를 극복할 수 있는 N−메틸올 화합물을 대체한 새로운 화합물에 의한 처리법과 함께 최종 섬유제품 상태에서 가공제를 처리하여 다림질이 필요 없고 WW성과 주름기억성이 매우 우수한 일종의 형상기억(shape memory) 제품에 대한 개발이 이루어졌다. 그러나 이들 방법들은 아직 몇 가지 문제점들 때문에 기존 DP 가공을 대체하지는 못하고 있다.

① **폴리카복시산**(polycarboxylic acid)**에 의한 DP 가공** 카복시산 화합물과 알코올 화합물은 서로 반응하여 다음과 같이 에스터 화합물을 생성한다.

$$R\text{-COOH} + R'\text{-OH} \longrightarrow R\text{-CO-O-}R' + H_2O$$

한 분자에 2개 이상의 카복시기를 갖는 화합물을 폴리카복시산이라고 하는데, 각각의 카복시산이 셀룰로스의 하이드록시기와 반응하면 셀룰로스 분자쇄는 에스터 가교로 연결된다.

$$\text{Cell-OH} + \text{HOOC-R-COOH} + \text{HO-Cell} \rightarrow \text{Cell-O-CO-R-CO-O-Cell}$$

이 반응은 산성 촉매 하에서 일어나는데 반응이 어렵고 고온에서 일어나기 때문에 이를 직접 면섬유의 가교반응으로 적용하기는 곤란하다. 그런데 한 분자 내에 여러 개의 카복시산기를 갖는 폴리카복시산은 고온의 열처리에 의해 분자 내의 인접 카복시기 간에 5~6각환의 무수물(anhydride)을 형성한다. 이 환상 무수물은 셀룰로스의 하이드록시기와 반응하여 에스터 결합을 형성하는데, 카복시기와 하이드록시기 사이의 직접 에스터화 반응보다 용이하다.

폴리카복시산 화합물로는 아래와 같은 구조를 갖는 카복시산이 4개인 1, 2, 3, 4-butanetetracarboxylic acid(BTCA)와 3개인 구연산(citric acid)이 있다. 그중에서 BTCA가 많이 이용되며, BTCA를 사용할 때 촉매로는 sodium hypophosphite(SHP, $NaH_2PO_2$)가 사용된다.

$$
\begin{array}{c}
CH_2-COOH \\
| \\
CH-COOH \\
| \\
CH-COOH \\
| \\
CH_2-COOH
\end{array}
\qquad\qquad
\begin{array}{c}
CH_2-COOH \\
| \\
HO-C-COOH \\
| \\
CH_2-COOH
\end{array}
$$

BTCA                     구연산

다음은 촉매로 SHP를 사용하였을 때 BTCA와 셀룰로스 사이에 일어나는 반응 메카니즘을 나타낸 것이다.

무수물 형성                     아실화

이때 온도가 올라가면 BTCA에서 물이 탈락되면서 무수물(anhydride)이 생성된다. 이 무수물에 촉매인 SHP가 결합하여 생성된 물질이 셀룰로스의 하이드록시기와 반응하여 에스터 결합을 형성하고, 촉매는 재생된다. 다시 인접한 카복시기 사이에 무수물이 형성되면 다른 하이드록시기와 반응하여 가교가 생성된다. 카복시가 2개인 화합물도 무수물

이 형성된 후 하이드록시기와 반응할 수는 있지만 다시 무수물을 형성할 수 없기 때문에 면섬유를 가교시킬 수는 없다. 카복시가 3개인 경우에는 하나의 카복시가 반응하더라도 나머지 두 개의 카복시기가 무수물을 형성할 수 있기 때문에 가교가 가능하지만, 중앙의 카복시기가 반응하면 나머지 두 카복시가 인접되어 있지 않기 때문에 무수물을 형성하기 곤란하다. 따라서 카복시가 4개인 BTCA가 많이 이용된다. 그러나 이러한 무수물을 형성시키기 위해서도 일반 면섬유의 큐어링 온도보다 훨씬 높은 온도(약 180℃ 정도)가 소요되어 면섬유의 상해가 발생하기 쉽다.

BTCA는 포름알데히드를 전혀 사용하지 않는 화합물이기 때문에 최근의 환경 규제와 관련하여 DMDHEU와 같은 N-메틸올 화합물을 대체할 수 있는 새로운 가교제로 기대되고 있다. 일본 Shikibo사에서는 BTCA를 이용한 형태안정 가공법을 "Double Action"이라는 이름으로 개발하였는데, 포름알데히드를 전혀 사용하지 않아 인체에 무해한 '안전성'과 세탁 후에도 높은 형태안정성을 유지하여 다림질 없이 착용이 가능한 '편리성'의 이중(double) 특성이 있다. 이 가공법은 구김회복성, 주름유지성, 속건성, 퍼커링성, 세탁 후 방축성 등이 우수하고 황변 현상이 거의 없으며, 유연제와 동시 처리시 강도유지율이 우수하다고 알려져 있다.

그러나 BTCA를 사용한 가공법은 고온 큐어링에 의한 면섬유의 상해, BTCA의 높은 가격, 촉매로 사용하는 SHP의 인 원자 때문에 발생하는 수질 부영양화에 의한 환경 문제, 일부 염색물(황화 염료나 반응성 염료 사용 시)의 색상 변화, 에스터 결합이 알칼리에 의해서 가수분해하여 알칼리성에서 가교결합이 절단되는 문제점 등으로 인하여 널리 상업화되지 못하고 있다.

② 증기상(Vapor phase, VP) 가공　가교제로 포름알데히드(HCHO) 기체를 사용하고, 촉매로 아황산($SO_2$) 기체를 사용하여 면 및 면/혼방 의류제품을 직접 가공처리 하는 방법으로, 증기상(vapor phase)에 의한 가공이다. 1989년 미국 ATP(American Textile Processing)사에서 개발하였고, 1991년 일본 Toyobo, Unitica, Fujibo사가 공동으로 특허권을 도입하여 생산하고 있다. 포름알데히드에 의해 셀룰로스 분자쇄 사이에 다음과 같은 메틸렌 가교결합이 형성된다.

$$\text{Cell-OH} + \text{HCHO} + \text{HO-Cell} \longrightarrow \text{Cell-O-CH}_2\text{-O-Cell}$$

처리 방법은 다음과 같다. 원단 상태에서 유연제와 보조제를 전처리한 후 봉제품을 제조한다. 원단 상태에서의 전처리가 되어 있지 않은 경우에는 봉제후 수세과정을 거치면서 유연제 등을 처리하기도 한다. 봉제품을 프레스하여 구김을 없애고 주름을 준 후 밀폐된 챔버 안에 넣고 포름알데히드 기체 처리(44~45℃, 4~6분), 아황산 기체 처리(150℃)한 후 2분 정도 증열처리(steaming)하여 포름알데히드를 제거한다.

면직물에 가공제를 처리한 후 큐어링하고 나서 봉제품을 제조하거나(프리큐어법), 재단·봉제하고 나서 큐어링하는(포스트큐어법) 일반 DP 가공법과는 달리, 이 방법은 가공제가 처리되지 않은 직물을 사용하여 의류제품을 만든 뒤 최종 봉제품 상태에서 직접 가공처리를 하기 때문에 심지(芯地), 이지(裏地), 봉제사도 함께 가공된다. 다음은 프리큐어법과 포스트큐어법에 의한 DP 가공공정과 VP 가공공정의 처리 순서를 개략적으로 나타낸 것이다.

- **프리큐어법** : 수지처리 ▶ 건조 ▶ 큐어링 ▶ 재단·봉제 ▶ 고온 프레스 ▶ 출하
- **포스트큐어법** : 수지처리 ▶ 건조 ▶ 재단·봉제 ▶ 프레스 ▶ 큐어링 ▶ 출하
- **VP 가공** : 유연처리 ▶ 재단·봉제 ▶ 프레스 ▶ VP 처리 ▶ 출하

VP 가공은 형태안정성과 방추성, 방축성이 우수하고, 유연성(soft touch), 속건성(速乾性), 흡수성(吸收性) 등도 좋다. 또, 질소원자가 포함되어 있지 않기 때문에 염소 상해성이 없으며 내광성(耐光性)이 좋다. 그러나 촉매로 아황산 기체를 사용하기 때문에 제품의 강도저하가 심하고, 아황산에 의해 일부 염료가 분해되어 염색물의 색상이 변화될 수 있으며, 유리(遊離) 포름알데히드가 발생한다는 단점이 있다.

## 3) 방축가공

셀룰로스계 직물이나 의류는 세탁이나 착용시 수축하게 된다. 이러한 수축은 주로 제품 제조 시에 받은 장력에 의한 변형의 완화에 기인한다. 즉, 섬유제품은 실의 제조단계에서부터 직편물, 염색·가공공정 등을 거치는 동안 계속적으로 길이 방향으로 힘을 받는데 실의 제조과정에서 길이 방향의 힘에 의해서 섬유들이 한 방향으로 배열하게 된다. 이를 다시 미시적으로 보면 각 섬유에 있는 분자쇄가 한 방향으로 배열하게 된다.

섬유나 분자쇄는 열역학적으로 볼 때 한 방향으로 배열된 상태보다는 무질서한 상태로 존재하는 것이 엔트로피가 크기 때문에 보다 안정한 상태라고 할 수 있다. 따라서 신장된 상태에 있는 분자쇄나 섬유는 무질서한 상태로 되돌아가려는 성질을 갖는다. 분자쇄나 섬유가 서로 엉켜 존재하는 경우에는 바로 원상태로 돌아갈 수 없지만, 이러한 상태는 열역학적으로 불안정하기 때문에 원래의 길이로 되돌아가려는 경향을 나타내며, 이것이 섬유제품의 수축으로 나타나게 된다. 이같이 어떤 조건에서 원래의 길이보다 늘어난 상태로 있는 변형을 잠재 변형이라고 하고, 원래의 길이로 돌아가는 현상을 응력 완화라고 한다.

특히 섬유제품을 가만히 방치하는 상태에서는 수축이 쉽게 일어나지 않지만 의복 착용 시와 같이 섬유의 변형이 일어나기 쉬운 상태나 물 또는 비눗물과 같은 용액에서는 마찰력이 저하된 상태이기 때문에 기계적 교반에 의해서 잠재 변형을 갖는 섬유제품이 쉽게 수축하게 된다.

실을 사용하여 제품을 제조하는 과정에서 섬유는 계속 길이 방향으로 힘을 받게 되며, 따라서 각 섬유와 섬유 내부 분자사슬은 길이 방향으로 신장된 상태로 존재한다. 이러한 신장 상태에 있는 섬유는 세탁에서 응력의 완화가 일어나게 되고 전체적으로 제품이 수축하게 된다. 의복과 같은 제품은 세탁뿐만 아니라 사용 중 장기간에 걸쳐서 분자가 원래의 무질서한 상태로 돌아가려고 하는 특성 때문에 조금씩 수축하게 된다.

이같이 제품 사용 중이나 세탁 시에 생기는 수축을 방지하는 기능화를 방축가공(shrinkproofing)이라 한다. 현재의 방축가공은 수축하는 정도를 고려하여 기계적으로 미리 섬유제품을 강제적으로 수축시키는 방법과 방축제와 같은 화학 약제를 사용하여 분자사슬의 가교결합을 유도하여 이완을 방지하는 방법 등 두 가지가 개발되어 있다.

## (1) 기계적 방축가공법

기계적 방축가공법은 압축수축법(compressive shrinking method)에 의해서 직물에 미리 일정한 수축을 줌으로써 길이와 폭을 고정시켜 이후의 수축을 방지하는 방법이다.

압축수축법을 이용한 상용화 방법은 여러 가지가 있으나, 대표적인 것으로는 미국 Sanford Cluett사의 샌포라이징 공정(Sanforizing process)과 영국 Bradford Dyers Association Ltd.사의 리그멜 공정(Rigmel process)이 있다.

압축수축법의 기본 원리는 두꺼운 펠트 직물(또는 고무 판)이 작은 지름의 롤러를 회전할 때, 롤러에 접촉하여 회전하는 안쪽 부분과 바깥쪽 부분의 원주율 차이를 이용하는 것이다. 그림 2-6은 압축수축법에 사용되는 대표적 기계인 샌포라이징기에 의한 직물 수축의 개략도를 나타낸 것이다.

그림 2-6에 나타낸 바와 같이 작은 롤러를 회전하는 펠트 직물은 A 부분에서는 안쪽 부분과 바깥 부분의 길이가 같다($\overline{a_1b_1} = \overline{c_1d_1}$). 그러나 롤러에 접촉하여 회전하는 B 부분에서부터 바깥 부분의 길이($\overline{a_2b_2}$)가 안쪽 길이($\overline{c_2d_2}$)보다 길어지게 되며, 팔머 건조 실린더에 붙어 회전하는 D 부분에서는 안쪽과 바깥쪽의 길이가 같아지게 된다. 따라서 바깥쪽 길이가 최대로 늘어난 상태인 C 부분에서 직물을 접선 방향으로 공급하게 되면 직물은 길이가 늘어난 펠트 직물 바깥쪽 부분과 접촉하여 회전하게 된다. 그러다가 C 부분을 지나면서 펠트 직물의 바깥쪽 부분이 다시 수축하여 안쪽 부분의 길이와 같아지게 되는 과정에서 접촉하여 회전하는 직물의 길이도 수축하게 된다. 이러한 원리에 의해서 수축시키는 방법을 압축수축법이라고 하며, 이때 수축되는 정도는 롤러의 지름, 펠트 직물의 두께로 조절할 수 있다.

압축수축법에서 가장 중요한 것은 회전하는 물질(펠트 직물 또는 고무 판)과 수축시키려는 직물 사이의 마찰력이라고 할 수 있다. 즉, 두 물질 사이에 마찰이 크지 않으면 서로 접촉되어 있지 않기 때문에 강제 수축이 일어나지 않는다. 따라서 이러한 압축수축법

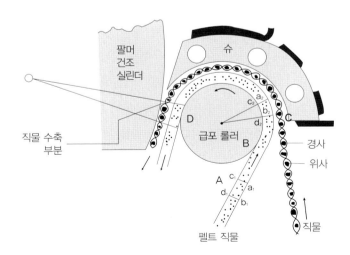

그림 2-6 샌포라이징기에 의한 직물 수축 개략도

은 마찰력이 큰 섬유제품에는 적용할 수 있지만 마찰력이 작은 섬유제품에는 적용하기 곤란하다. 면이나 마섬유는 천연꼬임 등이 존재하기 때문에 마찰력이 크고, 또 방적사이기 때문에 실의 마찰력도 커서 쉽게 위와 같은 마찰수축법을 적용시킬 수 있다. 그러나 같은 셀룰로스계 제품이라 하더라도 레이온 섬유는 방사를 하여 제조되기 때문에, 표면이 길이 방향으로 매끈하여 마찰력이 부족하여 압축수축법을 적용시키기 곤란하다.

- **샌포라이징 공정** : 이 공정은 펠트 직물을 이용한 압축수축 가공법으로 직물을 경사 방향으로 압축시켜 수세 및 세탁에 대한 수축을 방지하고 동시에 탄력성을 부여하는 공정이다. 그림 2-7은 개략적인 샌포라이징 공정을 나타낸 것이다.

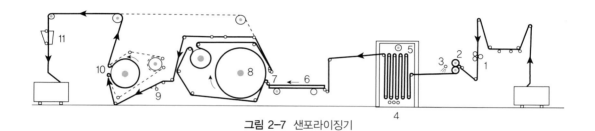

그림 2-7 샌포라이징기

3과 4는 물을 분무하는 장치로 직물에 수분이 쉽게 수축할 수 있도록 수분을 공급하며, 5는 증기실로 일부 직물의 변형을 제거하고 예비 수축을 시킨다. 증기실을 거친 직물은 클립 텐터 6을 통과하면서 경, 위사 방향의 장력이 조절되고, 이어서 급포 롤러를 통해 공급된다. 급포 롤러는 슈(shoe) 7에 의해 둘러 싸여 있는데 이 슈와 롤러와의 틈새에 의해 통과되는 직물의 두께를 조절한다. 또, 슈는 열을 가할 수 있도록 되어 있어 통과하는 직물에 고온 열처리나 큐어링을 할 수 있다. 펠트 직물과 함께 슈와 급포 롤러 사이를 통과한 직물은 팔머 건조실린더(주 수축기) 8을 지나면서 건조되고 수축된다. 위에서 설명한 바와 같이 수축은 급포 롤러 위를 지나는 펠트 직물의 회전 반지름 차이에 기인하기 때문에 급포 롤러의 반지름은 팔머 건조실린더에 비해서 매우 작다. 그림에서 점선은 펠트 직물의 이동 경로를 나타낸 것이다. 팔머 건조실린더 하나만으로 수축과 건조가 제대로 되지 않는 경우에는 7a 부분에서 유도 장치를 통해서 보조 수축기 10을 통과하는 2중 처리를 하기도 한다. 이러한 샌포라이징 처리에 의해서 수축률이 1% 이하로 된 직물의 경우 셀비지에 "Sanforized"라는 라벨을 표시한다.

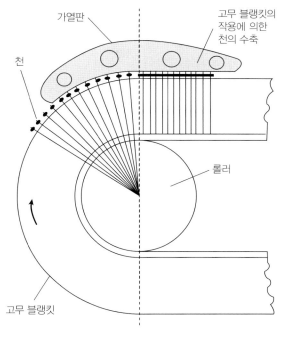

그림 2-8 리그멜 가공기의 원리도

- **리그멜 공정** : 기본 원리는 그림 2-8과 같은 압축수축법으로 샌포라이징 공정과 동일하다. 다만 리그멜 공정에서는 펠트 직물과을 사용하지 않고 2~3″의 두꺼운 고무 블랭킷을 사용하며, 회전 실린더도 지름이 18~24″로 큰 실린더를 사용한다. 고무 블랭킷이 가장 많이 늘어난 곳에서 젖은 직물을 공급하여, 블랭킷과 상부 가열용 금속판 사이에 직물이 들어가서 밀착 상태로 진행된다. 가열판으로 눌려져 줄어든 상태에서 가열 고정되며 광택이 생긴다. 이러한 공정으로 처리된 경우 셀비지에 "Rigmel shrink"라는 라벨을 붙인다.

## (2) 화학적 방축가공법

### ① 팽윤에 의한 셀룰로스계 제품의 수축
셀룰로스계섬유는 습윤되면 물을 흡수해 팽윤된다. 그런데 섬유가 팽윤될 때에는 길이와 폭이 일정한 비율로 늘어나는 것이 아니고, 길이와 폭의 늘어나는 비율이 서로 다른 팽윤이방성(swelling anisotropy)이 존재한다. 예를 들어 면섬유가 팽윤되면 길이는 1% 정도 늘어나지만 지름은 20% 정도 증가한다. 이러한 팽윤이방성은 섬유제품이 수축되게 하는 또 다른 요인이 된다. 예를 들어 실(yarn)의 경우 실 내부에 있는 각각의 섬유가 길이 방향으로는 작게 늘어나고 폭 방향으로는 크게 늘어나 팽윤되면 실 전체의 지름이 증가한다. 실에 존재하는 각각의 섬유는 서로 엉켜서 존재하기 때문에 실이 원래의 길이를 유지하기 위해서는 실 내부에 있는 각 섬유의 통과길이(path length)가 증가하여야만 한다. 그러나 팽윤에 의해서 각 섬유의 길이 방향은 지름 방향의 증가보다는 작기 때문에 결국 실은 수축된다. 마찬가지로 직물의 경우, 각 섬유가 팽윤되어 실의 지름이 증가되면 경사와 위사에 의해서 만들어지는 곡률 반지름이 증가한다. 이같이 곡률 반지름이 증가하며 실의 통과길이가 증가된다. 그러나 각 섬유의 길이 방향 증가율은 폭 방향보다 훨씬 작기 때문에 결국 직물은 수축하게 된다.

이러한 팽윤에 의한 수축은 건조에 의해서 다시 길이가 변하기 때문에 팽윤과 건조과정을 여러 번 거치는 동안 어느 정도 평형 상태에 도달하게 되어 더 이상 수축에 영향을 주지 않는다. 그러나 팽윤이 되는 섬유는 팽윤이 되지 않는 섬유에 비해 수축이 커서 방축가공이 더 중요하다.

**㉯ 화학적 방축가공 원리**  화학적 방축가공법은 가교제를 사용하여 셀룰로스섬유 분자를 가교시킴으로써 분자사슬의 이완을 막는 방법이다. 즉, 기계적 방축가공법이 이완된 상태에 있는 섬유나 분자를 강제로 수축시키는 방법이라면, 화학적 방법은 분자사슬의 이동 자체를 억제하여 방축가공을 시키는 방법이다. 셀룰로스를 가교시킬 수 있는 가교제는 모두 방축가공제로 사용할 수 있는데, 대표적인 약제로는 DMDHEU(dimethylol dihydroxy ethylene urea), 포름알데히드(HCHO), 글리옥살(CHO−CHO) 등이 있다. 예를 들어 포름알데히드에 의한 가교는 다음과 같다.

$$2\ \text{Cell-OH} + \text{HCHO} \xrightarrow{\text{산촉매}} \text{Cell-O-CH}_2\text{-O-Cell}$$

분자사슬을 가교시키면 물에 의한 팽윤이 줄어들기 때문에 팽윤이방성 때문에 나타나는 수축도 방지할 수 있다. 그러나 이러한 가교제를 사용하는 방법은 방축효과를 줄 수는 있지만 강도저하가 심하기 때문에 비스코스 레이온 섬유와 같이 특별한 경우를 제외하고는 사용하지 않는다.

③ **비스코스 레이온 직물의 방축가공**　비스코스 레이온 제품은 세탁에 의해서 심하게 수축되고 구김이 많이 생긴다. 또 비스코스 레이온 제품은 물에 의해 심하게 팽윤되기 때문에 섬유집합체 형태의 변화가 일어나 수축이 크다. 비스코스 레이온 섬유인 경우 습식방사를 통해서 제조되기 때문에 섬유 표면이 매끄럽고 섬유의 마찰계수가 크지 않아 압축수축법에 의해서 방축가공을 할 수 없다. 따라서 수지가공법에 의해서 섬유 분자를 가교시켜 방축가공을 한다. 수지가공은 방추가공이 주목적이지만 분자사슬이 가교되면서 부수적으로 방축효과를 줄 수 있다. 예를 들어 비스코스 레이온 직물에 수지가공을 하는 경우 12%이던 수축률을 2% 정도로 줄일 수 있다.

수지가공법을 사용하는 경우 면직물의 DP 가공에서 설명한 바와 같이 산 촉매를 사용하기 때문에 강도저하가 수반된다. 그러나 면섬유와는 달리 비스코스 레이온 섬유는 비결정영역이 많기 때문에 가교결합이 어느 정도 균일하게 분포하여 면직물만큼 강도가 크게 저하하지는 않는다. 그리고 무엇보다 비스코스 레이온 직물인 경우 압축수축법을 사용할 수 없기 때문에 강도저하가 수반되더라도 방축성을 부여하기 위해서는 화학적 방법을 사용하여야만 한다. 이러한 수지가공법은 수지에 의해서 변형이 고정되기 때문에 강제로 수축하는 방법과는 달리 직물 길이의 손실이 없다는 이점도 있다.

④ **화학적 방법과 기계적 방법의 혼합처리법**　비스코스 레이온 직물의 경우 가교제를 사용하면 방축성을 부여할 수는 있지만 강도가 저하되기 때문에 먼저 수지로 처리한 후 압축수축법을 사용하는 혼합처리법을 이용할 수 있다. 이때 사용하는 압축수축법으로는 샌포라이징법이 주로 사용된다. 수지 처리 후 샌포라이징법을 적용시키면 수축률을 1% 이하로 감소시킬 수 있다. 비스코스 레이온 직물은 마찰력이 작아서 압축수축법을 적용할 수 없지만, 수지가공을 하고 나면 표면에 이물질이 존재하기 때문에 마찰력이 증가하여 압축가공법을 적용시킬 수 있다.

면직물도 수지가공후 샌포라이징 시키면 압축수축법에서 발생하는 길이의 손실을 크게 줄일 수 있다. 그러나 이 경우 길이의 손실은 줄어지지만 파단강력, 인열강력, 내마모성 등이 현저히 저하하기 때문에 적용하기 곤란하다. 반면에 면/PET 혼방섬유 직물은 수지 처리에 의해 면섬유의 강도가 저하하더라도 PET 섬유가 물성 저하를 보완하기 때문에 혼합처리법을 적용시킬 수 있다.

# 2. 양모섬유의 형태안정성

소수성인 표면 스케일과 친수성 아미노산 잔기를 많이 함유하는 마이크로피브릴(microfibril)과 매트릭스(matrix)로 이루어진 양모는 발수성과 흡습성을 동시에 갖는 섬유 소재이다. 이러한 흥미로운 특성은 모직물을 한랭한 환경과 더운 환경에 동시에 적용할 수 있게 한다. 건조한 환경에서 사용되는 두터운 섬유 조직은 다량의 공기를 포착하고 있는데 차가운 외기에 접하면 수분을 흡수하여 열을 발생시킨다. 이렇게 흡수된 수분은 증발하는 속도가 느려 체온 유지에 효과적이다. 반면에 얇은 소모직물이 갖는 흡습성은 여름철 의류에 효과적이다. 구불구불한 크림프(crimp) 구조와 분자사슬을 화학적으로 결합하는 시스틴(cystine) 가교는 양모에 방적성과 탄성을 부여하여 의류용 소재로서 특유의 기능성과 품격을 나타낸다. 또한 양모의 스케일 구조는 마찰이방성과 발수성을 지녀 의류소재의 형태안정성을 해치는 요인으로 작용한다.

양모섬유는 평균적으로 길이 4~38cm, 굵기 15~70μm이며 파단강도 1.0~1.7g/d(건조), 0.8~1.6g/d(습윤), 탄성회복 99%(2% 신장), 파단신도 20~40%(건조), 20~70%+(습윤), 밀도 1.30~1.32g/cm³, 수분흡수 13.6~16.0%(20℃, 65% RH)(포화 29%+) 등의 물성을 갖는다. 파단강도는 다른 천연섬유에 비하여 약하지만 양모직물의 기능화로서 가장 중요한 내용은 형태안정성의 부여다. 가공 형태로는 탄성의 조절에 관련한 세팅, 표면 스케일 구조를 변화시키는 방축가공, 스케일 구조의 마찰이방성을 활용하는 축융 등이 있다. 일반적으로 세팅은 모든 모직물에 대해 행해지며, 방축가공은 양복지나 스커트 등의 소모직물, 그리고 축융은 표면 조직이 나타나지 않는 방모직물 제조에 사용된다.

## 1) 양모의 구조와 성질

### (1) 미세구조

동물의 몸을 보호하는 머리털, 뿔, 손톱, 날개 깃, 그리고 피부와 같은 탄성을 지닌 구조를 케라틴(keratin)이라 한다. 케라틴은 다양한 종류의 $\alpha$-아미노산이 축합하여 이루어진 폴리펩티드(polypeptide) 형태로서 시스틴 가교결합(또는 황)의 양에 의해 경질과 연질로 구분된다. 예를 들면 피부는 황의 함량이 3% 미만으로 연질 케라틴이며 뿔, 머리털,

날개 깃 등은 3% 이상이 포함된 경질 케라틴이다.

**① 화학구조**   양모 케라틴의 분자 구조는 주 사슬을 구성하는 펩티드 결합, 분자간 가교를 이루는 시스틴 결합 등 일차결합과 함께 이차결합의 형태로서 펩티드 결합 사이에 존재하는 수소결합, 산성 및 염기성을 띠는 아미노산 잔기 간의 염결합 등으로 구성된다. 시스틴 결합은 산화 또는 환원에 의해 절단되는데, 산화반응에 의해 $-S-S-$는 $-SO_3H$가 되며 환원에 의해서는 $-SH(thiol)$이 된다. 환원에 의해 얻어진 티올(thiol)기는 쉽게 산화되어 원래의 시스틴 결합으로 되돌아간다. 티올기의 산화를 억제하기 위하여 알킬화(alkylation)를 행하는데, 주로 카복시메틸기가 알킬화에 사용되며 그 결과 얻어진 양모 케라틴 유도체를 S−카복시메틸케라테인(S−carboxymethyl keratein, SCMK)이라 한다. SCMK는 가교결합이 절단된 상태이어서 8M 요소 수용액에 가용이다. 또한 용액의 pH 조절에 의해 황 함량이 차이나는 성분을 분리하여 양모 케라틴의 구조 연구에 이용하기도 한다.

**② 마이크로피브릴**   시스틴 가교를 시스테인(cystein)으로 환원시켜 염색한 단면을 관찰하면 마이크로피브릴이 매트릭스에 비하여 티올기를 적게 함유하는 것을 알 수 있다. 이는 매트릭스 부분이 시스틴 결합 즉, 황을 많이 함유하고 있기 때문인데 황 함량이 많아지면 규칙적인 배향성이 없는 비결정 구조로 바뀐다. 전자현미경 관찰로부터 마이크로피브릴 구조는 내부에 2개, 이를 둘러싼 외부에 9개의 프로토피브릴(protofibril)이 배치하는 형태라고 알려져 있다. 프로토피브릴의 직경은 약 2nm 정도로서 폴리펩티드 사슬 3개가 함께 모여 규칙적인 $\alpha$−나선 모양을 이루는 삼중나선 구조이며, 마이크로피브릴의 직경은 약 7.5nm로서 매트릭스가 무질서하게 엉킨 상태로 둘러싸고 있다. 마이크로피브릴은 섬유축에 평행하게 배치되어 있고 이들 사이는 공유결합에 의한 가교가 존재하는 것으로 여겨지는데, 양모의 흡습, 물에 의한 팽윤은 주로 매트릭스 내의 친수성기, 특히 아미노기에 기인한다. X−선 회절 분석에 의해 마이크로피브릴은 결정 영역, 매트릭스는 비결정 영역을 구성하며, 프로토피브릴은 $\alpha$−나선 형태를 취하고 있다. 표면 큐티클 층과 내부 매트릭스는 시스틴 가교를 하며, 마이크로피브릴을 구성하는 기본 구조인 $\alpha$−나선 폴리펩티드 구조는 양모 탄성의 큰 원인이다.

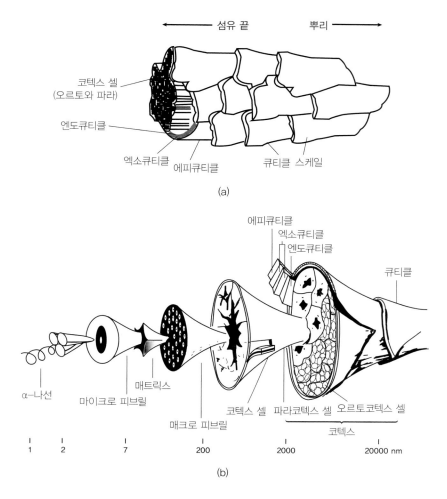

섬유 끝 ←——————— 뿌리 ——→

코텍스 셀
(오르토와 파라)

엔도큐티클

엑소큐티클   에피큐티클   큐티클 스케일

(a)

에피큐티클
엑소큐티클
엔도큐티클

큐티클

α–나선
마이크로 피브릴   매트릭스   매크로 피브릴   코텍스 셀   파라코텍스 셀   오르토코텍스 셀

코텍스

1   2   7   200   2000   20000 nm

(b)

그림 2-9  양모의 미세구조: (a) 입체, (b) 단면

③ **큐티클 구조**   양모섬유의 외부를 구성하고 있는 큐티클은 대략 $30 \times 30 \times 0.3 \mu m$의 크기를 갖는 큐티클 셀로 구성되며 양모 전체 무게의 약 10%를 차지하고 있다. 각 큐티클 셀의 끝 부분은 섬유 끝 방향으로 향해 있어 방향에 따라 마찰 계수가 다른 특성을 나타낸다(마찰계수의 이방성). 큐티클은 맨 바깥층인 에피큐티클(epicuticle), 중간을 구성하는 엑소큐티클(exocuticle), 그리고 코텍스와 접하고 있는 엔도큐티클(endocuticle) 등 세 부분으로 구분된다. 에피큐티클은 대략 3.2~14.0nm의 매우 얇은 두께로 된 불연속적인 표면을 형성하며, 지질 또는 탄화수소를 일부 함유하여 소수성을 띤다. 양모 표면의 소수

성은 코텍스 부분의 친수성과 함께 특유의 성질을 나타낸다. 또한 단백질 분해효소에 대해 큐티클 층의 2/3을 점하는 엑소큐티클은 견디나 엔도큐티클은 분해되는 성질을 지닌다. 이러한 현상은 엑소큐티클층에 존재하는 시스틴 가교결합이 엔도큐티클층에 비하여 훨씬 많은 데에 기인한다. 그림 2-9는 양모섬유의 미세구조를 나타낸 것이다.

## (2) 물리적 성질

양모 케라틴 섬유는 방적성, 발수성, 흡습성, 탄성, 신장성, 수축성 등의 다양한 물리적 특성을 지니고 있다. 이중 방적성은 표면 크림프 구조의 천연섬유가 보여주는 일반 성질이다(포합성). 양모섬유가 보이는 발수성과 흡습성은 다소 상반된 개념이지만, 겉 부분을 이루는 큐티클셀의 소수성 화학구조는 발수성을 나타내며, 미세한 기공과 코텍스 층의 풍부한 친수성 아미노산 잔기와 엉성한 내부 구조는 특유의 흡습성과 뛰어난 염색성의 원인으로 작용한다. 이처럼 복잡한 내부 구조는 천연섬유 재료에서 공통적인 수분흡수의 이력(hysteresis) 현상과 관계가 있다(그림 2-10). 탄성, 신장성 그리고 수축성은 서로 연관된 성질로서 양모의 시스틴 가교, $\alpha$-나선 폴리펩티드 사슬과 수소결합으로 이루어진 마이크로피브릴 구조에 기인한다.

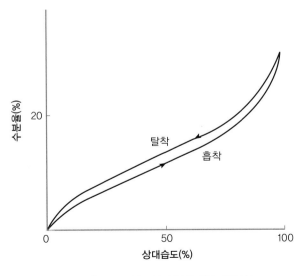

그림 2-10 양모의 수분율 히스테리시스

## (3) 화학적 성질

양모의 고정(세팅), 방축가공, 주름 고정가공 등은 모두 화학적 구조 변화를 수반하는데, 이 화학반응을 이해하는 것은 가공효과를 해석하는데 매우 중요하다. 양모의 화학반응으로는 단백질 주사슬의 반응(예를 들면 펩티드 결합의 가수분해, 광분해 등)과 양모를

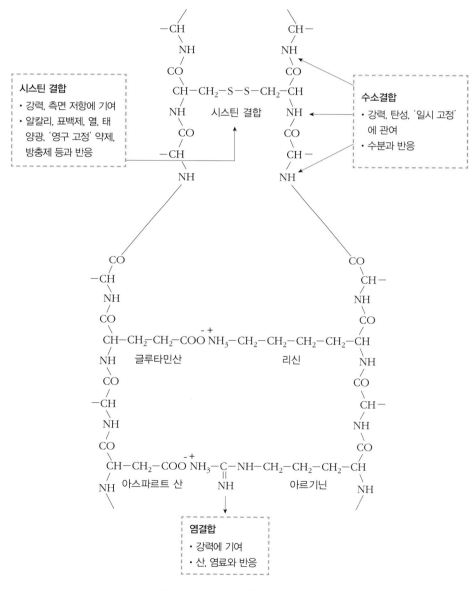

그림 2-11  양모의 화학구조와 가교결합

이루는 다양한 형태의 아미노산 잔기의 반응이 있다. 단백질 분해 효소에 의한 펩티드 결합의 가수분해 속도는 사슬의 입체형태(conformation)에 의해 영향을 받는데 $\alpha$-나선 구조인 경우에 비하여 비나선형일 경우가 상대적으로 빠르다. 양모의 화학구조와 가교결합(그림 2-11), $\alpha$-나선구조 내 수소결합(그림 2-12), 시스틴 결합에 관련한 화학반응(그림 2-13) 등은 가공을 이해하는데 매우 중요하다. 또한 환원제, 산화제, 산, 알칼리, 물, 증기 등과 양모의 화학반응은 형태안정성 개선에 다양하게 적용된다.

① **환원제** 　머캡토에탄올(mercaptoethanol) 또는 티오글리콜산(thioglycolic acid)과 같은 티올기를 함유하는 시약은 양모의 시스틴 결합과 반응하여 디설파이드(disulfide) 교환반응을 한다. 보통 환원제는 시스틴 잔기를 제외한 다른 아미노산 잔기와는 반응하지 않는다.

　수소결합 절단제인 요소와 환원제인 아황산수소염을 함유하는 표준용액에 대한 용해도로부터 양모의 손상 여부를 판단할 수 있다. 산 처리 양모는 미처리 양모에 비해 용해성이 증가하나 알칼리처리 양모는 용해성이 감소하는데, 이는 환원 양모가 산소와 반응하여 새로운 가교결합을 형성하기 때문이다. 환원제는 모직물의 방추가공과 주름 고정

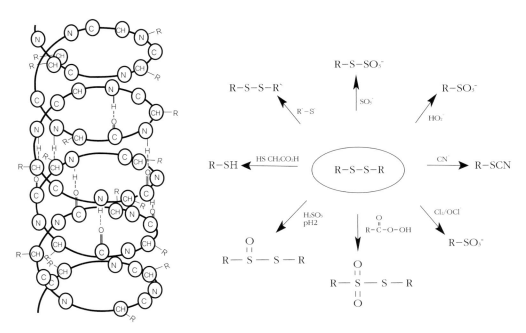

그림 2-12 양모의 α-나선구조 내 수소결합　　　그림 2-13 시스틴 결합의 주요 화학반응

(세팅)에 사용된다.

**② 산화제**　과포름산(performic acid)과 과아세트산(peracetic acid)과 같은 산화제는 양모를 산화시킨다. 이들 산화제는 주로 양모의 시스틴 잔기와 반응하여 두개의 시스테인산(cysteic acid) 잔기를 발생시킨다. 그와 함께 과아세트산에 의해 펩티드 사슬은 부분적인 가수분해가 발생하며 메티오닌과 트립토판 잔기 또한 산화하여 알칼리 용액에 용해한다. 과산화수소는 양모의 표백에 사용되는데 알칼리 과산화수소 용액에서 표백하는 경우가 가장 효과적이나 양모의 손상도 더 크다.

- **과망간산염 :** 양모와 작용하여 산화반응을 하며, pH에 따라 반응 정도가 다르다. 알칼리 용액은 티로신 잔기와 반응하나 분해가 상당히 진행될 때까지 시스틴 잔기와는 반응하지 않는 반면, 산성 용액은 실온에서 제한된 범위의 시스틴 결합을 공격한다. 이 때 시스틴 결합이 산화되면 시스테인산과 황산염이 발생한다. 과망간산칼륨은 산화제로 사용하는 다일란 공정(Dylan process)은 염화나트륨과 같은 무기염을 함께 사용하면 양모의 팽윤이 줄어, 반응을 표면 큐티클층에 제한시킬 수 있다.

- **자유 염소와 차아염소산 :** 양모 중의 시스틴 잔기를 시스테인산으로 산화시킨다. 그러나 차아염소산 음이온은 시스틴 잔기의 25% 정도를 산화시킨다. pH 4~7 범위에서 활성 염소는 주로 차아염소산의 상태로 양모섬유와 가장 광범위하게 반응한다. 염소화 반응은 양모의 큐티클 층을 파괴하여 펠트 수축을 최소화할 수 있어서 방축가공에 적용된다. 이때 알칼리 용액보다는 산성 용액이나 강한 염 용액, 또는 유기 용매 조건이 적합하다. 이 조건은 표면에서 반응이 일어나게 하여 섬유 내부의 손상을 줄인다.

**③ 알칼리**　양모의 시스틴 잔기는 알칼리와 반응하여 란티오닌 그리고 리시노알라닌과 같은 새로운 가교결합을 발생시킨다. 란티오닌과 리시노알라닌 가교는 환원제에 의해 절단되지 않는데, 이와 같은 현상은 알칼리 처리 양모를 요소-아황산에 처리하면 용해성이 떨어지는 것으로부터 확인할 수 있다. 알칼리 처리는 양모의 기계적 성질, 촉감 등을 손상시키고 황화를 초래하기 때문에 양모의 정련 또는 세정에는 알칼리 비누보다 중성 세제가 바람직하다. 같은 이유로서 알칼리 조건에서의 배트 염료에 의한 염색은 양모를 손상시킨다. 알칼리에 의해 펩티드 결합 또한 가수분해하며 궁극적으로 완전히 용해한다. 알칼리는 산에 비해 가수분해 과정에서의 선택성이 적으며 끓는 온도에서 0.1 N NaOH

표 2-1 양모의 미세구조와 물리·화학적 성질 및 가공과의 상관관계

| 미세구조 | 물리적 성질 | 화학적 성질 (반응성) | 응용성/가공 | 관련된 화학구조 |
|---|---|---|---|---|
| 크림프 | 방적성 | – | 방적 | 바이래터럴 구조 |
| 큐티클 (스케일구조) | 마찰이방성 | 발수성 (환원, 산화) | 축융, 방축가공 | 시스틴 가교 |
| 매트릭스 | 탄성, 신장성, 수축성 | 흡습성 (환원, 산화) | 세팅(크래팅, 데커타이징, 포팅) | 시스틴 가교 |
| 마이크로피브릴 | 탄성, 신장성, 수축성 | 흡습성 | – | α-나선구조 |

용액에 빠르게 용해한다.

양모의 알칼리 용해도는 습식 공정 중에 발생한 상해를 판정하는 수단으로 이용되며 보통 0.1 N NaOH에 65℃, 1시간 동안 처리하는 것을 기준으로 한다. 화학반응에 의해 디설파이드 결합이 좀 더 안정한 결합으로 바뀌면 알칼리에 용해되는 부분이 감소하며 양모 상해도 평가 수단으로도 활용된다(알칼리 용해도 시험).

④ 산  양모 케라틴은 산에 의해 아미노산으로 가수분해된다. 일반적으로 110℃, 24시간 동안 밀폐하여 6M 염산과 양모를 반응시키면 펩티드 결합은 완전히 가수분해된다. 이 반응은 양모의 아미노산 잔기 분석에 이용된다. 이 과정에서 트립토판은 파괴되고 시스틴, 세린, 그리고 트레오닌은 부분적으로 분해된다. 주변기가 산성인 아스파르트산이나 글루탐산 잔기와 결합한 펩티드 결합은 다른 위치에 비해 빠르게 가수분해한다.

묽은 산은 단백질에 비하여 식물성 탄수화물의 탈수작용이 훨씬 빠르다. 이러한 성질은 천연 양모의 식물성 불순물을 제거하는 탄화(carbonization) 공정에 이용된다.

⑤ 물, 증기  50°C 이상의 온도에서 양모는 물 또는 중성 완충 용액에서 란티오닌과 리시노알라닌 가교를 형성하여 아황산 요소 용액에서의 용해성을 저하시킨다. 또한 양모는 물과 함께 가열하면 수축한다.

물이나 증기 처리는 모직물의 기계적 세팅 공정에 이용되며 양모 직물의 주름 발생에 대한 저항성은 어느 정도 습기에 노출되었을 때 좋아진다. 이때 온도를 높이면 세팅에 필요한 노출 시간을 단축할 수 있다.

## 2) 기본 가공공정

### (1) 정 련

정련은 다양한 기계적 조건 하에서 계면활성제를 사용한 세정공정으로 천연 불순물과 방직 또는 편직공정 중에 발생하는 불순물을 제거하는 것이 목적이다. 미고정 염료는 다음 공정에서 색번짐(bleeding)이나 오염의 원인으로 작용하므로 정련과정에서 제거하여야 한다. 정련과정에서 처리 시간이나 온도를 변화시키거나 기계적인 작용을 가해주면 양모섬유는 이완된다. 그러나 직물에 따라서는 온수 중에서 기계적인 작용에 불안정하기 때문에 전처리 공정으로서 크래빙(crabbing)공정이 필요하다. 염색과 가공공정에서 발생하는 문제 대부분이 정련 불충분에 기인할 정도로 정련공정은 중요하다.

정련에 사용되는 계면활성제는 습윤, 유화, 세정, 그리고 유연 작용을 한다. 계면활성제의 선택은 불순물의 성질, 사용하는 정련 시스템, 직물의 성질에 미치는 영향 특히 촉감에 미치는 영향 등을 고려하여야 한다. 이때 계면활성제의 습윤과 세정성이 무엇보다도 중요하다. 특히 양모와 정련액 사이의 계면장력을 낮추어 빠르고 균일하게 습윤을 발생시켜야 한다. 전통적으로 양모의 소모 및 방적공정에는 올레인과 같은 천연 윤활제가 사용되는데, 이러한 천연 윤활제를 제거하는 목적으로는 비누나 탄산나트륨, 암모니아와 같은 약알칼리가 쓰인다. 계면활성제는 칼슘, 마그네슘, 또는 철의 염이 되면 용해도가 저하하므로 연수에 사용하여야 한다. 경수에 사용하였을 때 세정과정에서 비누가 쉽게 제거되지 않는 경우가 발생하여 후속 공정에 영향을 미친다. 음이온 계면활성제가 양모 정련제 대부분을 차지하며 비이온 계면활성제의 사용이 점차 증대하고 있다.

■ **음이온 계면활성제** : 일반적으로 비이온 또는 양이온 계면활성제에 비하여 습윤성이 우수하다. 음이온 계면활성제 중에서 황산화물은 가장 성능이 떨어지기 때문에 빠른 습윤과 좋은 세정성을 요하는 경우에는 별로 사용되지 않는다. 알킬벤젠설폰산염(alkylbenzene sulfonate)이 저렴한 가격과 좋은 습윤성으로 널리 사용되고 있으며, 선형 구조가 분지형에 비하여 생분해능이 좋다. 음이온 계면활성제는 유연효과를 부여하는데 사용되나, 불균일하게 분포된 잔여 계면활성제는 염색공정에서 영향을 미치기 때문에 충분히 세정하여야 한다.

■ **비이온 계면활성제** : OE(oxyethylene) 구조를 가지며 황산, 인산, 또는 탄산기와 결합된

것이 용해도 범위가 넓은 특징을 보이고 있어 정련제로서 중요하다. 비이온 계면활성제는 좋은 세정성과 함께 음이온 계면활성제에 비하여 낮은 기포력을 지니고 있어서 경수 정련에 효과적이다. 비이온 계면활성제는 음이온 계면활성제와 같이 탄산나트륨, 탄산수소나트륨, 또는 황산나트륨 등을 보조 전해질로 첨가한다.

## (2) 탄 화

탄화(carbnization)는 식물의 씨와 같은 식물성 물질 및 동물성 섬유 잔털과 같은 것들을 제거하는 과정이다. 묽은 황산 용액이 가장 널리 쓰이는 반응물이고, 염화수소는 양모와 면이 함께 섞여있는 상태에서 양모만을 구별하는데 효과적이다. 금속 염화물, 방향족 설폰산, 황산수소나트륨과 같은 강한 산성 용액을 발생하는 다른 화합물들은 별로 사용되지 않는다. 양모는 섬유속(纖維束) 상태나 직물 상태에서 탄화를 시킬 수 있는데 직물 상태가 기술적 및 경제적으로 보다 유리하다. 일반적으로 정련이 마무리된 다음 탄화처리를 한다. 탄화공정은 양모를 산성 용액에 침지하는 단계, 건조하여 산을 농축하고 다당류에 속하는 불순물을 가수분해하는 단계, 불순물을 탈수하고 탄화하는 열처리하는 단계, 탄화된 셀룰로스 물질을 분쇄하는 단계, 그리고 양모에 남은 산을 중화하는 단계 등으로 구성된다.

탄화공정은 식물성 물질이 산을 충분히 흡수하여 양모에 최소한의 손상을 주는 탄화, 분쇄되는 조건을 선택하여야 한다. 이를 위하여 단시간에 양모와 불순물에 균일하게 흡수되도록 계면활성제를 첨가하면 습윤이 촉진된다. 계면활성제는 탄화공정에서 습윤 촉진과 함께 양모의 손상을 줄여주는 역할을 한다. 탄화 조건에 따라 인장강도, 염색성, 알칼리 용해도가 변화한다. 탄화공정을 좌우하는 요소로는 건조기 통과 직전의 산 및 수분 함량, 건조 단계의 온도 등이 있다.

대표적인 탄화공정을 살펴보면, 먼저 양모(섬유속 또는 직물)를 6% 황산을 함유하는 욕과 스퀴징 롤러를 통과시킨다. 양모 무게의 10% 가량의 산이 함유되도록 한 다음 65°C에서 건조하고 150°C에서 3분간 열처리를 행한다. 이어 탄화된 식물성 불순물은 분쇄되어 먼지로서 양모로부터 분리되어 탈락한다. 최종적으로 양모는 탄산나트륨 수용액에 통과시켜 중화한다. 양모의 염색은 보통 산성 용액 중에서 행하며 그 조건은 보통 pH 2~7 범위에서 100°C, 1시간 정도이다. 강한 산성 조건에서 단백질은 가수분해하여 섬유가 약화되는데, 양이온 계면활성제를 첨가하면 양모의 손상을 줄일 수 있다.

## 3) 세 팅

양모를 온수에 넣고 잡아당기면 60~70% 정도 늘어나며 이를 다시 냉수에 넣으면 원래의 길이로 회복한다. 이러한 양모의 신장성(extensibility)은 온도의 상승과 함께 증가하며 증기나 열탕 중에서 일정시간 동안 신장하게 되면 복원이 불가능하다. 이러한 현상을 세팅(setting)이라 하며, 영구적인 고정 효과를 얻기 위해서는 기계적인 방법과 화학적인 방법이 사용된다. 물에 의해 시스틴 결합이 파괴되고 가교 결합이 다시 생성하는 기계적인 방법은 평표면 고정(flat setting)에 이용된다. 기계적인 평표면 고정으로는 크래빙, 데커타이징, 포팅 등이 있다. 한편, 화학적인 방법은 환원제에 의해 시스틴 결합의 파괴와 재생

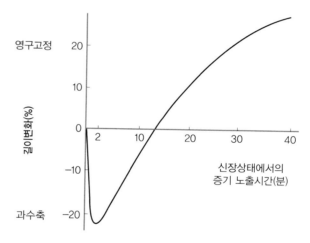

**그림 2-14** 양모섬유의 세팅 및 과수축 현상

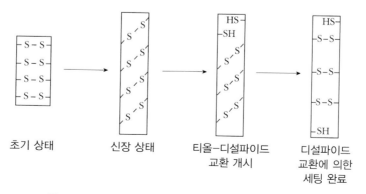

**그림 2-15** 양모 세팅 과정에서의 티올-디설파이드 교환반응

**표 2-2** 양모 세팅과정에서 발생하는 화학반응

---

**1. 증기, 물 또는 알칼리에서의 반응**

① 스피크만(Speakman)의 이론

(A) 시스틴 가교 절단

$$W-CH_2-S-S-CH_2-W + H_2O \longrightarrow W-CH_2-SOH + HS-CH_2-W$$
$$\downarrow$$
$$W-CHO + H_2S$$

(B) 가교 재형성

$$W-CH_2-SOH + H_2N-W \longrightarrow W-CH_2-S-NH-W + H_2O$$
$$W-CHO + H_2N-W \longrightarrow W-CH=N-W + H_2O$$

(C) 기타 가능한 반응

$$W-CH_2-S-S-CH-W \xrightarrow{OH^-} W-CH_2-S-CH_2-W$$

② 신 이론

(D) 티올-디설파이드 교환

$$W^1-S-S-W^2 + W^3-SH \longrightarrow W^3-S-S-W^2 + W^1-SH \text{ 등}$$

(E) 새로운 가교 형성

$$W-CH_2-S-SH \longrightarrow W=CH_2$$
$$W=CH_2 + HS-CH_2-W \longrightarrow W-CH_2-S-CH_2-W$$
(란티오닌)
$$W=CH_2 + H_2N-W \longrightarrow W-CH_2-NH-W$$
(리시노알라닌)

**2. 소디움 설파이트 또는 비설파이트 존재 하에서의 반응**

① 스피크만의 이론

(A) 시스틴 가교 절단

$$W-S-S-W + NaHSO_3 \longrightarrow W-SSO_3Na + HS-W$$

(B) 가교 재형성

($B_1$) 산화제 없이 높은 온도에서

$$W-SSO_3Na + H_2N-W \longrightarrow W-S-NH-W + NaHSO_3$$

($B_2$) 산화제 존재 하의 낮은 온도에서

$$W-SH + HS-W + (O) \longrightarrow W-S-S-W + H_2O$$

② 신 이론

(C) 가역적 설피톨리시스

$$W^1-S-S-W^2 + NaHSO_3 \longrightarrow W^1-SSO_3Na + HS-W^2$$
$$W^1-SSO_3Na + HS-W^3 \longrightarrow W^1-S-S-W^3 + NaHSO_3 \text{ 등}$$

(D) 티올-디설파이드 교환

$$W^1-S-S-W^2 + W^3-SH \longrightarrow W^3-S-S-W^2 + W^1-SH \text{ 등}$$

---

이 이루어지며 평표면 고정과 주름 고정(pleat setting)에 적용한다.

양모는 처리조건에 따라 과수축(supercontraction) 혹은 영구고정(permanent set)된다. 이는 양모를 구성하는 단백질 사슬의 가교구조 변화에 기인한다. 세팅이나 응력 완화는 단백질 사슬이 움직이면 가교결합이 절단되고 다시 재생되는 과정으로 설명된다. 예컨대 양모를 신장상태에서 증기에 짧게 노출시켰다가 가해준 힘을 제거하면 원래의 길이보다 더 수축한다(과수축). 한편 15분 이상 신장시키면 섬유는 원래의 길이보다 늘어난 상태를 유지하게 된다(영구고정). 즉, 신장 시간에 따라 양모섬유는 세팅 혹은 과수축 현상을 나타낸다(그림 2-14). 이는 티올-디설파이드 교환반응(thiol-disulfide interchange reaction)(그림 2-15)으로 설명되며 환원제, 알칼리, 증기, 또는 열수 등 다양한 조건에서 발생한다(표 2-2).

## (1) 크래빙(crabbing) [자융(煮絨)]

직물을 구성하는 대부분의 섬유는 방적, 제직, 또는 편직 공정에서 내재된 변형을 갖는다. 이러한 변형이 인위적으로 조절을 받지 않은 상태에서 원상 회복하면 주름이나 불균일 표면이 발생한다. 크래빙은 양모 가공의 초기단계에서 사용되는 세팅 공정으로서, 이 공정에 의해 천을 구성하는 실의 비틀림이 제거된다. 섬유의 품질에 따라 처리 정도를 변화시키는데 보통 장력이 가해진 직물을 롤에 감아 습윤제가 함유된 열수에 10분 이상 회전시킨 다음, 직물을 역으로 다시 감아 같은 조작을 반복한다. 마지막으로 직물을 목제 빔(beam)에 감고 꺼내어 냉각시킨다. 크래빙기는 형태가 매우 다양하며 후속공정에 따라 처리조건이 다르다. 크래빙 공정에는 비누액이나 알칼리 액을 사용하기도 하지만 정련 후에는 일반적으로 물을 사용한다. 다른 세팅 공정처럼 크래빙에 의해 염료의 친화력이 달라지며 폭과 길이 방향의 균일한 처리가 필수적이다.

## (2) 데커타이징(decatizing) [증융(蒸絨), 또는 블로우잉(blowing)]

데커타이징은 긴장 상태에서 증기를 사용하여 광택의 개선과 영구고정을 위하여 다공성 빔에 감싸는 천(wrapping cloth)과 함께 직물을 감아 증기가 순환하게 구성된 중간단계의 가공공정이다. 데커타이징 공정은 직물의 두께나 압축성을 크게 감소시키지 않고도 높은 세트 효과와 풍만하고 부드러운 촉감을 얻는다. 이때 요철 형태를 갖는 롤러에 의해 엠보스 효과를 부여할 수 있다. 데커타이징은 크래빙에 비하여 단시간 처리가 가능하

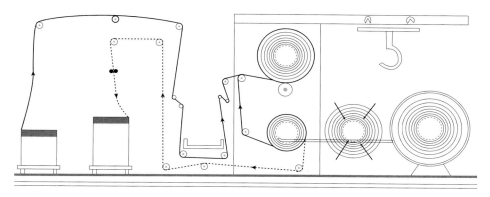

**그림 2-16** 가압 데커타이징기

며 블리딩(bleeding) 효과가 없고 열소비가 적으나 장치가 복잡하다.

가압에 의한 데커타이징은 화학적 세팅을 거치지 않고도 직물에 영구적인 세팅 효과를 부여할 수 있는데, 직물을 배치 형태로 가압 장치 내에서 처리한다. 가압 데커타이징 공정은 1930년대에 최초로 소개되었으나 1960년대 초반에 들어서야 경제적인 장치가 개발되었다. 배치식 가압 데커타이징기는 가압 용기까지 직물을 이동시킴과 함께 처리된 직물을 냉각 부위로 이동시킬 수 있다(그림 2-16). 그러나 배치식 처리는 때때로 불균일 가공효과와 황화(yellowing)를 일으키는 단점이 있다. 가압 데커타이징에 의한 세팅 효과는 처리 시간과 압력에 비례한다. 황화도와 세트 효과는 비례하며 증기처리 조건 조절만으로 황화억제가 어렵다.

가압 데커타이징을 연속적으로 처리하기 위해서는 증기의 압력을 유지할 수 있도록 하는 밀폐수단의 개발, 연속 처리가 가능하도록 충분히 짧은 시간에 세팅 효과를 얻을 수 있는 증기압을 직물에 가하는 방법, 고온조건에서 견디는 무한궤도로 된 감싸는 천 등이 필요하다. 이러한 문제들은 Vaporloc 밀폐장치 개발, 닙 롤러를 통한 계속적인 직물에의 압력 부여, 부드러운 표면의 비투과성 PTFE로 된 감싸는 천의 개발 등에 의해 해결되었다(Mather & Platt Co.).

### (3) 포팅(potting)

포팅은 오래 전에 개발되었으나 지금은 사용되고 있는 범위가 제한된 가공공정으로, 고도의 평활한 표면을 나타내는 방모직물 제조에 사용된다. 이 공정을 거친 직물로는 당구대 직물(billiard cloth), 도스킨(doeskin), 비버(beaver), 그리고 파일럿 직물(pilot cloth) 등이 있다. 크래빙 공정과는 달리 포팅은 중간 단계의 가공공정이며, 축융(milling), 기모 (raising), 털깎기(shearing) 공정을 거친 후 행해진다. 포팅에서는 롤에 감은 직물을 물에 담가 몇 시간 동안 끓인다. 이어 롤을 꺼내어 물이 빠지고 냉각되도록 방치한 후 다시 역으로 감아서 같은 과정을 반복한다. 축융, 기모, 털깎기에 이어 포팅 공정을 거친 직물은 부드럽고, 치밀하며, 짧고, 광택이 나는 파일을 갖는다.

## 4) 축융(縮絨)[밀링(milling), 또는 풀링(fulling)]

### (1) 스케일 구조와 축융성

축융은 모직물의 축융성(felting property)을 충분히 발휘케 하여 폭, 길이를 수축시키고 밀도를 조밀하게 하여 두께, 무게, 강력, 탄성을 증가시키고 보디(body)와 외관을 변화시키는 공정이다. 보통 방모직물을 대상으로 정련 이후 또는 정련과 동시에 행하며, 소모직물은 축융을 하지 않는다. 축융의 정도는 양모의 길이, 섬도, 스케일 구조, 실의 상태, 천의 조직 등에 의해 영향을 받는다. 축융이 되는 원인은 양모 표면의 비늘모양 스케일 구

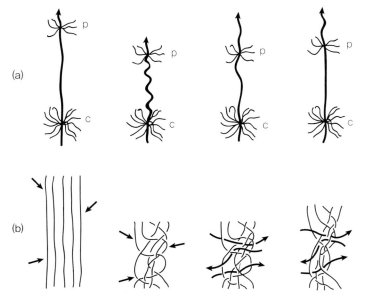

**그림 2-17** 제안된 축융 메커니즘: (a) 쇼터, (b) 마틴

조 즉, 마찰계수의 이방성($\mu_1 \langle \mu_2$)에 있으며, 축융공정에서 발생하는 양모섬유의 변형은 모근 방향으로 일어난다. 스케일 구조에 의한 마찰계수의 이방성을 활용하는 가공의 방식이 축융이라면, 이를 배제하는 형태가 방축가공이라고 할 수 있다. 마찰계수의 이방성을 나타내는 표현 수단으로서 다음 식들이 사용되고 있다.

$$스케일도(\text{scaliness}) = \frac{\mu_2 - \mu_1}{\mu_1}$$

$$방향마찰차[\text{directional frictional effect (DFE)}] = \frac{\mu_2 - \mu_1}{\mu_2 + \mu_1}$$

$$축융성(\text{felting capacity}) = \mu_2 - \mu_1$$

양모제품의 축융 메커니즘으로는 쇼터(Shorter)가 제안한 자기결속 메커니즘(self-tightening mechanism)과 마틴(Martin)이 제안한 루프봉합 메커니즘(loop-locking mechanism)이 알려져 있다(그림 2-17). 쇼터에 따르면 직물을 구성하는 섬유 집단들은 세탁 시 이동이 가능한 느슨한 엉킴(loose entanglement)과 이동이 불가능한 단단한 엉킴(tight entanglement)으로 구성되어 있으며, 압축력에 의하여 단단한 엉킴점이 점점 근접하여 축융이 발생한다. 한편 마틴은 축융 현상을 압력에 의하여 변형된 섬유 집단을 다른 섬유가 마치 바늘과 실이 봉합하는 것과 같다고 설명하였다.

## (2) 축융에 영향을 미치는 인자

축융에 영향을 미치는 인자로 축융욕의 영향과 사용하는 섬유의 영향을 들 수 있다. 축융욕의 영향으로는 욕의 pH와 온도가 있는데, pH의 경우 양모의 등전점(isoelectric point)에서 최소의 수축률을 보이며, pH 10에서 최대의 수축률을 보인다. 양모는 높은 온도에서는 신장성이 좋으나 탄성은 46~49°C에서 최대를 나타내기 때문에 이 온도가 일반적인 축융 조건이다. 같은 스케일도를 갖는 양모의 축융 효율은 섬도가 증가할수록 증가하며, 신모가 재생모에 비하여 좋고, 염색하지 않은 양모가 염색한 양모에 비하여 좋다.

축융욕의 조건으로 산성, 알칼리성이 모두 가능하다. 축융에 관여하는 인자로는 수분, pH, 온도, 압력을 들 수 있는데 수분과 pH는 양모의 탄성적 성질과 신장성에 영향을 미치고, 온도는 양모의 탄성에 관련되며, 압력은 모섬유의 움직임을 촉진시키는 역할을 한다. 양모의 무게에 대한 액량은 1:1 정도의 비로 유지하는데, 보통 수분이 너무 많으면 축융이 지연되고, 수분이 너무 적으면 잔털이 떨어져 무게 감소를 초래한다.

## (3) 축융방법

축융에 사용하는 장치로는 풀링 스톡(fulling stock), 해머 풀링기(hammer fulling machine), 롤러 또는 회전 밀링기(roller or rotary milling machine) 등이 사용된다. 풀링 스톡은 기계 내에 직물을 벌크 상태로 놓고 스톡이나 해머로 연타하면 열, 수분, 압력에 의해 실이나 섬유가 간헐적으로 움직여 펠트화가 일어나게 하는 장치이다. 수축률은 처리 시간에 의해 결정되며 폭과 길이가 동시에 수축하며 펠팅의 정도를 수축률로부터 알 수 있다. 롤러 밀링기는 로프상으로 처리하며 배치식 처리에 의한 경우만 가능하다.

## 5) 방축가공(shrink resistant finish)

일반적으로 우리는 물 세탁과정에서 발생하는 수축을 모직물이 갖는 가장 큰 단점으로 꼽는다. 모직물의 변형을 일으키는 원인으로는 이완수축(relaxation shrinkage), 팽윤수축(swelling shrinkage), 그리고 펠트수축(felting shrinkage)이 있다. 이완수축과 팽윤수축은 모든 직물에서 공통적으로 발생하지만, 펠트수축은 양모의 스케일 구조에 기인하는 모직물 특유의 수축현상이다. 모직물의 방축가공은 주로 펠트수축을 방지하는 것으로 스케일 구조의 마찰이방성을 제거하기 위한 과정이다. 이를 위하여 ① 스케일을 연화하거나 파괴하는 방법 또는 ② 스케일을 피복하는 방법이 사용된다.

### (1) 이완수축과 팽윤수축

이완수축은 직물 제조공정에서 받은 변형이 회복됨으로써 나타나는 모든 직물에서 볼 수 있는 비가역적인 수축으로서 공정조건에 따라 수축의 정도는 달라진다. 일반적으로, 세팅 이전의 모직물은 수분율이 20~25%까지 증가함에 따라 늘어나다가 그 이상의 수분율에서 수축하는 반면 세팅한 모직물은 수분율의 상승에 따라 연속적으로 상승한다. 세팅 직물은 최고 12%, 보통은 6~8%의 신장이 일반적이다. 크래빙, 데커타이징, 또는 염색공정과 같은 가공공정에서 세팅 처리를 하는데 일반 가공공정을 거친 대부분의 직물은 수분 포화 상태까지 연속적으로 신장한다.

① 이완수축　　모직물의 이완수축을 줄이는 방법으로는 세팅공정을 가공공정의 마지막 단계에서 행하는 방법과 가공공정에서 직물이 장력을 적게 받도록 하는 방법이 있다. 가

공 마지막 단계의 처리법으로서, 가압 데커타이징법이나 고온 증기처리가 있다. 고온 증기처리로서 런던 쉬렁크(London shrunk, London shrinking) 가공이 잘 알려져 있는데, 텐터형 건조기나 건식 가공공정에서의 장력은 균일한 직물의 생산에 매우 중요하다. 런던 쉬렁크 가공은 젖은 감싸는 천과 함께 롤에 감아 수 시간 동안 방치하면 그 과정에서 모직물은 수분을 다량 흡수하는데 이를 무긴장 상태에서 건조한다.

ⓒ **팽윤수축**　팽윤수축은 수분율의 차이에 따라 직물 봉제시 공기 중의 수분을 흡수 또는 발산에 의해 직물이 늘어나거나 솔기부분에서 퍼커링(puckering)이 일어나며 가역적인 수축거동과 함께 봉제공정에서 직물의 치수안정성에 큰 영향을 미친다. 팽윤수축의 조절은 이완수축의 경우보다 더 어려운 문제로서 직물구조와 영구고정의 정도에 의존하며 아직 실제적인 공정은 개발되지 않았다.

## (2) 스케일 구조의 파괴

영국의 WIRA(Wool Industries Research Associations)는 건조 염소 기체를 30분에서 1시간 정도 실온의 밀폐 공간에서 모직물에 처리하여 최초로 방축성을 지닌 모직물을 얻었다. WIRA법으로 알려진 이 가공법은 제2차 대전 중에 군용 양말 제조에 사용된 바 있다. 건조 염소 기체를 사용하는 초기 방식은 반응 속도가 빠르고 불균일 반응으로 섬유의 취화가 심하였기 때문에 이러한 단점을 개선하기 위하여 수용액상 반응, 유기염소계 화합물 사용, 효소 처리 등과 같은 시도가 다양하게 행해졌다.

① **차아염소산나트륨 수용액을 사용한 스케일 파괴**　염소 기체를 대신하여 차아염소산나트륨(sodium hypochlorite) 수용액에서 pH에 의한 염소 발생 속도를 조절하는 공정들이 개발되었다.

- 산성 pH 조절에 황산을 대신하여 포름산 사용(Negafel process)
- 염소화 과정의 pH 조정을 하는데 산을 대신하여 알칼리 사용(American process)
- 실온에서 차아염소산나트륨과 과망간산칼륨을 포함하는 약알칼리 용액 사용(Dylan process)

② **유기염소계에 의한 스케일 파괴**　건조 염소 기체나 차아염소산나트륨과의 반응 속도는 매우 빨라 불균일한 결과를 초래하기 쉽다. 스케일 구조 파괴에 따른 강도저하를 줄이기

위해서는 근본적으로 활성 염소의 발생 속도를 조절할 수 있어야 한다. 차아염소산나트 륨에 비하여 유기염소계 화합물은 활성염소는 천천히 발생시키는데 유기용액에서의 발생 속도가 수용액에서 보다 느리다.

- 염화설퍼릴($SO_2Cl_2$)/유기용매 처리(Dri-sol process)
- Peraktivin(p-toluene sulphodichloramide, Dichloramine T), Aktivin(p-toluene sulphomonochloroamide), 클로라민(chloramine) 등
- DCCA(sodium salt of dichloroisocyanuric acid) 공정

③ **단백질 분해효소(protease)에 의한 스케일 파괴**　염소와 마찬가지로 단백질 분해효소도 표면 스케일 구조를 파괴할 수 있다. 셀룰로스 분해효소에 비하여 단백질 분해효소의 반응성은 좀더 선택적이다. 효소 반응의 선택성은 효소 단백질의 입체구조에 기인하는데 효소에 따른 반응 좌석은 다음과 같다.

- 트립신(tripsin) : pH 7~9 부근에서 리신과 아르기닌에 작용
- 키모트립신(chimotripsin) : pH 7~9 부근에서 티로신, 페닐알라닌, 트립토판, 로이신과 반응
- 펩신(pepsin) : pH 1.5~2 이하에서 방향족 주변기를 갖는 잔기와 반응
- 선택성이 약한 다른 효소들 : pH 5~8.5 부근에서 작용

트립신은 황화나트륨($Na_2S$)를 환원제로 처리하는데, WIRA에 의해 개발된 이 처리법은 방축성과 함께 부드럽고 견과 같은 특성을 나타낸다(chlorozyme process). 효소는 양모 섬유를 공격하여 강도와 중량을 감소시키기 때문에 최적 반응조건(온도, pH, 효소 농도) 을 적용할 때 최소한의 강도저하와 원하는 방축효과를 얻을 수 있다.

## (3) 표면 피복

표면 스케일 구조의 파괴에 의한 방축가공과 함께 스케일 구조의 피복(masking)에 대한 연구가 추진되어 왔는데 초기의 요소나 멜라민 계통의 수지를 이용한 피복은 방축효과 가 좋지 않고 촉감이 나빠지는 단점을 보여 실용화에 이르지는 못하였다. 현재까지 알려 진 효과적인 피복 방법으로는 계면중합과 고분자 수지처리가 있다. 물과 유기용매의 계면 에서 이루어지는 계면중합을 양모를 2욕법에 적용하면 매우 얇고 균일한 두께의 막을 섬 유 표면에 형성시킬 수 있다. 보통 200~300Å의 두께에 1% 정도 부가에 의해 충분한 방

축효과를 얻으며 마모강도의 향상과 촉감에 영향을 주지 않는다. 고분자 수지처리는 공업적으로는 ① 소모 톱(top), ② 편물 또는 직물, 또는 ③ 편물 의류 등의 경우 처리법이 각각 개발되어 있다.

## (4) 염소-허코셋 공정(소모 톱)

표면 피복법으로서 오스트레일리아의 CSIRO(Commonwealth Scientific and Industrial Research Organization)와 IWS(International Wool Secretariat)가 공동으로 개발한 양모 톱에 처리하는 염소-수지법(chlorine-Hercosett process)이 가장 잘 알려져 있다. 낮은 pH에서 염소 전처리에 이어 반응성이 크며 물에 녹고 양이온성인 허코셋 고분자 (Hercosett 125, Hercules Chemical Co.)를 섬유 표면에 피복하여 우수한 방축성을 얻을 수 있다. 염소에 의한 전처리에 의해 시스틴 결합과 펩티드 결합이 절단되면서 유연성 및 임계 표면장력이 증가하고, 젖음성이 개선되며 수지와의 공유결합이 발생한다.

① 염소-수지 공정  소모 톱을 ① 염소 처리(chlorination), ② 중화 및 염소제거 (neutralization & antichlorine treatment), ③ 중간 수세(intermediate rinse), ④ 허코셋 고분자 처리(Hercosett polymer application), ⑤ 유연제 처리(softener application), ⑥ 건조/고분자 큐어링(drying/polymer curing) 등 여섯 단계의 공정에 의해 처리한다. 처리 장치는 5개의 보울(bowl)과 드럼 건조기가 연속적으로 구성(그림 2-18)되어 있으며 각 단계별 화학반응의 특징은 표 2-3과 같다. 수지 처리 속도는 양모 품질에 따라 8m/min(또는 300kg/hr)까지 높일 수 있다.

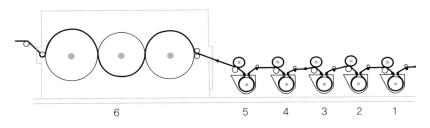

6       5   4   3   2   1

그림 2-18  5개 보울로 구성된 연속식 염소-허코셋 공정도

표 2-3 염소-허코셋 공정의 단계별 내용

| 처리단계 | 처리 약제 및 조건 | 화학 반응 | 비고 |
|---|---|---|---|
| 1. 염소 처리 | 차아염소산나트륨, 황산, 습윤제, 15~20℃, pH 1.3~1.7 | 시스틴기 → 시스테인산 티로신아마이드 → N-클로라민 | 엑소큐티클층 |
| 2. 중화 및 염소 제거 | 탄산나트륨, 아황산나트륨, pH 8.5~9.5 | 탄산나트륨 : pH 유지, 아황산나트륨 : 잔여 염소 제거 | 아황산나트륨 (양모 무게 1%) |
| 3. 중간 수세 | 25~30℃ | 중화 반응물 제거 | |
| 4. 허코셋 고분자 처리 | 허코셋 125 (폴리아마이드와 에피클로로하이드린 고분자 12.5% 수용액), 탄산나트륨(pH 7.5~8.0), 35~40℃ | 에피클로로하이드린(아제티디눔, 클로로하이드린, 에폭사이드) + 폴리아마이드(아민기) → 가교화 반응 | 허코셋 고분자 (양모 무게 2%) |
| 5. 유연제 처리 | 양이온성 스테아라미드 40℃, pH 7.5 | 공정 성능 및 촉감 개선 | 양모 무게 0.2~0.15% |
| 6. 건조/고분자 큐어링 | 70~80℃ | 가교화 발생 (전체 반응성기의 10% 미만) | 수분율 8~12% |

ⓐ **허코셋 처리효과**    시스틴의 산화와 엑소큐티클 층에서의 펩티드 결합의 가수분해는 처리 섬유가 습윤된 상태에 있을 때 스케일 구조의 연화를 초래한다. 허코셋 고분자는 수중에서 상당한 부피 증가를 보이는 성질을 나타낸다. 이때 팽윤 부피는 공기 건조상태 부피의 4~5배 크기를 갖는다. 이러한 특성은 허코셋 고분자의 높은 양이온성과 낮은 가교도에 기인한다. 피복 두께가 건조시 비록 $0.12\mu m$ 정도인 경우에도 물에 침지하게 되면 표면막의 두께는 $0.5\mu m$ 정도로 증가하는데, 수중에서의 팽윤은 거친 표면상태를 감싸 마찰계수의 이방성을 없앤다. 균일한 팽윤이 일어나지 않으면 섬유-고분자 계면에서 큰 응력이 발생한다. 따라서 기계세탁에서 내구성을 지니기 위해서는 고분자가 양모섬유 표면에 잘 부착하여야 한다.

ⓑ **Kroy 염소화 장치**    염소-허코셋 처리법의 중요한 발전중의 하나는 산-차아염소산염 처리시 염소화 보울을 Kroy 염소화 장치로 대체한 것이다. 양모 웹은 폴리프로필렌 벨트에 의해 염소화 용액을 분무하는 스프레이 바를 통과하여 이어 U자형 반응 용기를 지나게 구성되어 있다. 염소화제는 염소 기체를 10℃ 수중에서 용해시켜 발생한 차아염소산으로서, 그 과정에서 염산이 함께 발생하기 때문에 염소화 용액의 pH는 2.0~2.5 사이를 유지한다. 염소화 처리가 끝난 양모는 세정과 스쿼징을 거친 다음 공정에 들어간다. 반응 후 남아 있는 염소 증기는 밀폐 장치 내에서 지속적으로 흡인하여 제거한다.

## (5) 수중 처리법(편직물)

편직물에 적용되는 수중 처리법은 보통 사이드 패들 윈치를 이용하여 행한다. 의류의 대부분은 1970년대 초반 상업화된 이 방법을 사용하고 있다. 의류의 처리 과정은 염소화-염소제거-고분자/유연제 처리–건조로 이어지는 양모 톱의 연속적 처리 과정과 같은 원리이다. 의류 처리의 염소화제로는 DCCA의 나트륨염 또는 칼륨염이 사용된다.

① **DCCA 처리**    pH 3~6인 산성용액에서 DCCA는 가수분해하여 차아염소산을 발생시킨다(1mol DCCA = 2mol HOCl). 또한 반응속도는 온도와 pH에 의존하므로, 두 조건을 조절하는 것이 균일한 처리에 중요하다. 2.0~3.5% DCCA 용액을 20°C, pH 3.5~4.0에서 액:의류의 비를 30:1로 하여 처리한다. 이때 미리 용해된 처리제를 20~30분 동안 부가하면 섬유와 DCCA가 빠르게 반응한다. 이따금 과망간산칼륨(대략 1.5~2.0%)이 DCCA와 함께 첨가되기도 한다. 처리는 보통 중성 pH에서 행하나 DCCA에서 차아염소산의 생성속도를 높이기 위하여 pH를 4.5까지 낮추어 사용하는 경우가 있다. 과망간산칼륨을 첨가하면 부드럽고 황화가 덜 발생하는 처리결과를 얻는다. 산화 반응이 완결되면 아황산수소나트륨이나 아황산나트륨(3~5% owf)을 액에 첨가한다. 욕의 온도를 30°C로 높여 15~20분 동안 교반하면서 잔여 염소를 감소시킨 후 가볍게 표백한다. 이 단계에서 염소화 과정에서 단백질 가수분해의 결과 발생한 수용성 염료–단백질 착체를 충분히 제거하여야 한다. 이는 다른 의류와 함께 세탁할 경우 제거되지 않은 착체가 다른 의류로 이전하여 염반을 형성할 가능성을 피하기 위함이다.

② **고분자 처리제**    의류에 사용되는 고분자로서는 폴리머 G[Precision Processes(Textiles) Ltd.]와 허코셋 125 등이 있다. 폴리머 G는 다일란 GBR 공정에서 사용되는 양이온성 고분자 물질로 알려져 있다. 허코셋 고분자는 2% owf를 탄산수소나트륨 또는 암모니아로 pH를 조절(7.5~8.0)하여 처리에 사용하는데, 온도를 30°C로 천천히 올리면 고분자의 부착이 촉진된다. 경우에 따라 양이온성 유연제를 첨가하며, 공정이 끝나면 의류를 꺼내어 탈수하고 60~80°C에서 건조한다. DCCA가 반응하면 표면 큐티클 층의 화학구조(시스틴 → 시스테인산)와 스케일 구조가 변화한다.

## (6) 비염소 처리공정

염소-수지처리법은 잘 확립된 방법이나 몇 가지 단점을 지니고 있다. 그 단점으로는 황화 현상, 섬유의 취화 현상, 및 사용하는 염료의 발색단이 산화 반응을 하여 발생하는 변색 등이 있는데, 이 문제를 극복하는 과정에 전처리를 생략한 수지 처리법이 개발되었다. 랑크롤란 SHR3(Lankrolan SHR3, Diamond Shamrock)과 신타프렛 BAP(Synthappret BAP, Bayer) 등이 여기에 속하는 수지들이다. 이들은 모두 반응성 프리폴리머로서 물에 쉽게 용해되며 산성 용액에서 안정하고 알칼리 상태에서 가교결합을 한다. 가교반응에 의해 랑크롤란 SHR3은 디설파이드 결합이 발생하며, 신타프렛 BAP는 설폰산 카바모일(carbamoyl sulfonate)로서 가수분해하고 이어 가교화 반응을 한다(그림 2–19).

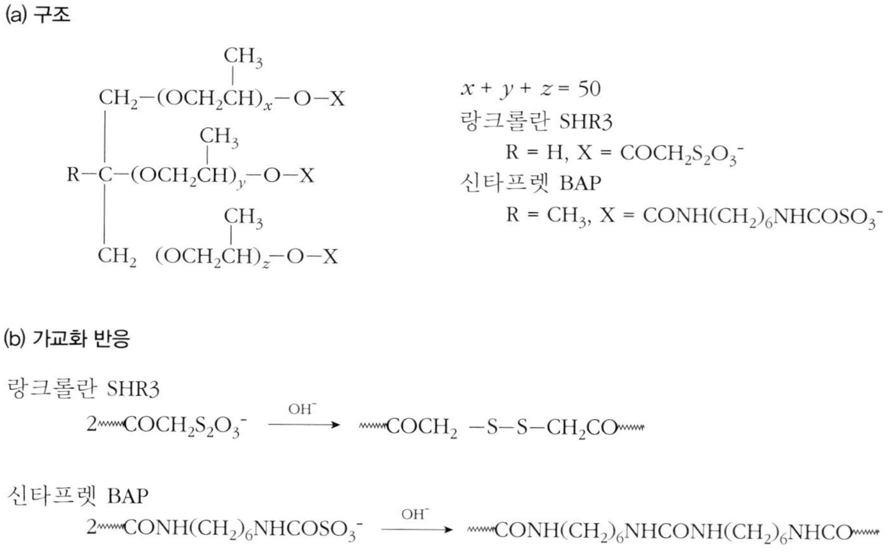

(a) 구조

$$CH_2-(OCH_2CH)_x-O-X$$

$$R-C-(OCH_2CH)_y-O-X$$

$$CH_2 \quad (OCH_2CH)_z-O-X$$

$x + y + z = 50$

랑크롤란 SHR3
$\quad$ R = H, X = $COCH_2S_2O_3^-$

신타프렛 BAP
$\quad$ R = $CH_3$, X = $CONH(CH_2)_6NHCOSO_3^-$

(b) 가교화 반응

랑크롤란 SHR3

$$2\text{ⱳ}COCH_2S_2O_3^- \xrightarrow{OH^-} \text{ⱳ}COCH_2 -S-S-CH_2CO\text{ⱳ}$$

신타프렛 BAP

$$2\text{ⱳ}CONH(CH_2)_6NHCOSO_3^- \xrightarrow{OH^-} \text{ⱳ}CONH(CH_2)_6NHCONH(CH_2)_6NHCO\text{ⱳ}$$

**그림 2–19** (a) 랑크롤란 SHR과 신타프렛 BAPD의 구조 및 (b) 가교화 반응

랑크롤란 SHR3과 신타프렛 BAP의 처리과정은 기본적으로 같은데, 신타프렛 BAP는 음이온 폴리우레탄 분산액(Impranil DLN-Bayer)과 함께 사용하기도 한다. 수지처리 전에 충분한 정련을 하여야 한다(허용 불순물 농도 0.5% w/w 이내). 사이드 패들에서 정련한 다음 염화마그네슘을 반응 욕에 투입하는데, 의류는 30℃, pH 7.5~8로 유지되는 용액에서 평형에 도달한다. 고분자를 투입한 초기에는 욕이 불투명하나 점차 의류에 부가

되면서 탁도가 감소한다. 의류에 고분자가 부가되는 과정에 욕의 pH는 9.0 정도로 증가하는데, 60°C에서 30분 동안 유지하여 섬유와 고분자가 반응하도록 한다. pH 7~8 범위에서 양모섬유는 음전하를 띠며 Coulomb 반발력에 의해 음이온 입자의 양모섬유에의 부착이 억제된다. 그러나 염화마그네슘이 포함되면 전기 이중층은 축소되어 음이온 입자가 양모섬유에 가까이 접근하게 된다. 이때 van der Waals 힘이 Coulomb 반발력보다 크면 부착이 일어나며 시간이 지남에 따라 점점 증가한다. 이러한 현상은 알칼리 욕에서 신타프렛 BAP 입자가 가수분해와 연이은 화학반응에 의해 사슬 길이가 연장되면서 전하를 잃는데 기인한다. 전하가 감소하면 고분자-고분자 및 고분자-양모의 상호작용력이 높아져서 고분자 입자끼리 상호작용하여 응집과 의류에의 부착이 발생한다.

### (7) 용매처리법(편직물)

모 편직물의 정련, 밀링, 그리고 방축처리는 용매 배치 공정기에 의해 가능하다. 용매에 의한 방축가공에서는 반응성 프리폴리머를 가공제로 사용하는데, 이때 큐어링에 의해 인접 섬유간 고분자 가교가 발생하여 축융이 억제된다. 이 과정에 의류를 조심스럽게 취급하지 않으면 큐어링에 의해 영구적인 접힘 자국을 남게 된다. 초기에 개발된 이소시아네이트 말단기를 갖는 우레탄 프리폴리머인 신타프렛 LKF(Bayer)는 촉감이 유연한 실리콘계 프리폴리머로 대체되고 있다.


## 3. 견섬유의 형태안정성

견직물은 수천 년에 걸쳐 인류의 의생활에서 중요한 부분을 차지하고 있다. 견이 지니고 있는 우수한 광택, 보온성, 태, 비단소리 등은 고품위 섬유의 표상으로서 신합섬에 이르기까지 합성섬유가 도달하고자 하는 목표였다. 정련을 거친 견은 섬세하고 가벼워 그 자체로도 우수한 섬유소재이지만 여기에 중량감, 강연성, 새로운 촉감과 광택 등을 부여하기 위해 증량가공(weighting), 염축가공, 세리신 정착 등을 행한다. 이들 가공은 모두 견섬유의 형태안정성을 변화시킨다.

정련 견은 길이 915~1,190m, 직경 9~11μm인 장섬유로서 파단강도 2.4~5.1g/d(건조),

2.0~4.3g/d(습윤), 탄성회복 92%(2% 신장), 파단신도 10~25%(건조), 33~35%(습윤), 밀도 1.25~1.34g/cm³, 수분흡수(20°C, 65% RH) 11%(25~35% 포화) 등의 성질을 보인다. 견 섬유는 섬세하고 길어 얇은 조직에서 두터운 조직에 걸쳐 직물과 편물 제조에 두루 사용된다. 견은 단열성을 지녀 조직에 따라 넓은 온도 범위를 커버한다. 정장류 등에서 입체감, 형태안정성 및 드레이프성이 필요하면 증량가공, 가볍고 까실까실한 느낌을 주기 위해서는 염축가공, 그리고 광택이 없으면서 까실까실한 느낌을 부여하고자 할 때 세리신 정착가공을 행한다. 또한 단섬유 형태로 절단하여 다른 섬유와 혼방하거나 순수하게 방적하여 다양한 형태의 의류와 실내장식용 제품을 제조할 수 있다.

## 1) 견섬유의 구조 및 성질

견(생사)은 피브로인(fibroin)과 세리신(sericin)의 두 종류 단백질로 구성된 장섬유 구조로 되어있다(그림 2-20). 생사는 누에의 견사선에서 나와 자기 몸 주위를 둘러쌓아 만든 누에고치에서 얻는다. 피브로인을 구성하는 아미노산 잔기는 제한적인데, 글리신이 약 1/2, 알라닌이 1/4, 티로신이 1/8을 점한다. 피브로인 분자는 지그재그 상태로 펼쳐진 구조($\beta$-pleated structure)로서 분자-분자 수소결합을 이루고 있다. 이러한 미세구조는 단백질 섬유인 양모에 비하여 큰 강도를 나타내는 원인으로 작용한다. 생사는 촉감이 단단

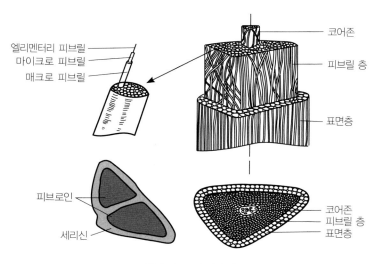

**그림 2-20** 견 섬유의 미세구조

하고 광택이 없으며 조잡한데 이는 구형 단백질 구조로 되어 있는 세리신이 외부에 존재하기 때문이다(생사 무게의 약 25%).

다른 천연섬유처럼 견은 주변의 습도 변화에 따라 일정량의 수분을 흡수 또는 방출하는 이력현상(hysteresis)을 보인다. 견의 중량은 대기의 건습 정도에 따라 차이가 나며 물리적 성질에 큰 영향을 미친다. 예를 들면 함유 수분이 적은 실은 강도가 크고 신도가 낮은데, 함유 수분이 많게 되면 강도는 저하하고 신도는 증가한다.

## (1) 용해성

피브로인은 암모니아, 탄산알칼리 용액, 그리고 묽은 수산화나트륨 용액에는 용해되지 않으나 진한 수산화나트륨 용액에서 가열하면 용해된다. 또한 높은 온도에서 빙초산 용액, 황산, 질산, 진한 인산 용액, 니켈, 아연 및 구리 수산화물 용액에 용해한다. 피브로인은 소수성을 보이며 물에 용해하지 않는다. 피브로인을 둘러싸고 있는 세리신도 일종의 단백질로서 아교와 같은 성질을 지니고 있어 견교(絹膠, silk glue)라고도 부른다. 찬물에 견을 오랜 시간 담그면 함유 염류와 세리신 일부가 탈락하나, 끓는 물에 담그면 세리신은 용해하고 피브로인은 팽윤한다. 가압 조건에서 장시간 끓이면 피브로인도 차차 용해한다. 생사는 온탕 중에 넣어두면 팽윤하여 부드럽게 되며 건조하면 원상으로 회복하나 촉감 및 광택은 나빠진다. 정련사를 물에 장시간 끓이면 광택과 촉감이 나빠지며 강도 및 신도가 감소한다. 아울러 섬유의 표면이 거칠어지고 길이가 줄어들므로 이러한 영향을 피하기 위하여 염욕 중에 산을 소량 첨가하고 97℃ 이하의 온도를 유지하도록 한다.

## (2) 산, 알칼리에 대한 반응성

산에 대한 저항력은 면보다는 강하고 양모보다는 약하다. 묽은 무기산(황산, 염산, 질산) 액에 상온에서는 변하지 않으나 고온에서는 분해한다. 산을 사용하는 경우 종류, 농도, 처리온도 및 시간 등에 주의하여야 하며 수세를 충분히 하여야 한다. 한편 알칼리에 대한 내성은 면보다는 약하고 양모보다는 강하다. 진한 수산화나트륨 또는 수산화칼륨 수용액에는 상온에서도 용해하며 가열하면 그 작용이 빠르다. 묽은 용액이라도 처리시간이 길고 온도가 높을 때에는 섬유가 손상되며 백도, 광택, 촉감 등이 저하하므로 정련제로는 부적합하다.

### (3) 기타 약제와의 반응성

견은 염소, 차아염소산나트륨, 표백분, 중크롬산칼륨 등에 의해 황색으로 변한다. 진한 과망간산칼륨 용액은 견을 용해시키지만 적정량의 과산화수소, 과붕산나트륨은 표백제로 이용할 수 있다. 환원제(아황산가스, 산성 아황산나트륨, 하이드로설파이트)는 보통 견을 상해하지 않고 색소를 환원 표백하므로 표백, 탈색, 발염 등에 이용한다.

### (4) 염색성

산성 염료 및 염기성 염료에 대하여 친화력이 있는데 이는 견이 아미노산이 중합된 폴리펩티드로 되어있기 때문이다. 아미노산 잔기에 존재하는 아미노기가 염기성을, 카복시기가 산성을 나타내어 염기성 염료의 카복시기나 산성 염료의 아미노기와 쉽게 결합하기 때문이다. 견은 여러 가지 염료에 대한 친화력이 좋으며 양모, 레이온보다 저온에서 염색이 가능하다.

## 2) 정련(scouring, degumming)

피브로인을 둘러싸고 있는 세리신은 이용(易溶)성 성분과 난용(亂溶)성 성분으로 존재한다. 용해된 세리신을 냉각하면 다시 응고하여 아교상이 된다. 세리신은 열수, 고온 비눗물 용액, 묽은 수산화나트륨 용액에 용해한다. 생사를 비누, 탄산나트륨과 같은 약품을 넣은 용액에 넣고 삶으면 세리신이 제거되는데, 이 과정을 정련이라고 한다. 정련제로는 비누와 같은 계면활성제나 탄산나트륨과 같은 알칼리가 사용된다. 효과적인 정련을 위해서 계면활성제와 알칼리가 함께 사용되기도 한다.

## 3) 증량가공(weighting)

세리신 제거과정에서 보통 20~30% 정도의 중량이 감소한다. 정련 견은 얇은 직물의 제조에는 매우 효과적이나 두터운 직물의 경우 단가 상승을 피할 수 없다. 정련 견에 증량가공을 하면 증량 효과와 함께 수축방지, 두께감과 함께 강연성, 촉감, 광택 등의 부수적인 효과가 발생한다. 일반적으로 주석염, 타닌, 그리고 합성수지에 의한 증량법이 있으며,

의도하는 가공효과에 따라 선택할 수 있다.

## (1) 주석 증량

용해성이 낮은 주석염은 건 섬유에 흡착하여 증량 효과를 나타낸다. 초기에는 염화제2
주석($SnCl_4$) 용액에 침액(soaking)하여 탄산나트륨으로 고착(fixation)하였는데 증량은
적고, 섬유에 손상을 나타내었다. 탄산나트륨 대신에 인산나트륨($Na_3PO_4$), 규산나트륨
($Na_2SiO_3$) 등을 사용하여도 비슷한 효과를 보인다. 현재는 염화주석에 침액(pinking)하
고 $Na_2HPO_4$ 처리(phosphating)를 거치면 어느 정도의 증량이 이루어지는데, 원하는 증
량을 위하여 침액과 증량을 수회 반복하고, 마지막 단계에서 $Na_2SiO_3$ 처리(silicating)를
하고 있다. 이러한 증량가공에 의하여 광택의 증가, 섬유 두께 증가, 흡습에 의한 천의 수
축 감소, 일광에 의한 내마모성의 저하 등의 효과를 얻는다. 다음은 염화제2주석 처리과
정에서 발생하는 화학반응이다.

- **염화제2주석 처리(pinking)후 수세**

  $$SnCl_4 + 4\,H_2O \rightarrow Sn(OH)_4 + 4\,HCl$$

- **인산나트륨 처리(phosphating) 및 수세**

  $$Sn(OH)_4 + 2\,Na_2HPO_4 \rightarrow Sn(HPO_4)_2 + 4\,NaOH$$
  $$Sn(OH)_4 + Na_2HPO_4 \rightarrow Sn(OH)_2HPO_4 + 2\,NaOH$$

- **규산나트륨(silicating) 처리**

  $$Sn(OH)_2HPO_4 + Na_2SiO_3 \rightarrow Sn(SiO_3)HPO_4 + 2\,NaOH$$

염화안티몬($SbCl_3$)에 의한 증량(4염화탄소 용액 처리 후 $Na_2HPO_4$로 고정화), 아세트산
아연에 의한 증량(인산나트륨에 의한 고정화) 방법 또한 염화제2주석의 경우와 비슷한 효
과를 나타내는 것으로 알려져 있다.

## (2) 타닌 증량

타닌(tannin) 처리에 의해서도 증량 효과를 거둘 수 있다. 견섬유를 타닌을 함유하는 수
용액에 넣고 끓이면 타닌을 흡착하여 증량이 이루어진다. 조견(raw silk)에 타닌 처리를
하면 정련, 증량 및 착색 효과를 가져온다. 착색이 되기 때문에 흰색, 담색, 또는 선명한
색상을 요하는 경우에는 이 방법을 이용하기 어렵다. 철을 함유하는 염을 첨가하면 타닌

철이 생성되어 흑색 염색과 함께 증량이 이루어진다. 천연 타닌은 착색과 함께 증량 효과가 우수하나, 합성 타닌은 착색이 덜 일어나는 반면 증량 효과도 적다.

### (3) 합성수지 증량

견 섬유의 증량에 여러 가지 형태의 수지가공제가 이용된다. 요소, 티오요소 및 멜라민과 포름알데히드의 축합물, 아크릴계 수지, 폴리우레탄 수지 등이 이용되고 있는데 증량과 함께 방축성, 방추성, 내세탁성, 열고정성 등이 부여된다. 수지의 종류에 따라서는 유연성, 내마찰성, 내약품성이 개선되나 흡착량의 증가와 함께 섬유의 경화, 광택 저하를 나타내기 때문에 비교적 적은 증량에 적합하다.

실용화는 다소 난점이 있지만 축중합체 형태가 아닌 단량체를 사용한 그라프트 중합에 의해서도 증량이 가능하다. 그라프트 중합은 광택과 태의 저하를 최소화하면서 방축성과 방추성을 개선하는 효과가 있다.

## 4) 염축(鹽縮)가공(salt shrinking)

정련 견은 질산칼슘[$Ca(NO_3)_2$], 염화아연($ZnCl_2$), 염화칼슘($CaCl_2$), 티오시안산칼슘[$Ca(SCN)_2$] 등의 진한 수용액에는 팽윤 및 용해하나, 비교적 낮은 농도 수용액에서는 수축한다. 견을 위와 같은 염 수용액에 적당한 온도와 시간 동안 처리함으로써 강도는 줄어들지 않는 상태에서 길이가 수축하게 하여 무늬 효과나 크레이프 효과를 발생시키는 처리법을 염축가공이라 한다. 수축의 정도는 염의 종류, 농도, 온도, 시간에 따라 차이가 나며 질산칼슘이 주로 사용된다.

견을 타닌산, 포름알데히드, 크롬염, 금속착염 염료 등으로 먼저 처리하면 수축이 줄어든다. 따라서 이런 방축제들을 견제품의 날염호에 첨가하여 날염하고 이어서 염축가공하면, 방축제가 존재하는 부분은 거의 수축하지 않지만 나머지 부분은 수축하여 무늬효과를 줄 수 있다. 또는 이와 반대로 수축을 일으키는 염을 날염호에 섞어서 처리하기도 한다. 금속 착염 염료로 염색한 견사와 미염색 견사로 제직한 직물에 염축 처리하면 크레이프 효과를 얻을 수 있다.

■ **염축 조건** : 질산칼슘의 비중이 1.45인 수용액에 90℃에서 1분간 침지하면 직물의 밀

도, 경위사의 꼬임수에 따라 차이가 발생한다. 일반적으로 40% 수축을 예상하여 제직하는데, 농도와 온도를 높게 하고 단시간 처리하는 편이 우수한 크레이프 효과를 보인다. 염축 과정에서 직물에 장력을 가하거나 직물이 서로 밀착하여 처리되지 않고 자유스럽게 수축되도록 충분한 처리액을 사용하여 조작하여야 한다. 이때 직물이 가이드 롤러에 의해 연속적으로 한쪽 끝에서 처리액에 침지하고 장력이 가해지지 않도록 이동시켜 처리조 다른 끝에서 끌어올려 수세하는 처리장치가 필요하다. 처리 후에는 다량의 물로 직물에 함유되어 있는 처리제를 신속하게 희석하여 제거하여야 한다. 처리제의 희석과 제거가 늦어지면 염축 효과가 저하하면서 섬유의 손상 정도가 증가한다.

■ **산에 의한 염축** : 견은 염류 이외에도 진한 산에 의해서도 팽윤, 수축 및 용해한다. 염산이 대표적인 처리제로서, 비중 1.145의 염산 수용액을 사용하여 5°C 부근에서 2~3분 정도 침지한 다음 바로 수세한다. 수세과정에서 견은 크게 수축하는데 비중이 1.150 이상인 용액에서는 견이 분해하기 때문에 농도 조절에 유의하여야 한다.


## 5) 세리신 정착가공

정련하지 않은 생사를 크롬염, 포르말린, 타닌산, 합성수지 등으로 처리하면 세리신이 고정된다. 세리신 정착 견직물은 촉감이 까실까실하고 광택이 적어 하절기 옷감 등으로 사용된다.

$Cr_2O_3$와 같은 3가의 크롬염 특히 하이드록시기를 함유한 염기성염은 크롬 이온과 세리신이 착체를 이루어 물, 알칼리에 대한 팽윤과 용해도가 줄어든다. 포름알데히드는 세리신 중의 아미노기, 하이드록시기 등의 작용기와 반응하여 메틸렌 가교를 생성하여 고정효과를 발생시키는 것으로 보여진다. 세리신 잔기에 대한 포름알데히드의 반응성은 pH 4.5 부근이 적당한 것으로 알려져 있다. 타닌산은 견에 잘 흡착하는데 여기에 중크롬산을 처리하면 착색이 발생하면서 세리신이 고정된다. 수지가공제 또는 그라프트 중합에 의해 세리신을 고정하는 경우도 있다.

## 6) 기타 기능화

### (1) 비단소리 가공(scrooping)

정련 견은 손으로 만지면 탄력이 풍부한 부드러움과 경쾌하고 따스한 느낌을 주는 독특한 촉감이 있다. 또한 살짝 마찰하여도 경쾌한 소리를 내는데, 이 같은 특유한 소리를 비단소리(견명(絹鳴), scroop)라 한다. 정련 견에 소량의 지방산을 첨가하여 아세트산 또는 주석산 처리를 하면 비단소리는 현저히 증가한다.

### (2) 기타 가공공정

일반적인 견직물 제조공정으로서 준비공정, 소모, 발호, 크레이프 가공, 탈수, 건조, 폭내기, 캘린더링, 유포, 타포, 증포, 연마 등이 행해진다. 섬세하고 유연한 견섬유는 기계적 및 화학적 작용에 쉽게 변형하기 때문에 모든 공정에서 강한 마찰, 충격, 굽힘 등이 가하여지지 않도록 유의하여야 한다.

# 4. 합성섬유의 형태안정성

천연섬유는 원료 상태에서 이미 섬유 형태를 갖추고 있기 때문에 이를 처리하는 물리적, 화학적 공정은 모두 가공의 범주에 든다. 그러나 합성섬유는 방사를 거쳐 섬유형태가 발현되기 때문에 특수한 기능성을 부여하는 화학적인 공정을 제외하고는 천연섬유처럼 가공단계를 명확히 구분하기가 어렵다. 일반적으로 합성섬유 방사과정에서 단면 구조를 조절하면, 원형 단면에서 이형 단면, 나아가 중공 단면을 얻을 수 있다. 이러한 필라멘트 섬유는 그대로 혹은 절단하여 단섬유(스테이플 섬유)의 형태로 방적하여 다양한 형태의 방적사(spun yarn)와 필라멘트사(filament yarn)를 제조한다. 이보다 더 복잡한 형태의 실로는 장식사(fancy yarn)나 혼성사(composite yarn)가 있는데 꼬임수, 가닥수에 따라 세분이 가능하다. 이를테면 필라멘트사는 매끈한 필라멘트사(smooth-filament yarn)와 벌크사(bulk yarn), 장식사는 단사(single yarn)와 이를 여러 가닥 합하여 꼬임을 준 합연사(ply yarn)로 구분한다.

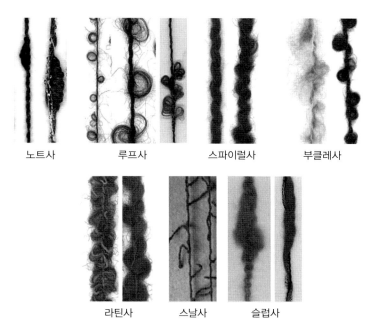

노트사 　　　루프사 　　　스파이럴사 　　　부클레사

라틴사 　　　스날사 　　　슬럽사

**그림 2-21** 꼬임 형태에 따른 장식사의 종류

직물에 사용되는 다양한 합성섬유 실(합섬사)은 그 형태에 따라 감성, 내구성, 쾌적성 등이 결정된다. 표 2-4는 합섬사의 종류를 나타낸 것이다. 합성섬유는 꼬임과 형태 고정에 의해 다양하게 구분되는데 분류기준에 따라 세부 구분이 다를 수 있다. 이를테면 단순사를 단사, 합연사, 코드사로 구분하는 방식도 있다. 그러나 여기에서 단순사는 섬유 길이, 장식사나 혼합사는 단순사를 기초로 한 입체적인 형태로 구분하였다. 그림 2-21은 꼬임 형태에 따른 다양한 장식사의 종류를 나타낸 것으로 서로의 특성을 확인할 수 있다. 이처럼 합성섬유로 된 실은 방사 이후 물리가공공정에 의해 다양한 성질이 나타나지만 실의 제조 단계와 가공 단계를 명확하게 구분하는 것은 그리 쉽지 않다. 합섬사 제조과정에서도 다양한 형태의 꼬임을 부여하지만 이를 가공과정으로 포함시키지는 않는다. 흔히 실에 부여한 형태를 열고정(안정화)시키는 과정이 포함된 벌크사 제조과정과 직물의 이완(relaxing), 열고정(heat set) 등을 합성섬유의 형태안정성 부여 가공의 범주에 포함시키고 있어 여기에서도 그 기준에 따른다.

표 2-4 합성섬유로부터 얻어지는 실의 종류 및 특성

| 대분류 | 중분류 | 세분류 | 심미성·쾌적성 | 내구성 |
|---|---|---|---|---|
| 단순사 (simple single yarn) | 방적사 (spun yarn) | • napping twist<br>• average twist<br>• voile twist<br>• crepe twist | 면이나 양모와 유사한 외관(린트, 필 발생)<br>보온성, 흡습성 | 필라멘트사보다 약함. 응집성이 좋아 실 풀림이 쉽게 발생하지않음 |
| | 필라멘트사 (filament yarn) | • smooth-filament yarn ; low twist, crepe twist | 매끈한 광택(린트, 필의 발생이 쉽지 않음) 청량감이 있으며, 흡습성이 가장 낮음 | 방적사에 비하여 강함. 실 풀림이 쉽게 일어남 |
| | | • bulk yarn ;<br>bulky yarn, stretch yarn, textured yarn | 광택이 적어 방적사와 비슷함 (린트 발생은 적으나 필은 발생) 부품성, 보온성, 흡습성, 신축성 | 방적사에 비하여 더 강하나 실 풀림은 더 쉽게 발생 |
| 장식사 (fancy yarn) | 단사 (single yarn) | tweed, slub | 장식 효과(린트 필 발생)<br>보온성, 흡습성 | 필라멘트사에 비하여 약함. 실 풀림 적음. 낮은 마찰저항성 |
| | 합연사 (ply yarn) | ratiné, spiral, knot, snarl, bouclé, slub | 장식 효과<br>(린트 필 발생)<br>보온성, 흡습성 | 필라멘트사에 비하여 약함. 실 풀림 적음.<br>낮은 마찰저항성 |
| 혼성사 (composite yarn) | 피복사 (covered yarn) | • stretch-covered yarn<br>• stretch core-spun yarn<br>• core-spun thread | 방적사나 필라멘트사외관 다른 실에 비하여 신축성이 큼 | 공정에 따라 변함 |
| | 결속사 (wrapped yarn) | • filament-wrapped with spun yarn<br>• filament-wrapped with staple fibers<br>• filament-wrapped with filament yarn | 방적사나 필라멘트사외관 다른 실에 비하여 신축성이 큼 | 공정에 따라 변함 |

산업용과는 달리 의류용에 사용되는 합성섬유는 방사된 형태 그대로는 거의 사용하지 않으며 다양한 꼬임과 열고정을 거친 형태를 사용한다. 특히 고급의 태를 얻기 위한 장식사나 혼성사의 비중은 매우 크다.

## 1) 합성섬유의 미세구조

섬유의 구조 즉 화학구조, 분자간력, 분자량, 결정구조, 사슬의 배향 등은 섬유의 물성을 결정짓는 기본 요소이다. 섬유고분자를 이루는 화학구조로서 1차 및 2차 결합은 Å 단위

$(10^{-10}\text{m})$이며, 고분자의 크기는 대략 $100\mu\text{m}$ 정도이다. 섬유의 물리적인 성질은 원자간 거리 규모인 Å이나 nm 수준의 크기에서 대부분 천연섬유의 길이에 해당하는 cm 크기에 이르기까지 고분자 사슬 및 이들이 3차원적으로 규칙성을 갖는 피브릴의 배열에 따라 달라진다. 고분자의 미세구조는 일반적으로 결정과 비결정 영역으로 구성되는 것으로 설명하는데 결정은 그 크기가 일반적으로 수십 Å에서 $1\mu\text{m}$ 범위의 크기를 지닌다. 연신에 의해 배향된 섬유고분자의 결정구조는 피브릴 구조로서 대개 $10\sim500$Å의 직경을 갖는다. 한편 연신이 이루어지지 않은 상태는 사슬이 접힌 라멜라(lamella) 결정으로서 미셀(micelle)이라고 부른다. 천연섬유 고분자는 합성섬유에 비해 훨씬 복잡한 미세구조가 특유의 성질을 결정하지만 합성섬유는 미세구조의 조절에 의해 다양한 성질을 얻는다.

합성섬유의 미세구조는 제조과정에서 다양하게 조절할 수 있는데 방사에 이어 연신-열고정을 거치면 분자 사슬의 배향-결정화가 발현된다. 미연신 섬유는 섬유재료로서 가져야 할 일반적인 성질을 지니지 못하기 때문에 합성섬유의 물성을 발현하는데 연신과정이 절대적이다. 보통 연신 정도에 따라 분자 배향이 결정되며 사슬 접힘(chain folding) 구조에서 완전히 펼쳐진(fully extended) 구조에 이르는 매우 다양한 미세구조와 그에 수

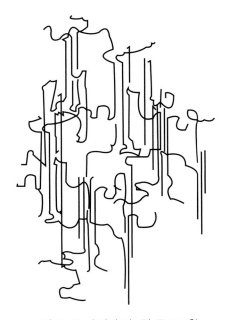

그림 2-22  술달린 피브릴 구조 모형

반하는 물리적 성질이 얻어진다. 천연섬유 및 배향된 합성섬유의 미세구조도 기능성에 크게 영향을 미치는데 술달린 피브릴 구조(fringed fibril structure)(그림 2-22)가 섬유재료의 물리적 특성을 설명하는데 가장 널리 사용되고 있다. 연신에 의해 얻어진 배향을 유지하기 위해서는 그 분자가 안정한 상태가 되는 열고정 과정이 필요하다. 열고정은 섬유에 대해 가장 안정된 분자 상태인 결정구조를 부여하는데 이때 연신 및 결정화도가 섬유재료의 성질을 결정한다. 보통 섬유재료의 연신-결정화 정도의 분석에 복굴절률 측정, X-선 회절분석, 편광 IR 분석 등이 사용되는데, 간접적으로 손쉽게 측정이 가능한 열수축률이 배향과 결정화 평가에 이용되기도 한다.

## 2) 실 제조과정의 형태안정화

합성섬유의 쓰임은 직물의 단계보다 형태안정성이 부여되는 실 제조과정에서 대체로 결정된다. 합성섬유 분자의 배향은 형태안정화 과정에서 중요한 인자인데 보통 방사속도에 의해 다양하게 조절이 가능하다. 이중 UDY(undrawn yarn, 1,000~1,500m/min)과 POY(partially oriented yarn, 3,000~4,000m/min)는 연신-가연(假撚, false twisting)과 같은 후속공정, SDY(spin drawn yarn, 4,000~6,000m/min)와 HOY(highly oriented yarn, ≥6,000m/min)는 방사공정 1단계에서 크림프 구조를 발현시켜 부품성(bulkiness)과 신축성을 얻는다.

폴리우레탄과 같은 탄성섬유의 미세구조는 일반 합성섬유 고분자의 결정 및 비결정 영역과 대비되는 하드 세그멘트와 소프트 세그멘트로 구성되어 있어 그에 따라 물성이 결

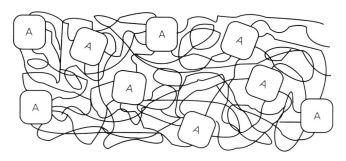

그림 2-23 폴리우레탄 탄성섬유의 미세구조

표 2-5 벌크사의 종류

| 구 분 | 벌키사 | 스트레치사 | 텍스쳐사 |
|---|---|---|---|
| 섬유형태 | 중공사 또는 크림프사 (톱날 모양, 루프 형태) | 열가소성 섬유 (토크, 비토크) | 수분, 열, 약제에 의해 크림프 부여가 가능한 섬유 |
| 부품성 | 본래 부품성을 지님 | 크림프 정도가 큼 | 높은 부품성 |
| 신축성 | 가장 작음 | 가장 큼(300~500%) | 중간 수준 |
| 공정 | gear crimping, stuffer box process, air-jet process, draw texturing, friction texturing | false twisting, edge crimping, knit-de-knit, draw texturing, friction texturing | air-jet process, draw texturing, friction texturing |

정된다. 탄성섬유의 분자사슬은 강직한 구조부분이 수소결합과 같은 강한 분자간 결합력으로 하드 세그멘트가 구성되는데, 신장-회복과정에서 하드 세그멘트는 고무에서 가교점과 같은 역할을 하여 탄성을 나타낸다(그림 2-23). 양모와 같은 천연섬유의 부품성과 탄성섬유의 하드 세그멘트와 소프트 세그멘트 구조를 일반 합성섬유의 물성에 구현하고자

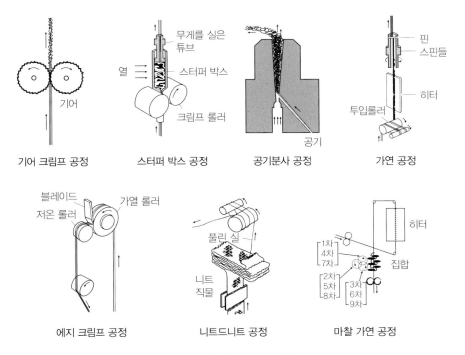

기어 크림프 공정     스터퍼 박스 공정     공기분사 공정     가연 공정

에지 크림프 공정     니트드니트 공정     마찰 가연 공정

그림 2-24 각종 벌크사 제조공정

한 형태가 섬유에 크림프 성질을 부여한 벌크사로서 우수한 촉감, 신축성, 벌키성 등이 발현된다. 초기 벌크사는 연신사에 50,000rpm으로 회전하는 스핀들을 사용하여 꼬임을 주고 열고정에 이어 다시 해연하는 방법으로 꼬임을 부여하였다. 이어 연신과 연사 2단계 공정을 동시에 행하는 장치가 개발되어 마찰 꼬임에 의해 $10^6$rpm 이상의 가연(假撚, false-twist)이 가능하게 되었다. 벌크사는 신축성의 차이에 따라 벌키사(bulky yarn), 스트레치사(stretch yarn), 텍스쳐사(textured yarn)로 구분하고 있다. 표 2-5는 벌크사의 종류에 따른 특성과 제조공정의 원리이다.

## (1) 벌키사

벌키사는 중공구조 혹은 단면구조, 섬유 배향, 강인성, 레질리언스, 또는 천연 크림프를 지니며 고유의 부품성을 갖는 섬유로 이루어진 실을 지칭한다. 벌키 가공공정은 필라멘트사나 방적사를 사용할 수 있는데 스트레치사나 텍스쳐사에 비하여 신축성은 약하다. 벌키 가공은 기어 크림프 공정(gear crimping), 스터퍼 박스(stuffer-box) 공정, 공기분사(air-jet) 공정, 연신 텍스쳐(draw texturing) 공정, 마찰 텍스쳐(friction texturing) 공정 등에 의해 행하여진다(그림 2-24).

① **기어 크림프**　필라멘트사가 두개의 가열된 기어 톱니 사이를 통과시키면 톱니 모양의 크림프가 발생한다. 카펫에 사용되는 양모의 크림프를 증가시키는 목적으로 사용되었는데, 열가소성 합성섬유를 사용하면 영구적인 크림프를 얻을 수 있다. 회전력(torque)이 가해지지 않은 실로서 크림프의 조절이 가능하며 여성용 란제리, 블라우스, 파자마, 정장류 등에 사용된다.

② **스터퍼 박스**　스터퍼 박스[또는 스터핑 박스(stuffing box)라고도 함]를 통하여 상당한 부품감을 나타내는 톱니 모양의 크림프를 얻을 수 있다. 필라멘트사가 가열 스터퍼 박스 한쪽 끝 부분으로 채워 넣고 일정 무게를 갖는 튜브를 통과하면서 크림프가 발생한다. 겉보기 부피 증가는 200~300% 정도이지만 스트레치사로 구분하기에는 충분치 않다. 빠르고 경제적이어서 벌키사 제조에 널리 사용된다.

③ **공기분사**　보통의 필라멘트사가 공기분사 공정을 거치면 루프 형태 변형을 갖는 실이 얻어진다. 기류가 소용돌이를 발생시키도록 설계되어 있어 공기분사 장치를 통과하면 부

품감을 얻게 된다. 고속 운전이 어려워 제조 단가가 비싼 편이다. 부피 증가는 50~150% 정도이며 부품감보다는 광택 변화가 돋보인다. 셔츠, 블라우스, 여성용 의복, 구두끈 등에 주로 이용된다.

**④ 연신 텍스쳐 공정**　1970년대 들어 연신과 텍스쳐 가공을 1단 공정으로 다루는 장치가 개발되었다. 미연신 필라멘트나 POY를 이중 가열 장치를 갖는 가연 방적기에 투입시켜 얻는 방법으로서 그 이전 공정에 비하여 빠르고 경제적이다.

**⑤ 마찰 텍스쳐 공정**　POY를 마찰 표면에서 실이 꼬임이 발생하도록 한 공정이다.

## (2) 스트레치사

스트레치사는 높은 신축성과 빠른 회복성을 보이며 큰 수준의 구불거림을 갖는 열가소성 필라멘트사나 방적사를 지칭한다. 이러한 실은 적절한 변형, 열고정에 의해 탄성을 갖는데 300~500% 정도의 변형과 빠른 회복, 그리고 중간 수준의 부품감을 나타낸다. 주로 나일론섬유 소재이며 양말류, 팬티스타킹, 수영복, 스키바지, 저지류 등에 사용되는데 우수한 신축성을 지니고 있어 하나나 혹은 매우 제한된 치수로 제조된다.

스트레치사 제조과정은 회전력의 유무에 따라 토크사(torque yarn)와 비토크사(nontorque yarn)로 구분할 수 있다. 토크사는 변형에 기인한 회전력이 해소되지 않아서 자유롭게 늘어뜨리면 회전하지만 비토크사는 회전하지 않는 성질을 지니고 있다. 비토크사는 기계적인 변형에 이어 열고정하여 잠재적인 신축성을 부여한 것이다. 스트레치사는 가연 공정, 에지-크림프(edge-crimp) 공정, 니트드니트(knit-de-knit), 연신 텍스쳐 공정, 마찰 텍스쳐 공정 등에 의해 얻는다.

**① 가연**　가연 스핀들은 스트레치사 및 텍스쳐사를 제조하는 용도에 이상적인 장치이다. 60만 rpm의 속도로 회전하는 스핀들에서 가연, 열고정, 해연(untwist)이 일어난다. 스핀들이 회전하면서 발생한 꼬임이 다시 풀리면서 나선형 코일 형태로 되는데 이를 잡아당기면 코일이 선형으로 바뀌며 신축성을 나타낸다. 가연 정도와 공급 롤러의 장력을 변화시켜 신축성을 다양하게 조절할 수 있다. 스트레치사 제조과정으로는 가장 일반적인 방식이다.

② **에지 크림프**    가열 롤러와 저온 롤러를 통과하는 필라멘트사가 칼날 모양의 모서리 (edge)에 눌려 한쪽 면이 납작하게 되면서 크림프 구조가 얻어진다. 비토크사이며 이성분 복합사와 유사한 효과를 나타낸다. 이 공정에 의해 얻어진 스트레치사는 가격이 저렴하며 주로 양말류에 사용된다.

③ **니트드니트**    고속으로 제조한 니트 직물을 열고정하고 이를 다시 풀어서 얻는 스트레치사이다. 제조과정에 크림프 크기와 주기를 조절할 수 있으며 겉옷류, 수영복, 실내장식품 등에 사용된다.

## (3) 텍스처사

텍스처사는 섬도와 선밀도가 같은 일반 섬유에 비하여 겉보기 부피가 훨씬 큰 필라멘트사나 방적사이다. 텍스처사는 스트레치사에 비해서는 훨씬 낮으나 벌키사에 비해서는 큰 신축성을 나타낸다. 신축성은 충분히 안정하여 후속 공정이나 사용과정에서 소멸되지 않는다. 부품감은 물리적, 화학적, 또는 열적 처리, 또는 이들의 조합에 의해 얻어진다. 루프사(loopy yarn), 하이벌크사(high-bulky yarn), 크림프사(crimped yarn), 연신 텍스처사 및 마찰 텍스처사 등이 이에 해당된다.

① **루프사**    스트레치성은 갖지 않은 섬유나 필라멘트를 따라 크기와 그 수가 무질서하게 분포하는 실로서 대개 공기분사 텍스처 공정에 의해 제조된다. 공기분사 속도는 권취 속도에 비하여 크며 꼬임수가 많은 심사를 사용하는 경우가 있다.

② **하이벌크사**    비교적 큰 크림프가 무질서하게 분포하는 실로서 보통 매우 낮은 크림프를 보인다.

③ **크림프사**    크림프사는 2가지 형태가 있다. 그 한 가지는 열가소성 텍스처사로서 신축성이 낮으며 톱니 모양의 크림프를 갖는 경우이고, 다른 한 가지는 열가소성을 갖지 않은 텍스처사로서 불규칙한 크림프와 비교적 큰 신축성을 나타내나 수축력은 작은 경우이다.

벌키사, 스트레치사, 텍스처사 등 물리적으로 크림프 구조를 부여하여 부품성을 얻는 경우와 구분하여 방사과정이나 혼섬에 의해 제조되는 섬유 소재로는 복합사와 혼섬사가 있다. 복합사와 혼섬사의 제조과정에서도 일정한 형태 부여와 열고정을 포함하고 있다.

## (4) 복합사(conjugated fiber)

양모의 바이래터럴 구조에 기인하는 크림프를 인공적으로 재현한 실이다. 방사할 때 인접한 노즐에 분자구조가 유사한 2종의 중합체 원액을 방출-융합시키면 수축률 차이에 의해 크림프 구조가 발현된다. 극세사 및 중공섬유는 초기의 크림프 구조를 얻기 위한 복합사 제조 원리에서 한 차원 발전한 형태이다.

## (5) 혼섬사(blended yarn)

혼섬사는 섬도, 수축률, 단면 형상, 권축 형태 등이 차이나는 두 종류 이상의 단사를 복합하여 제조한다. 일반적으로 물성과 소재가 서로 다른 소재 성분을 단섬유 사이에 공존시켜 새로운 촉감, 기능 및 외관을 준다. 이섬도 혼섬은 0.1~5d의 것을 2~4종 혼합시켜 최종 섬도가 50~250d가 되도록 한다. 단사 섬도는 태를 결정하는 중요한 인자로서 보통 드레이프성과 강연성은 2~5d, 유연성은 1d 이하의 단사를 사용하여 얻는다. 수축률 차이를 이용한 혼섬은 정련 및 이완공정에서 부품성이 결정된다. 수축효과는 보통 10~20% 수준이나 25~40%에 이르는 것도 있다. 단면 형상이 다른 2종 이상의 섬유의 혼섬에 의해서는 광택 효과를 얻을 수 있다.

## 3) 직물 상태의 형태안정화

합성섬유를 유리전이온도($T_g$)와 융점($T_m$) 사이의 온도로 가열하면 비결정 영역의 분자 운동이 발생하며 다시 $T_g$ 이하의 온도로 낮추면 분자 운동이 정지하여 그 형태로 고정된다. 이러한 원리는 합성섬유 직물의 형태안정화에 이용할 수 있으며 온도 및 긴장 여부에 따라 이완처리와 열고정 가공으로 구분한다.

## (1) 이완

이완처리는 직물을 이완시켜 부품성과 신축성을 충분히 발현시키고 염색공정 중에 구김이 생기는 것을 방지하기 위한 것이다. 일반적으로 이완처리는 정련과 함께 시행하는데, 나일론 가공사는 60~70℃에서 20분간, 폴리에스터 직물은 90~98℃에서 20~30분간 처리한 후 60~70℃로 서서히 냉각시킨다.

## (2) 열고정

합성섬유의 열고정은 여러 가지 가공과정에서 치수 변동을 줄여 형태를 고정하면서 직물의 태 향상, 균일한 염색효과 및 특수한 물성을 얻기 위해 행하여진다. 정련, 표백, 염색, 가공 등 습식공정 중 직물의 구김 발생, 불균일한 수축, 염색 얼룩, 가공 불균일 등을 배제하기 위하여 예비 열고정하거나 가공 직물의 상품가치 향상을 목적으로 마무리 열고정을 한다. 마무리 열고정은 염색이나 습식공정 중에 장력이나 열 등에 의해 직물의 조직, 폭, 길이 등의 형태와 태가 많이 변한 경우 이를 조절하여 최종 목적에 부합하는 특성과 형태를 부여하는 과정이다. 열고정은 크게 습열고정, 증열고정, 건열고정으로 구분한다.

① **습열(濕熱) 고정**　지거나 상압 빔 염색기에 의해, 100℃ 이상의 온도에서 고정하는 방법이 이에 해당한다. 습열 고정은 폴리아마이드, 폴리에스터 섬유의 경우 유연한 태와 함께 우수한 열고정 효과를 얻으나 치수안정성이 떨어지며 연속공정으로 처리하기 어려운 것이 단점이다.

② **증열(蒸熱) 고정**　보빈이나 다공 빔 등에 실 또는 편성물을 감아 오토클레이브에 넣어 증기 처리를 하는 방법이다. 다만 감은 양이 많으면 내외 층의 차이가 생기며 폭이 안정화하지 못하는 등의 결점이 있으나 폴리아마이드 섬유에는 효과적이다. 같은 원리로서 텐터식 세터에 의한 과열 증기를 사용하는 방법을 들 수 있다.

③ **건열(乾熱) 고정**　실린더를 사용하는 접촉식, 핀 또는 클립을 사용하여 천의 폭을 고정시키고 상하에서 뜨거운 공기를 불어넣어 고정시키는 건열식, 적외선을 이용하는 적외선식 등이 있다. 열고정 조건으로 온도, 시간, 장력, 냉각, 공정 순서 등이 있다. 온도는 열매체의 종류에 따라 다른데 습열고정이 가장 낮은 온도에서 처리가 가능하며 증기, 건열로

갈수록 높아진다(표 2-6). 또한 열고정은 약간 긴장된 상태에서 행하는 것이 좋은데 온도가 높을수록 시간은 짧게 하며 이어 급격히 냉각하여 안정된 고정 효과를 얻는다. 고정의 단계는 예비 열고정, 중간 열고정, 마무리 열고정 등으로 구분할 수 있는데, 예비 열고정의 경우 불순물이 고착되어 제거가 어려운 문제가 발생하는 경우가 있다.

**표 2-6** 합성섬유의 최적 열고정 온도 및 시간

| 합성섬유 | 습열고정 | | 증열고정 | | 건열고정 | |
|---|---|---|---|---|---|---|
| | 온도(℃) | 시간(분) | 온도(℃) | 시간(분) | 온도(℃) | 시간(분) |
| 폴리에스터(PET) | 120~130 | 60~180 | 120~130 | 10~30 | 190~210 | 20~30 |
| 나일론 6 | 100~110 | 60~180 | 110~120 | 10~30 | 160~180 | 20~30 |
| 나일론 66 | 100~120 | 60~180 | 110~130 | 10~30 | 170~190 | 20~30 |
| 폴리프로필렌 | 100~120 | 60~180 | 120~130 | 10~30 | 130~140 | 20~30 |

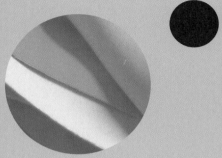

## CHAPTER

# 03

# 심미성
# 향상을 위한 가공

# CHAPTER 03

# 심미성
# 향상을 위한 가공

섬유 소재에 심미성을 부여하는 기술들은 대부분 20세기 후반에 도입되었다. 그 이전 기술로는 파치먼트가공, 기모가공, 플록가공 정도가 고작이다. 이러한 사실은 심미성의 구현에는 높은 수준의 가공기술이 필요하다는 점을 증명한다. 심미성 관련 기술이 다양하게 발전하면서 신합섬이 출현하게 된 것이다. 심미성 관련 가공은 꾸준히 변화하고 있으나 아직 시감과 촉감에서 더 나아간 분류가 가능한 단계에 이르지는 못하고 있다.

## 1. 시 감

천연섬유만이 존재하던 시절에는 의류소재의 광택을 높이는 것이 가공분야의 큰 목표였으나 합성섬유가 등장하면서 광택 조절로 가공의 개념이 달라졌다. 20세기 후반 합성섬유의 심미성 개선은 천연섬유를 모사하는 과정을 거쳐 이를 뛰어넘는 단계에 이르렀다. 특히 시감은 섬유제조기술을 꾸준히 혁신시킨 핵심 모티브로 평가된다. 이를 테면 단면형상개질, 초극세섬유제조, 섬유표면개질 등은 단지 시감이 아닌 복합 감성을 구현하는 기술이라고 하겠다.

## 1) 광택의 변화

옷의 이미지에 큰 영향을 주는 광택은 직물의 외관을 나타내는 중요한 요소이다. 특히 빛의 반사량과 직물의 표면 형태에 따라 광택이 달라진다. 따라서 섬유의 단면이나 직물의 표면을 변형시키는 가공은 모두 광택을 변화시킨다.

직물의 광택을 증진시키는 방법으로는 캘린더를 이용한 기계적인 방법과 머서화나 액체 암모니아 처리와 같은 화학적인 방법이 있다. 다양한 기능성 부여를 위한 코팅의 경우에도 광택 효과가 수반된다. 특히 금속 코팅은 직물에 다양하고 흥미로운 광택을 부여한다.

### (1) 머서화

머서화(mercerization)는 면제품을 진한 수산화나트륨 용액(18~25%)에 처리하여 광택, 염색성, 형태안정성, 흡습성, 강도 등을 향상시키는 가공이다. 견과 같은 광택이 난다고 하여 실켓 가공(silket finish)이라고도 한다. 1850년 존 머서(John Mercer)는 수산화나트륨 수용액에 면을 처리하면 전체적인 팽윤과 길이 수축이 일어나면서 강도 증가와 함께 염색성이 좋아지는 것을 발견하였다. 또한 1897년 호러스 로웨(Horace Lowe)는 장력을 주어 처리할 때 수축이 일어나지 않고 견과 같은 광택을 얻었다. 면직물의 머서화는 머서에 의한 무긴장 머서화(slack mercerization)와 로웨에 의한 긴장 머서화(tension mercerization)로 구별된다. 머서화 공정은 전처리를 거치지 않은 생지 상태, 발호 후, 정련 후, 또는 정련과 표백을 거친 후 모두 가능하며 일반적으로 다음과 같은 목적을 달성하기 위하여 행해진다.

- 견과 같은 광택의 구현
- 균일한 염색성과 염색 수율 개선
- 형태안정성 부여
- 인장강도 개선 및 이지케어 가공 시의 인장강도 유지율 향상
- 탄성을 개선한 신축성 소재 제조

① **셀룰로스섬유의 구조에 미치는 영향**　면섬유를 진한 수산화나트륨으로 처리하면 길이 방향으로 수축하는데 이러한 현상은 가해지는 장력에 반비례한다. 적절한 처리 조건에

서 면섬유는 길이 방향으로는 9% 수축되고, 폭 방향으로는 150% 팽윤된다. 머서화에 의해서 셀룰로스 결정의 구조 즉, 단위 격자의 치수가 변하고, 결정화도는 감소하며 배향도는 증가한다.

머서화의 효과는 수산화나트륨 농도가 15% 이상에서 피브릴의 배향으로 인한 내부구조의 변화에 의해 나타난다. 수산화나트륨은 물에 용해되면 물분자와 수화물(hydrate)을 형성하는데 이때 수화물의 크기는 수산화나트륨의 농도가 증가할수록 작아진다. 머서화가 일어나기 위해서는 수산화나트륨 수화물의 크기가 면섬유 내부로의 접근이 용이한 영역뿐만 아니라 셀룰로스 사슬이 잘 배향된 영역의 내부까지 침투할 수 있을 정도로 작아야 한다. 예를 들면 농도가 20~25%인 경우에는 수산화나트륨이 7~10개의 물분자와 수화물을 형성하여 입자 크기가 8~10Å이 되기 때문에 셀룰로스 구조 내로 접근이 용이하여 머서화가 쉽게 일어난다. 이에 비해 6% 농도의 경우 수산화나트륨이 20개의 물분자와 수화물을 이루기 때문에 입자 크기가 커서 셀룰로스 내부로 침투가 용이하지 않아 머서화가 일어나지 않는다. 수산화나트륨 수화물의 조성, 형태 및 농도는 표 3-1과 같다. 머서화 과정에서 셀룰로스 분자쇄 사이의 결합력은 약화되지만 섬유의 강력은 탈팽윤과 건조에 의해 회복된다.

머서화가 셀룰로스의 미세구조에 미치는 가장 중요한 효과는 결정격자가 셀룰로스 I에서 셀룰로스 II로 변화되는 것이다. 셀룰로스 I에서 셀룰로스 II로 변화되는 정도는 수

표 3-1 수산화나트륨 농도에 따른 수화물 조성과 형태비교

| 수화물의 조성 | NaOH 농도(wt%) | 수화물 형태 |
|---|---|---|
| $NaOH \cdot 20H_2O$ | 6~9 | Hydrated ion pair |
| $NaOH \cdot 12H_2O$ | 13.5~15 | Hydrated ion pair |
| $NaOH \cdot 10H_2O$ | 18 | Solvated dipole hydrate |
| $NaOH \cdot 7H_2O$ | 22.8~24.1 | Solvated dipole hydrate 또는 dipole hydrate (지름 7.4Å) |
| $NaOH \cdot 5H_2O$ | 30.2~30.9 | Dipole hydrate |
| $NaOH \cdot 4H_2O$ | 34.8~35 | Dipole hydrate (αand βforms) |
| $NaOH \cdot 3.5H_2O$ | 38~38.8 | Dipole hydrate |
| $NaOH \cdot 3.1H_2O$ | 41.8~42.6 | Dipole hydrate (지름 6Å) |
| $NaOH \cdot 2H_2O$ | 52.6 | Dipole hydrate |
| $NaOH \cdot H_2O$ | 69 | Dipole hydrate |

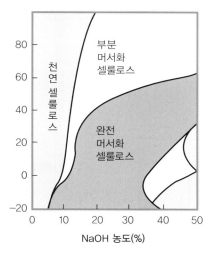

**그림 3-1** NaOH 농도와 처리 온도에 따른 면섬유의 머서화

산화나트륨 농도, 머서화 온도, 장력 여부, 수세 온도 등에 의해 달라진다. 알칼리 농도와 처리 온도를 여러 가지로 변화시키며 처리한 면사를 X선 회절법에 의해 분석하면, 그림 3-1에서 보는 바와 같이 완전 머서화, 부분 머서화, 미머서화 구역으로 나누어진다. 머서화는 온도가 낮을수록 잘 일어난다. 알칼리 액의 온도가 60°C 이상이 되면 완전 머서화는 불가능하며, 20°C 정도의 상온에서 23.5% 정도의 농도가 완전 머서화 영역의 중앙에 있게 된다. 머서화후 수세 온도가 높을수록 셀룰로스 II의 형성이 적어지며, 무장력 하에서는 셀룰로스 II로 완전한 변화가 가능하다. 셀룰로스 I에서 셀룰로스 II로 변화하는 과정에서 수소결합이 절단되어 수소결합에 참여하지 않은 수산기가 25% 증가하며 이 과정은 비가역적이다. 셀룰로스의 결정구조는 밑면심 단사정계(base-centered monoclinic system)인데, 단위격자의 크기는 표 3-2에서처럼 셀룰로스 결정구조에 따라 달라진다.

**표 3-2** 여러 가지 셀룰로스 결정의 단위 격자

| 치수 | 셀룰로스 I | 셀룰로스 II | 셀룰로스 III |
|---|---|---|---|
| a | 8.35Å | 8.14Å | 7.8Å |
| b* | 10.3Å | 10.3Å | 10.3Å |
| c | 7.9Å | 9.14Å | 10.0Å |
| α | 84° (83~84°) | 62° (62~63°) | 58° |

② **면섬유 성질의 변화**　면섬유가 팽윤되면 섬유 단면이 원형으로 되며 팽윤함에 따라 피브릴의 바깥층이 안쪽층보다 더 수축되어, 그림 3-2에서와 같이 천연꼬임이 사라진다. 천연꼬임이 풀리는 것을 디컨볼루션(deconvolution)이라 하며 그 정도는 머서화 정도를 나타내는데 사용한다. 디컨볼루션 카운트(count)는 섬유, 실, 직물의 순으로 줄어든다.

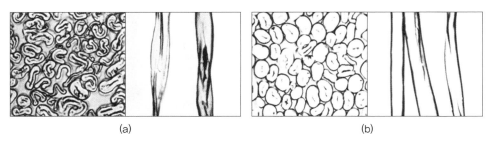

(a)　　　　　　　　　　　　　　　　(b)

그림 3-2 　천연 면섬유(a)와 머서화 면섬유(b)의 단면과 측면 모양

- **광택** : 머서화에 의해 면섬유의 광택이 증가하는데, 이는 섬유의 단면이 원형에 가까워지고 천연꼬임이 풀려져 섬유의 표면이 평활하게 변화되기 때문이다. 머서화 가공시 장력이 높을수록, 온도가 높을수록 광택이 더 증가한다. 광택은 수산화나트륨 농도가 23~24%에서 가장 높게 나타나며 그 이상에서는 광택이 감소한다. 최근 광택을 보다 증진시키기 위해 실 상태에서 가공한 후 다시 직물 상태에서 반복하여 머서화를 행하는 더블, 트리플 머서화 가공도 행해진다. 이 경우 형태안정성이 더욱 좋아져 관리성이 향상된다.

- **기계적 성질** : 머서화 후 면섬유의 강도는 처리 전에 비해 25~30% 정도 증가한다. 이는 긴장 머서화 시 실을 이루고 있는 면섬유의 길이가 수축하려고 하나 가해준 장력 때문에 섬유가 줄어들지 못하기 때문에 각 섬유의 배향성이 증가되는 한편, 수축에 의해 분자간 수소결합수가 증가하기 때문이다. 또한 머서화 과정에 결정의 길이가 짧고, 결정화도 및 중합도가 낮은 셀룰로스가 용해/제거되는 것도 강도 증가의 요인으로 들 수 있다. 머서화 가공 시 가한 장력이 기계적 성질에 큰 영향을 주는데, 장력이 높을수록, 온도가 낮을수록 강도와 탄성률(Young's modulus)은 증가하는 반면 신도는 감소한다. 이러한 변화는 배향성 증가에 기인하며 장력이 주어지지 않았을 때에는

신도가 3배 정도 증가하며 면섬유에 탄성을 부여한다. 수산화나트륨 농도가 증가하면 강도와 탄성률은 최대치에 도달하고 그 이후에는 약간 감소한다. 한편, 신도는 수산화나트륨 농도 증가에 따라 감소하다가 다시 증가한다.

- **염색성** : 머서화 가공후 결정 영역의 감소, 즉 비결정 영역의 증가로 인해 면섬유는 흡습성이 증가하고 수용성 화학물질에 대한 반응성이 좋아진다. 또한 염착량, 염색속도 및 염색 수율(color yield) 등이 증가되어 전반적으로 염색성이 향상된다. 머서화 가공 시 장력이 낮을수록 염색성 향상이 뚜렷하며 머서화 온도에는 큰 영향을 받지 않는다. 수산화나트륨 농도가 증가하면 염착량이 최대치에 도달한 후 다시 감소한다. 머서화에 의해 염색 수율이 증가하여 15~50% 정도 염료가 절약된다. 머서화 면섬유의 둥근 단면 때문에 섬유 내부에서 빛의 난반사가 감소하여 염색 수율이 증가한다.

이상의 가공효과와 함께 장력과 무관하게 직물의 형태안정성이 얻어진다. 그 이유는 물에 의한 팽윤수축이 더 이상 일어나지 않기 때문이다. 높은 온도에서 머서화 처리를 하면 형태안정성은 더욱 좋아진다. 또한 이지케어 가공에 의한 강도 저하를 감소시킬 뿐만 아니라 약간의 방추성이 부여된다. 머서화 가공시 얻어지는 효과와 그 원인을 그림 3-3에 정리하였다.

③ **머서화에 대한 습윤제의 영향** 직물과 수산화나트륨 수용액과의 접촉 시간은 생산성의 측면에서 짧아야 되는데, 머서화 공정에 사용되는 수산화나트륨 용액은 점성이 크기

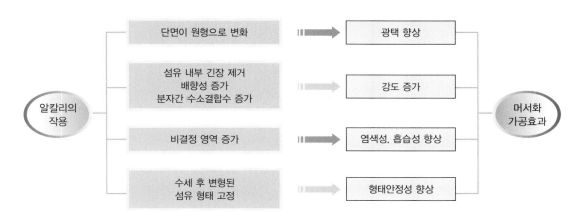

그림 3-3 섬유 구조 변화와 머서화 가공효과

때문에 면사나 직물 내부로 침투하는 속도가 느리다. 또, 정련을 거치지 않은 경우는 섬유 표면에 소수성 왁스가 존재하여 수산화나트륨 침투를 억제하므로 머서화 액에 습윤제를 첨가하는데, 그 결과 처리시간의 단축과 균일한 처리 효과를 얻을 수 있다. 머서화에 요구되는 습윤제의 조건은 알칼리 매질에 대한 용해성이 좋을 것, 습윤 능력이 뛰어날 것, 섬유와의 친화성이 없어 쉽게 제거가 가능할 것, 낮은 농도로도 충분히 효과를 나타낼 것, 기포력이 낮을 것, 수산화나트륨 회수시 감압 하에서 행하는 원심 기화공정에 안정할 것 등이다. 최근 생분해성 습윤제 중 사용되는 것으로 유기 인산염, 알킬화 디페닐 옥사이드 황산염, 지방족 알코올 황산염 등이 있다. 알코올 황산염 중에서 탄소 사슬 길이가 4~8개 정도의 짧은 사슬을 지닌 것이 머서화 과정에 가장 효과적이다. 또한 직쇄상의 것보다 분지형의 것이 더욱 효과적이다.

④ 산업적인 응용

- **일반 머서화** : 실의 머서화 경우, 제직기의 경사 빔을 통과한 실은 장력하에 머서화 처리 장치에 유도되어 알칼리 처리, 스퀴징, 수세, 건조 등의 연속 공정으로 행해진다. 직물의 머서화는 직물을 수산화나트륨 수용액에 처리하여 가로 및 세로 방향으로 장력을 주기 위해 텐터 프레임에 걸어준다. 이후 수세, 중화, 정련, 수세, 건조 등의 공정을 거치게 된다.

- **무긴장 머서화(slack mercerization)** : 무긴장 머서화는 면포를 무장력으로 수산화나트륨 처리하여 수축시켜 신축성을 부여하기 위해 이용된다. 면사 또는 면직물을 30℃ 이하에서 수산화나트륨 수용액에 장력없이 처리하면 20~25% 정도 수축한다. 수세하여 알칼리를 제거하고 건조한다. 신축성을 경사 또는 위사에 부여하느냐에 따라 공정을 변화시킬 수 있다. 예를 들면, 경사 방향에 장력을 주어 처리하면 위사 방향에 15~20% 정도의 신축성을 부여할 수 있다. 착용 중에 신축회복성은 약 80% 정도 되지만, 세탁 과정에서 완전하게 회복이 된다. 신축성과 신축회복성의 정도는 실과 직물의 구조에 따라 다르다.

- **저온 머서화(cold mercerization)** : 5℃ 이하의 저온에서 태가 경화하는 성질을 이용한 것으로 수산화나트륨 수용액을 −10~0℃에서 20~60초 동안 처리하면 광택과 투명성이 증가되어 마와 같은 태를 얻을 수 있다. 이 방법은 저온에서 처리하기 때문에 냉동 설비가 필요하다.

- **고온 머서화(hot mercerization)** : 일반적으로 행해져 온 상온에서의 머서화는 수산화나트륨의 점도나 표면장력이 높기 때문에 섬유집합체 내부까지 침투하지 않아, 실이나 직물의 표면만이 강하게 머서화되어 태가 뻣뻣해지는 결점이 있다. 머서화 온도를 높이면 처리 용액의 점도가 저하되어 실이나 직물의 내부까지 알칼리의 침투가 촉진되기 때문에 좀 더 균일한 가공효과를 얻을 수 있다. 고온 머서화는 침투가 균일하여 머서화 효과 향상, 균일한 염색성, 최종 염착량 증가, 습방추도 및 이지케어성 향상, 유연한 태 등의 장점이 있다. 공정 속도를 일반 머서화 공정보다 두배 정도 빠르게 하여 생산성을 향상시킬 수 있다. 단 고온에서 공기에 노출되었을 때 직물이 알칼리에 상해를 받을 수 있는 점을 유의해야 한다.

- **건조 머서화(dry mecerization)** : 주로 편성물에 적용되며 광택이 크게 증가하며 염료에 대한 친화성이 현저하게 향상된다. 10~17%의 수산화나트륨 수용액에 패딩한 후 텐터 프레임에 걸어 100~110°C로 건열처리하여 잔류 수분이 10%가 되도록 유지한다.

그림 3-4  머서화 면소재 옷(Communn)

## (2) 액체 암모니아 가공

수산화나트륨에 의한 머서화는 높은 점도와 표면장력으로 인하여 섬유 내부로 침투가 불가능하여 섬유 표면만이 머서화가 강하게 일어나 태가 나빠지는 결점이 있다. 또한 수산화나트륨의 낮은 회수율, 폐액에 의한 환경오염 문제가 있다. 이 때문에 수산화나트륨에 의한 머서화의 대체 공정으로 액체 암모니아(liquid ammonia) 처리가 추천되고 있다. 액체 암모니아는 점도와 표면장력이 수산화나트륨보다 낮아서 섬유 집합체 내부까지 침투가 빠르고 섬유 전체의 고른 팽윤을 얻을 수 있으며, 회수율이 높다. 액체 암모니아 처리는 수산화나트륨에 의한 머서화와 비슷한 효과를 보이나 처리시간이 빠르고, 공해 문제를 줄일 수 있으며, 연속처리가 가능한 장점을 지니고 있다. 재봉사나 데님, 벨벳, 코듀로이 등 조밀하고 두꺼운 직물의 머서화 가공을 대체하는 역할을 하고 있다. 또한 100% 면직물의 수지가공 시 전처리 등에 이용되고 있다. 셀룰로스에 액체 암모니아를 처리하는 기초 연구는 1935년에 보고되었으나 1960년대에 들어서야 면사나 면직물을 처리하는 실용적인 장치가 개발되었다.

① 셀룰로스섬유의 결정구조에 미치는 영향　천연 셀룰로스의 구조인 셀룰로스 I은 강한 팽윤제에 의해 구조 변화가 가능한데 액체 암모니아에 의한 처리는 셀룰로스의 구조를 셀룰로스 III으로 변화시킨다(표 3-2 참조). 여러 가지 상태의 암모니아 중에서 액체 상태는 셀룰로스의 팽윤과 결정구조에 독특한 작용을 한다. 수소결합능을 가지고 있으며 비교적 큰 염기성을 띠는 무수 액체 암모니아는 셀룰로스에 매우 빨리 침투하여 비결정 영역과 결정 영역의 수산기를 절단시키고 착체를 형성한다. 암모니아 셀룰로스 착체는 셀룰로스 I이나 III으로 변화될 수 있다. 그림 3-5와 같이 셀룰로스 III은 암모니아 셀룰로스 복합체로부터 암모니아를 열을 가하여 제거시켜 얻은 형태이다. 셀룰로스 III에서 I

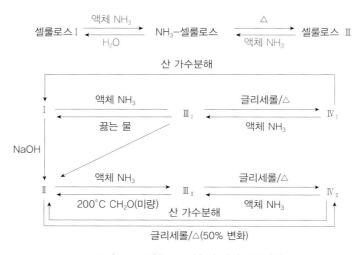

그림 3-5  셀룰로스섬유의 결정구조 변화

의 형태로의 전이는 물이나 열을 가하면 가능하며, 여러 전이과정은 시간, 온도, 그리고 상대 습도에 영향을 받으며 중간단계가 존재한다. 액체 암모니아 처리 후 암모니아 제거 방법에 따라 결정구조의 전이가 달라진다.

② **면섬유의 성질에 미치는 영향**  암모니아를 증발 제거하면 면섬유의 천연꼬임이 사라지고, 열수 처리를 하면 천연꼬임과 함께 다시 셀룰로스 I로 되돌아와 현저한 방축 및 성형 효과가 얻어진다. 일반적으로 암모니아에 의해 팽윤되어 섬유 단면의 세포벽이 두꺼워지고 타원형이 된다. 또한 인장강도는 40% 정도 증가하며 신도는 처리 전에 비하여 2/3로 줄어든다. 머서화 가공에 비하여 내마모성은 증가하나 광택과 염료에의 친화력 등은 떨어지며 내열분해성을 갖는다. WW성, 방추성과 유연성 향상은 머서화 가공에 의해서는 얻을 수 없는 액체 암모니아 처리만의 독특한 효과이다. 표 3-3에 머서화 가공 및 액체 암모니아 가공효과를 비교하였다.

표 3-3 머서화 및 액체 암모니아 가공효과 비교

| 가공효과 | 머서화 | | 액체 암모니아 처리 | |
| --- | --- | --- | --- | --- |
| | 일반 머서화 | 고온 머서화 | NH₃ / 물 (Prograde 공정) | NH₃ / 건조 / 증기(Tedeco 공정) |
| 광택 | 크게 증가 | 보통 머서화보다 더 좋음 | 머서화보다 낮음 | 약간 증가 |
| 염착성 | 크게 증가 | 보통 머서화보다 낮음 | 머서화 가공 직물의 80~90% 수준 | 약간 증가 |
| 염료 절약 | 약 30~50% 증가 | 약 30~50% | 머서화와 비슷하거나 낮음 | 머서화보다 낮음 |
| 강도 | 약 25~30% 증가 | 보통 머서화보다 더 좋음 | 면사의 경우 약 40% 증가 | 인장강도, 마모강도증가 |
| 형태안정성 | 향상 | 향상 | 향상, 재봉사에 유리 | 향상, 두꺼운 면직물에 유리 |
| 촉감 | 미처리보다 뻣뻣하고 거친 촉감 | 보통 머서화보다 약간 부드러운 촉감 | 보통 머서화보다 약간 부드러운 촉감 | 부드럽고 레질리언스가 좋음 |
| 방추성 | 변화 없음 | 습방추도, 이지케어성 향상 | 향상 | 현저하게 향상 |
| 수지가공 후 강도유지율 | 향상 | 향상 | 직물보다는 편물의 경우 더 유리 | 향상 |

③ **산업적인 응용**　액체 암모니아를 다룰 때 고려해야 할 사항으로 인체와 접했을 때 낮은 온도로 인한 동상의 문제, 공기와 혼합하였을 때 화재 발생의 위험, 수분과 함께 구리, 은, 아연, 그리고 이들의 합금 등을 부식시키는 문제 등이 있다. 따라서 철이나 강철이 액체 암모니아와 접하는 용기의 재료로 적당하다.

　면섬유의 가공에 액체 암모니아 처리의 이용은 지난 수년 동안 증가되었으며 부가적인 응용이 모색되고 있다. 면사와 면직물에 응용하는 두 가지 상업화된 공정이 있다. 그림 3-6처럼 프로그레이드 공정(Prograde process, J&P Coats Ltd., UK)은 재봉사를 처리할 때 사용되는 방법으로서, 액체 암모니아의 비등점인 −33℃ 이하에서 1초간 처리한 후 장력을 주면서 뜨거운 물에 0.1초 동안 담가 암모니아를 제거한다. 면사의 강도는 약 40% 증가하며, 광택, 내열성, 염료에 대한 친화력 등이 향상된다. 그 이후 면직물 처리시 사용되는 테데코 공정(Tedeco process)을 노르웨이의 테데코사가 개발하고 미국 Sanford Cluett사가 실용화하였다. 이 공정은 −33℃에서 10초 동안 처리한 후 가열판 위를 통과시켜 대부분의 암모니아를 제거하고 다시 스팀 처리하여 잔류 암모니아를 완전히 제거한다. 처리 후 직물의 형태안정성, 인장강도, 마모강도, 레질리언스, 유연성 등이 향상된다. 따라서 수지 가공시 액체 암모니아 전처리를 하면 수지 가공제의 사용량을 줄일 수 있으며 강도유지율도 좋아진다. 수분을 함유시킨 면은 액체 암모니아 처리효과를 보다 빠르게 얻을 수 있는데 이는 물이 면을 팽윤시켜 무수 암모니아의 접근을 쉽게 하

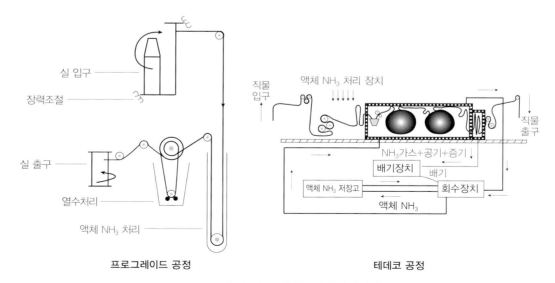

그림 3-6　액체 암모니아 처리 장치

기 때문이다.

비스코스 레이온을 머서화하면 심한 손상을 주지만 액체 암모니아는 그렇지 않다. 그러므로 액체 암모니아 처리는 비스코스 레이온을 함유한 직물의 전처리에 응용이 가능하다. 일본에서는 텐셀에 액체 암모니아 처리를 하여 우수한 효과를 얻은 것으로 보고되고 있다.

## (3) 캘린더 가공

직물이 정련, 표백, 머서화 가공, 염색, 날염 등을 거쳐 최종적으로 건조되어 형태와 크기가 고정이 되면 보통 광택이 가장 적은 상태가 된다. 이는 여러 가지 원인이 있지만 실의 크림프가 커서 직물 표면이 부드럽고 평활하지 않은 상태에 있기 때문이다. 직물에 광택이 있으려면 표면이 평활해야 하며 개개의 섬유 또한 직물 표면에서 서로 평행하게 존재해야 한다. 이와 같은 원리로 표면을 평활하게 하여 광택을 증진시키기 위하여 캘린더 가공(calendering)을 행한다. 프레싱(pressing)이라고도 부르는 캘린더링은 적당한 온도 및 습도 하에서 압력을 가하여 직물에 매끈하고 광택있는 표면을 부여하는 기계적 공정이다. 열가소성이 있는 합성섬유는 영구적인 광택효과가 부여되며 천연섬유의 경우에도 수지처리를 한 후 캘린더링하면 비교적 내구적인 효과를 얻을 수 있다.

캘린더는 강철이나 면이나 종이와 같은 압축성 소재로 된 2~10여 개의 롤러 또는 보울로 구성되어 있다. 캘린더로는 일반적으로 사용되는 롤러 캘린더(roller calender), 체이싱 캘린더(chasing calender), 유니버설 캘린더(universal calender)와 특수한 효과를 위한 마찰 캘린더(friction calender), 엠보싱 캘린더(embossing calender), 므와레 캘린더(moiré calender), 슈라이너 캘린더(Schreiner calender), 펠트 캘린더(felt calender) 등이 있다.

① **글레이즈 가공** 마찰 캘린더를 사용하여 롤러의 회전 속도를 직물의 유입 속도보다 50~100% 빠르게 하면 마찰이 높아져 직물 표면의 온도가 상승하므로써 고도의 광택 효과를 얻게 된다. 이 글레이즈 가공(glazing)은 일반적으로 면제품에 행해지며, 친츠(chintz)나 폴리쉬드 치노(polished chino) 등의 직물을 예로 들 수 있다. 가공 전에 전분이나 수지를 처리하며, 수지를 사용한 경우에 영구적인 광택효과를 얻을 수 있다.

그림 3-7 글레이즈 가공한 면/린넨

② **시레 가공**    젖은 듯한 외관(wet look)의 높은 광택을 지닌 시레 가공(ciré finish)을 한 직물은 마찰 캘린더를 사용하여 얻는다. 면 또는 레이온 직물의 경우에는 왁스나 열가소성 수지를 가한 후 마찰 캘린더를 통과시키면 시레 효과를 얻을 수 있으며, 열가소성 섬유는 롤러의 열에 의해 약간 용융될 때 영구적인 시레 효과를 얻을 수 있다. 소

**그림 3-8** 시레가공 직물을 이용한 바지와 블라우스(Balenciaga)

수성 섬유에 시레 가공을 하면 직물이 용융하여 약간의 발수성이 부여된다.

③ **엠보스 가공**    엠보스 가공(embossing)은 엠보싱 캘린더를 이용하여 직물에 요철을 주어 입체적인 무늬와 광택을 줄 수 있다. 엠보싱 캘린더는 패턴을 새긴 강철로 된 롤러와 면이나 종이와 같은 부드러운 소재로 감은 롤러로 구성되어 있다. 천에 압력을 가하면서 가열된 롤러 사이로 통과시킴으로써 롤러에 새겨진 패턴이 직물의 표면에 옮겨진다. 무늬의 돌출부는 광택이 생기고 오목한 부분은 광택이 거의 생기지 않으므로 광택차에 의해 무늬가 나타난다.

열가소성 섬유는 열과 압력에 의해 영구적인 디자인을 부여할 수 있다. 셀룰로스섬유에도 엠보싱 전에 합성수지를 가하면 디자인 형태가 영구적으로 유지된다. 기존의 규칙적인 요철 효과 외에 최근에는 불규칙한 요철(crushed), 구김(wrinkled), 물결 모양(crinkled), 주름(pleated), 세로 홈새김(fluted) 등의 다양한 엠보스 효과를 부여한 소재가 많이 사용되고 있으며 앞으로 더욱 다양해질 것으로 기대된다. 또한 폴리우레탄 수지 등을 코팅한 후 엠보싱하여 인조가죽과 같은 외관의 소재도 다양하게 나와 있다. 다림질은 엠보스 효과를 파괴하기 때문에 주의해야 한다.

④ **슈라이너 가공**    슈라이너 가공(Schreiner finish)은 슈라이너 캘린더를 이용하여 면 또는 레이온 직물에 견과 같은 우아한 광택과 부드러운 촉감을 부여하는 가공이다. 이 캘린더는 200~300개/inch의 아주 가는 선이 직물 표면에 있는 실의 꼬임 방향과 같은 각도로 새겨져 있는 철제 롤러와 직경이 훨씬 크며 압축할 수 있는 소재로 된 롤러로 구성되어 있다. 축축한 천을 높은 온도와 압력이 유지되는 롤러 사이를 통과시키면 롤러에

새겨있는 가는 선이 직물 표면에 각인됨에 따라 직물이 매끈해져서 빛의 표면 반사량이 증가하게 된다.

면 공단, 다마스크 테이블 리넨 등에는 통상적으로 슈라이너 가공을 하며, 머서화 가공한 직물을 사용하면 그 효과가 더욱 좋다. 열가소성 섬유가 아니면 영구적인 광택을 얻지 못하므로 셀룰로스섬유에 영구적인 광택 효과를 주기 위해서는 가공 전에 수지 처리를 해야 한다. 열가소성 섬유의 트리코트 편성물에 슈라이너 가공을 하면 실이 납작하게 눌려 편성물의 스티치 사이의 간격을 메우게 되어 표면이 매끈해지고 광택이 증가하며 비침성이 감소한다.

⑤ **므와레 가공**　　므와레 가공(moiré finish)은 직물 표면에 물결무늬 또는 나무결 무늬의 광택을 내기 위한 가공을 말하며, 이 기술은 18~19세기 경에 고급 견직물에 사용한 오래된 것이다. 므와레 패턴을 효과적으로 얻기 위해서 견섬유나 합성섬유로 만든 태피터, 파유, 벵갈린과 같은 두둑직(ribbed cloth)의 직물을 선택하는 것이 좋다.

므와레 효과를 부여하는데 다음 두 가지 방법이 사용된다. 먼저 전통적인 방법으로 두둑직의 직물 두 겹을 열, 수분과 높은 압력을 주면서 캘린더의 롤러 사이로 통과시키면 한 쪽 천의 두둑 무늬가 다른 쪽 천의 두둑 무늬를 눌러 새겨지면서 패턴이 나타난다. 물결무늬 효과는 눌린 부분과 그렇지 않은 부분의 빛 반사가 다르기 때문에 얻어진다. 이 방법에 의해 비연속적인 무작위의 물결무늬 패턴이 형성된다. 다른 방법은 물결무늬를 조각한 므와레 캘린더를 이용하여 직물의 표면에 새기는 방법이 있는데 전통적인

그림 3-9  므와레 직물과 원피스(Y & Kei)

방법과 같은 효과를 얻지만 반복적인 패턴이 형성된다. 열가소성 섬유를 이용하거나 가공 전에 수지 처리를 하면 비교적 내구성을 지니는 가공효과를 얻을 수 있다.

## (4) 재귀반사 가공

재귀반사란 광원으로부터 온 빛이 물체의 표면에서 반사되어 다시 광원으로 돌아가는 반사이다. 재귀반사 가공(light reflective finish)은 유리구슬과 마이크로프리즘을 사용하여 입사하는 빛을 광원으로 되돌리게 한다. 프리즘 구조는 전반사를 이용한 것이므로 특별한 반사층이 필요하지 않지만, 유리구슬의 경우에는 렌즈로 작용하여 반사 기능이 없기 때문에 별도의 반사층이 필요하다.

### ① 재귀반사의 원리

■ **유리구슬에 의한 재귀반사** : 미세한 유리구슬을 원단이나 필름 위에 균일하게 코팅(13만 개/in$^2$)하면 그림 3-10과 같이 입사광을 광원의 방향으로 똑바로 되돌리는 재귀반사 효과가 나타난다. 유리구슬의 뒷면에 수지, 은, 알루미늄 등을 특수 코팅 처리하면 반사 성능이 향상된다.

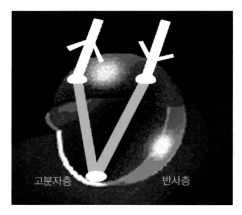
유리구슬

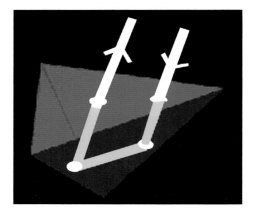
마이크로프리즘

**그림 3-10** 재귀반사 원리

■ **마이크로프리즘에 의한 재귀반사** : 유리구슬을 사용하는 방법 외에 고분자 필름 위에 입방체 형태의 마이크로프리즘을 만들어 프리즘에 비추어진 빛이 광원으로 다시 되돌아가도록 한다. 재귀반사 성능은 프리즘의 정밀도와 입방체의 각도에 따라 좌우된다.

② **반사소재의 종류 및 응용**    재귀반사소재는 여러 분야에서 광범위하게 이용되고 있으며 주로 안전을 위한 가시성 확보 용도에 유용하게 응용되고 있다. 야간 보행중이나 도로 작업 중에 달리는 차량으로부터, 또는 야간 운전중 갑작스러운 보행자나 작업자의 출현으로 위험을 자주 느끼게 되는데 야간에는 운전자가 보행자를 쉽게 인지할 수 없다. 미국교통협회의 설문 조사에 따르면 응답자의 80%가 흰색 옷이 운전자에게 충분한 가시성을 제공한다고 한다. 하지만 실제로는 형광색이나 흰색 옷도 운전자가 위험을 인지하고 적절한 행동을 취할 수 있는 충분한 여유가 없다. 일반적인 의류의 가시성은 불과 100m에도 미치지 못해 운전자가 갑작스럽게 나타난 물체에 대처하지 못하여 사고를 유발하게 된다. 그러나 반사소재를 적용한 의류나 안전장구를 착용한 보행자나 작업자는 200m 이상의 충분한 가시성을 확보하여 야간 안전사고를 예방할 수 있다.

반사소재는 다음과 같이 실, 원단, 필름, 쉬트, 잉크 등 여러 형태로 개발되어 응용되고 있다.

■ **반사 실** : 원단 제조, 신발 끈, 가방 끈 등의 다양한 용도로 사용된다.

■ **반사 원단** : 원단 위에 광각성이 뛰어난 유리구슬이 부착되어 있다. 또한 소비자의 안전을 향상시키기 위한 다양한 색상과 특징을 갖고 있어 소비자가 원하는 용도에 따라 제품을 선택할 수 있다. 봉제하여 부착할 수 있어 유니폼 등에 주로 사용된다.

■ **반사 필름** : 열활성 접착제 처리가 된 얇은 필름 위에 광각성이 뛰어난 유리구슬을 원하는 원단에 열로 쉽게 부착하여 착용자의 야간 가시성을 획기적으로 증대시킨다. 컴퓨터 커팅으로 다양한 문양의 로고, 라벨 제작, 반사 테이프에 이용된다. 유리구슬 표면에 보호피막 수지층을 입히면 잘 더러워지지 않고 빗속이나 물속에서도 반사효과가 나타난다.

■ **반사 잉크** : 원단의 표면에 원하는 이미지대로 프린트가 가능하며 이미지는 뛰어난 반사 성능을 나타낸다. 알루미늄으로 반만 코팅한 유리구슬을 섬유용 안료, 고분자 바인더, 촉매제 등을 함께 섞어 현탁액 또는 페이스트 상태로 만든다. 알루미늄 코팅된

유리구슬은 고양이의 눈과 같은 구조를 가지며, 크기는 약 $40\mu m$ 정도이다. 고분자 바인더는 직물에 필름을 형성하여 유리구슬을 섬유에 접착시키는 역할을 하여 세탁 내구성을 부여한다. 반사용 잉크는 에어로졸 스프레이 형태로도 상품화되어 간편하게 즉석에서 사용할 수 있다. 또한 실크 스크린 인쇄를 통해 티셔츠, 스웨터, 가방 등에 다양한 무늬를 표현하는 데 사용한다.

- **하이글로스 반사 필름** : 반사 성능이 매우 우수한 마이크로 프리즘 타입으로 만들어져 있다. 야간뿐만 아니라 새벽이나 석양에 더욱 좋은 가시성을 제공하고 주간에도 최대한으로 잘 보일 수 있도록 디자인되어 있다.

그림 3-11 재귀반사 소재 응용의 예

야간 활동시 안전을 위한 의복, 소방복, 구명복, 스포츠복 및 관련용품 뿐만 아니라 도로표지, 간판, 자동차 번호판, 구명 물품 등 분야에 따라 광범위하게 응용된다. 재귀반사 소재는 원래 안전을 위한 용도로 개발되었으나 조명에 따라 나타나는 매혹적인 효과 때문에 최근 패션 소재로도 이용되고 있다.

## (5) 소광가공

레이온, 아세테이트, 나일론, 폴리에스터와 같은 섬유는 매끈한 표면 때문에 빛의 반사량이 많아 대부분 금속성의 밝은 광택을 지닌다. 패션이 변화함에 따라 소비자는 번쩍이는 광택보다는 광택이 적은 외관을 지닌 제품을 선호하게 되었다. 이러한 소비자의 요구에 부응하고자 지나친 광택을 줄이는 것을 소광가공(delustering)이라 한다. 주로 방

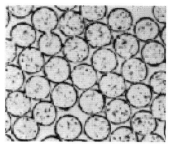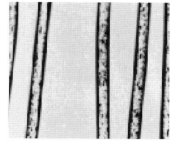

그림 3-12 이산화타이타늄이 분산된 폴리에스터 원사의 단면(반광택사)

사액에 백색 안료인 이산화타이타늄($TiO_2$)을 첨가하는 방법을 사용하는데, 이산화타이타늄의 양을 조절함으로써 광택의 정도를 광택(bright), 반광택(semi-dull), 무광택(full-dull)으로 제어할 수 있다. 폴리에스터의 경우 반광택은 0.3wt%, 완전 무광택은 2~3wt%의 이산화타이타늄 미립자를 섬유 내에 균일 분산시켜 제조한다. 섬유 내부에 다량의 미립자를 포함하기 때문에 투과광을 산란시켜 섬유의 광택을 감소시킨다. 소광가공한 제품은 고품위 외관과 염색시 부드러운 파스텔 톤의 색상을 얻을 수 있다. 또한 고비중의 이산화티타늄 입자는 직물의 드레이프성과 반발탄성을 증가시킨다.

방사 단계에서 소광제를 첨가하는 방법 외에 황산바륨, 차이나클레이, 산화알루미늄, 산화아연, 메틸렌우레아와 같은 소광제를 섬유나 실의 표면에 처리하기도 한다.

## (6) 금속가공

금속을 섬유와 조합하여 패션 소재로 이용한 것은 1920년대부터인데 초기에는 금속사로 옷에 수를 놓았으며, 그 후 알루미늄으로 만든 금속사인 루렉스(Lurex)가 발명되어 여러 가지 섬유와 섞어서 직조하여 라메(Lamé)와 같은 금속 직물을 만들어 사용하게 되었다. 최근에는 금속을 직물이나 가죽에 코팅하는 금속가공(metallic finish)을 하여 화려하고 번쩍이는 또는 부드러운 금속성 광택, 진주빛 효과, 홀로그래픽 효과, 각도에 따라 광택과 색이 변하는 숏(shot) 효과 등 다양하고 흥미로운 광택를 부여할 수 있다. 금속을 코팅한 직물은 심미성뿐만 아니라 금속에 따라 다양한 기능성도 함께 얻게 된다. 스테인레스 스틸은 보온성과 내후성, 구리는 항균 및 소취성, 은은 축열성, 알루미늄은 절연성을 직물에 부여한다. 또한 금속화된 직물은 정전기를 방지하며 전자파와 자외선을 차단시킬 수 있다.

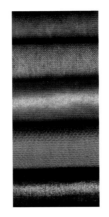

그림 3-13 금속가공 직물과 가죽자켓(Bottega Veneta, Louis Vuitton)

금속을 직물에 처리하는 방법은 금속 미세 입자를 진공 증착(sputtering)하는 방법과 크롬, 니켈, 철 등의 금속 용액을 스프레이하는 방법이 있다. 금속처리 후 주름 가공, 엠보스 가공, 날염 등 2차 가공을 하여 더욱 다양한 패션 소재로 개발되고 있다. 금속가공한 직물은 이브닝웨어, 무대의상 뿐만 아니라 데이웨어 용도로 널리 이용되며, 의복에 미래적(futuristic), 우주적(galactic), 사이버적(cybertic)인 이미지를 부여한다.

## 2) 색상 및 외관의 변화

### (1) 심색가공

폴리에스터 섬유는 치수안정성, WW성 등 우수한 특성을 지녀 합성섬유 중 의류용으로 가장 많이 사용되고 있다. 특히 신합섬의 출현은 기능성과 패션성에서 폴리에스터 섬유의 가치를 확고히 하였다. 그러나 폴리에스터 섬유는 결정구조가 치밀하고 소수성이어서 염색이 어려울 뿐만 아니라, 흡광계수가 다른 염료들에 비해 상대적으로 낮은 분산염료로 염색되기 때문에 색이 진하게 보이지 않는다. 색상은 의류 소재의 중요한 요소인데, 최근 색을 내기 어려운 극세사를 사용하는 제품이 증가하고 있어 심색화에 대한 요구가 강하게 대두되고 있다.

폴리에스터 섬유의 심색성을 개선하기 위한 방법으로는 생물이 갖는 미묘한 구조를 모방하거나 섬유 자체를 개질하는 방법, 후처리에 의한 방법 등이 사용되고 있다.

| 폴리에스터 섬유의 특성 | 심색화 방법 |
|---|---|
| · 평활한 표면<br>· 높은 굴절률<br>· 높은 결정성<br>· 치밀한 구조 | · 섬유 표면의 조면화<br>· 섬유 표면의 편평구조화<br>· 저굴절률 수지 처리<br>· 공중합에 의한 개질<br>· 분산염료의 저분자량화<br>· 양이온 가염형으로 개질 |

진한 색으로 염색이 어려움

그림 3-14  폴리에스터 섬유의 심색화

① **다중편평 섬유**　남미 아마존 하류에 생식하는 몰포(morpho) 나비는 코발트 블루의 투명한 푸른색과 금속성 광택을 지닌다. 그림 3-15처럼, 이 나비의 날개는 얇은 판상 모양이 약 0.7$\mu$m 간격으로 주름처럼 규칙적으로 평행하게 배열되어 있고, 이 판상의 높이는 약 2$\mu$m로 양측에 양치식물의 잎새 모양의 미세한 돌기가 나와 있다. 이 구조에서는 대부분의 입사광이 판상 사이로 들어가서 벽 내부의 돌기 부분에서 반사, 굴절, 간섭이 반복·증폭되어 결과적으로 선명하고 진한 색조가 나타난다. 이러한 몰포 나비의 날개의 구조를 모방하여 심색효과를 준 것이 다중편평(multispiral) 섬유이다. 몰포 나비는 판상 두께가 파란색 파장을 증폭시키는데, 다중편평 섬유의 두께를 조절하면 해당 파장을 증폭하여 색을 깊고 선명하게 할 수 있다. 현재 색의 깊이를 향상시키는데 주안점을 둔 일본 쿠라레이사의 다중편평섬유 디폴(Diphorl)이 개발되어 있다. 열수축율이 다른 두 종류의 폴리에스터를 혼합하여 단면이 편평하게 방사하여 직물을 만든 후 열처리하면, 보통 80~120tpi의 꼬임을 일으켜 비틀리게 된다. 이 비틀림에 의해 섬유의 편평한

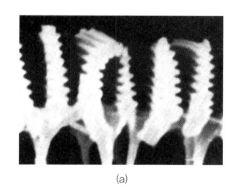

(a)

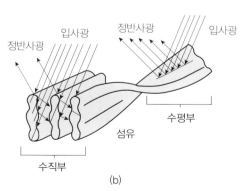

(b)

그림 3-15  몰포 나비의 날개 구조(a)와 다중편평 섬유의 심색효과 원리(b)

면이 직물 표면에 수직으로 배열되어 몰포 나비의 날개와 유사한 빛의 반사 및 간섭효과를 나타내 깊이 있는 색조를 띠게 된다.

② **초마이크로크레이터 섬유**　야행성 나방 중에 나이트 모스(night moth)가 있는데, 이 나방의 각막 렌즈 표면에는 초마이크로 단위의 원추상 돌기구조가 규칙적으로 늘어서 있다. 이 특수한 구조는 밤에 미약한 빛이 반사되어 손실되지 않고 각막 렌즈를 투과하는 기능을 갖는다. 이 구조를 모방한 것이 초마이크로크레이터 섬유(super microcrater fiber)이다. 예를 들면, 폴리에스터 섬유의 표면에 극미세한 요철은 그림 3-16처럼 입사광이 섬유 내부로 흡수되어 착색광이 증가함으로써 심색 효과와 선명한 색상을 얻게 된다. 또한 표면의 미세 요철에 의해 직물에 드라이터치감과 차분한 광택이 부여된다. 최근 기술로는 40~50억 개/cm²의 마이크로크레이터를 형성할 수 있다. 이와 같은 마이크로크레이터의 부여 과정으로 화학적인 방법과 물리적인 방법이 적용되고 있다.

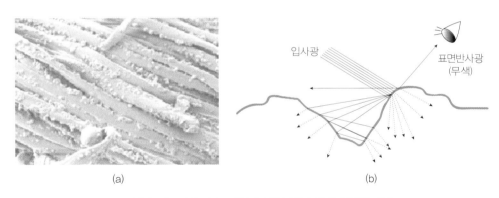

입사광
표면반사광
(무색)

(a)　　　　　　　　　　　　(b)

그림 3-16　마이크로크레이터 섬유(a)와 표면의 심색효과(b)

■ **화학적인 방법** : 폴리에스터와 유사한 굴절률을 갖고 평균 입자 직경이 $0.1\mu m$ 이하인 초미립자 형태의 조면화제를 중합액에 균일하게 혼입 분산시켜 방사한 후 미립자를 용제 또는 알칼리 처리하여 용해 추출하는 것이다. 조면화제(산화규소, 저분자 화합물)를 중합할 때 첨가하고 제사 후에 용제 또는 알칼리 처리하여 표면에 미세한 요철 (groove)을 형성하여 마이크로크레이터 섬유를 제조한다. 실리카나 알루미나와 같은 불활성 입자를 0.1~0.5wt% 혼합하여 방사한 섬유로 포를 만든 다음, 알칼리 감량가공하여 섬유 표면에 미세한 요철을 형성시키는 방법이 가장 많이 사용되고 있다.

- **물리적인 방법** : 섬유 표면을 에칭시켜 미세한 요철을 형성시키는 방법으로서 저온 플라스마법과 스퍼터 에칭법이 있다. 이들 방법은 처리 시간이 짧고, 물을 사용하지 않는 건식 방법으로 처리가 간단하여 많은 관심을 받고 있다. 저온 플라스마처리는 산소와 같은 반응성 기체 하에서 처리하여 주로 화학적인 에칭작용을 이용하며, 스퍼터 에칭법은 아르곤과 같은 비반응성 기체 하에서 처리하여 이온 입자의 강한 충돌력에 의해 표면을 침식시키는 물리적인 에칭 작용을 주로 이용한다. 심색성 개선 효과에 있어서는 스퍼터 에칭 처리가 저온 플라스마에 비해 훨씬 우수한 것으로 보고되어 있다. 조면화를 높임에 따라 발색성은 향상되지만 내마모성이 저하하므로 조면화 정도를 적절하게 설정해야 한다.

③ **염색성 향상에 의한 심색화**　　폴리에스터 섬유는 결정구조가 치밀하고 소수성이어서 염색이 어려울 뿐만 아니라, 흡광계수가 다른 염료들에 비해 상대적으로 낮은 분산염료로 염색되기 때문에 색이 진하게 보이지 않는다. 따라서 흡광계수가 큰 양이온성 염료로 염색이 가능하도록 개질하는 방법을 사용할 수 있다. 카티온 가염화에는 듀폰사에서 개발한 설포이소프탈산 나트륨(sodium sulfoisophthalate)을 공중합하는 방법과 함께 폴리알킬렌 옥사이드와 폴리아마이드를 병용하는 방법 등이 알려져 있다. 카티온 가염형 폴리에스터 섬유는 상압 염색이 가능하고, 카티온 염료는 분산염료에 비해 흡광계수가 크고 흡수광의 양이 많기 때문에 심색성이 향상된다. 상압 염색이 가능한 폴리에스터 섬유는 양모, 견, 면 등의 천연섬유와 혼방할 수 있으며, 혼방한 천연섬유를 손상시키지 않고 염색할 수 있어서 매우 유리하다. 카티온 가염형 폴리에스터 섬유는 추동용 소재 또는 양모 혼방 소재를 겨냥한 것이기 때문에 방적성, 마모강도, 항필링성, 굴곡강도, 인장강도 등을 충분히 고려해야 한다.

④ **섬유 표면의 저굴절화에 의한 심색화**　　폴리에스터 섬유는 굴절률(1.62~1.72)이 크고 섬유 표면이 평활하여 빛의 정반사가 많이 일어나므로 다른 섬유에 비해 색이 선명하지 않고 진한 색을 내기 어려운 문제점이 있다. 염색 후 섬유 표면에 저굴절률 수지의 얇은 피막을 형성시켜 섬유에 빛의 투과율을 높이고 반사광을 줄여 색의 선명성과 심색성을 높이는 방법으로서 실리콘계, 불소계, 우레탄계 등의 수지가 사용된다. 심색효과는 굴절률이 1.34에 가까울수록 효과적인 것으로 알려져 있다. 저굴절률 수지를 패드-큐어법

또는 욕중 처리에 의한 흡착법으로 직물에 코팅 가공하며, 수지 피막의 세탁 및 드라이 클리닝에 대한 내구력을 향상시키는 것이 향후 과제로 남아 있다. 그밖에 굴절률이 낮은 아세테이트 섬유와 같은 고발색성 섬유를 혼방하는 방법도 있다.

## (2) 카멜레온 가공

카멜레온 가공(cameleon finish)은 일광, 온도, 습도 등 외부 환경의 변화에 따라 색상이 변하게 하는 것으로 이 가공을 한 섬유를 카멜레온 섬유 또는 크로믹 섬유라고 한다(그림 3-17). 보통 크로믹 재료를 마이크로캡슐에 봉입한 후 폴리우레탄계의 수지에 분산시켜 직물 표면에 코팅하여 제조한다. 온도에 의한 변색을 감온변색(感溫變色, thermochromism), 광에 의한 경우를 감광변색(感光變色, photochromism)이라 하며, 이를 응용한 카멜레온 섬유가 있다.

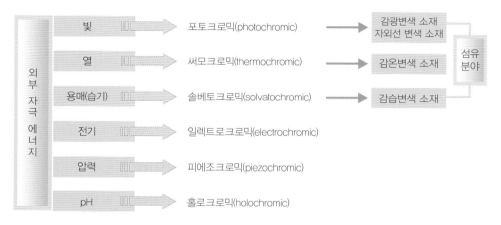

그림 3-17  변색의 종류 및 응용

① **감온변색 섬유**   감온변색 섬유(thermochromic or heat-sensitive fiber)는 온도에 따라 가역적으로 변하는 색소 즉, 감온변색 색소를 마이크로캡슐로 만들어 바인더와 혼합하여 제조한다. 감온변색 색소는 전자수용체인 현색제와 결합하여 발색이 되지만 비가역적이므로, 온도에 따라 가역적인 색상 변화를 위해서 색소와 현색제를 가역적으로 결합/해리시킬 수 있는 제3의 물질이 필요하다. 이러한 제3의 물질로는 온도에 따라 용해성이 크게 변하는 알코올과 같은 유기용매가 사용된다. 이 유기용매는 온도 변화에 따

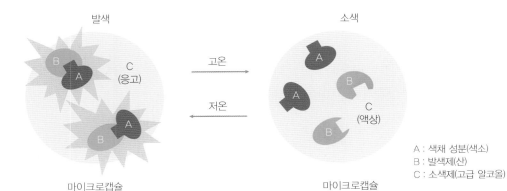

A : 색채 성분(색소)
B : 발색제(산)
C : 소색제(고급 알코올)

그림 3-18 감온변색의 원리

라 상변화를 일으켜 발색(發色) 또는 소색(消色)이 되는데, 색상변화 온도는 유기용매와 현색제의 조합에 의해 조절이 가능하다. 이러한 세 성분이 균형을 유지하여 기능을 발휘하는 용도로 마이크로캡슐화 기술이 적용된다. 마이크로캡슐 내에 색소, 현색제, 유기용매를 담으면, 색소와 현색제가 접촉하여 발색을 하게 된다. 이때 온도가 상승하면 유기용매가 용출되어 색소와 현색제가 분리되어 무색이 된다. 반대로 온도가 내려가면 색소와 현색제가 다시 결합하여 발색한다. 감온변색의 원리는 그림 3-18과 같다. 현재 감온변색 소재는 상품화되어 스키복 등에 이용되고 있는데 온도가 낮을 때는 진한 색이 되

그림 3-19 감온변색 소재로 만든 스키복

어 태양열을 많이 흡수하고, 온도가 높을 때는 흰색이 되어 태양열의 흡수를 억제하여 쾌적성을 향상시킨다.

일본 도레이사는 열에 민감한 염료를 마이크로캡슐화하여 직물 표면에 코팅하여 감온변색 소재인 스웨이(SWAY)를 개발하였다. 이 소재는 $-40\sim80°C$ 범위에서 $5°C$ 이상의 온도차에 의해 변색하는 성질을 지녀 스키복, 수영복 등에 응용되고 있다.

② **감광변색 섬유**　　1899년 이미 감광변색 현상이 알려졌으나 이를 응용하려는 시도는 최근에 이르러 구체화되었다. 미국 시아나미드사는 1960년대 베트남전에서 군복으로 사용하기 위해 개발을 시도하였고, 일본 가네보사는 감광변색재가 함유된 마이크로캡슐을 전사하여 개발하였다. 감광변색 섬유(photochromic or light-sensitive fiber)는 광선에 의해 색상이 변하고 광선을 차단하면 원래의 색으로 되돌아간다. 이는 빛에 의해 화합물이 광해열 반응을 일으키거나, 에너지 상태가 변화하거나, 분자가 유리기나 이온으로 해리되거나 산화환원 반응을 일으키기 때문이다(그림 3-20). 감광변색을 일으키는 색소로는 유기계 화합물인 스피로옥사진(spirooxazine), 스피로피란(spiropyran), 크로멘(chromene) 등이 알려져 있다. 스피로옥사진류가 광응답성, 고농도 발색성, 내광성, 견뢰도, 내세탁성이 우수하며 황색, 청색, 보라색 등의 색소가 상품화되었다. 이들 감광색소는 고분자나 유기용매 내에서만 발색이 된다. 따라서 이 색소를 섬유에 부착하기 위해서는 날염하거나, 폴리프로필렌이나 폴리에스터 방사 원액에 색소를 용융하여 포함시키거나, 또는 마이크로캡슐화 기술을 적용해야 한다. 상품으로는 가네보사의 코믹릴리프(Comic-Relief), 도레이사의 스웨이 UV가 판매되고 있다. 최근 자외선 감광안료를 직물 표면에 날염하여 자외선에 노출되면 발색하여 자외선 조사량이 많아지면 색이 진해지는 소재도 개발되었다(그림 3-21). 이처럼 자외선 변색소재는 다양한 색상 발현과 함께 유해한 자외선을 감지해주는 기능을 동시에 갖고 있다.

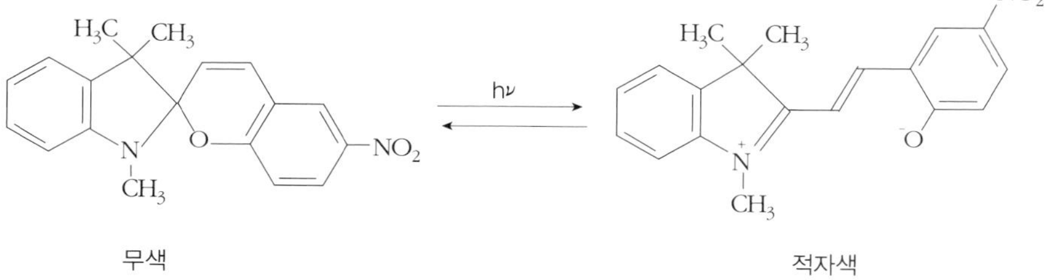

그림 3-20　감광변색 원리

**그림 3-21** 자외선 변색 소재

③ **기타 변색 섬유**　빛이나 온도에 의한 변색 외에 용매에 의해 변하는 솔베토크로미즘을 이용한 섬유도 개발되었다. 빛을 반사하여 발색하는 채광펄을 실리카에 혼합해 직물 표면에 도포하면 건조 상태에서 실리카는 빛을 반사하여 무색이지만, 습기나 물이 있으면 실리카는 투명해져 펄이 발색한다. 수영복 등에 이용되고 있고, 속옷 등 기능성 의류로 개발 가능성을 지닌다.

## (3) 주름 가공

열가소성 합성섬유 직물은 주름을 잡아 열을 가한 후 냉각시키면 주름이 고정되어 새로운 형태로 변형된다(그림 3-22). 주름잡기는 고대 그리스나 이집트 시대부터 사용된 가장 오래된 직물 가공기술 중의 하나이며 그 당시에는 주름을 잡기 위해 뜨거운 돌을 사용하였다. 제2차 세계대전 후 열가소성 합성섬유의 출현에 의해 직물에 영구적인 주름을 부여하는 것이 가능하게 되었다. 영구적인 주름은 열가소성 합성섬유를 최소 65% 이상 함유하는 직물이어야 가능하다. 주름 가공(pleating)한 소재는 스커트, 블라우스, 스카프 등에 사용된다.

　주름을 부여하는 방법으로는 종이패턴 방법(paper-pattern technique)과 기계에 의한 방법이 있다.

① **종이 패턴 방법**　수작업으로써 비용이 많이 들고 시간이 걸리지만, 다양한 디자인과 형태를 만들어 낼 수 있는 장점이 있다. 예를 들면 단처리가 된 스커트 한쪽 직물과 같이 부분적으로 완성된 직물을 두 장의 두꺼운 종이 사이에 넣고 미리 결정한 패턴대로 접은 다음, 증기 처리하여 열고정한다.

**그림 3-22** 주름가공 소재의 드레스(Stella McCartney)

② **기계에 의한 방법**  폴리에스터, 나일론, 셀룰로스 트리아세테이트 등의 열가소성 직물을 가열된 날이 있는 롤러 위를 통과시켜 주름을 만든다. 주름의 종류는 잔주름, 사각주름, 맞주름, 갈매기주름, 손톱주름 등을 들 수 있지만 이들 주름의 형태에 변화를 주면 새로운 주름이 된다. 주름 원단은 손으로 당기면 늘어났다가 놓으면 줄어들게 되는데 이것을 배수라고 한다. 주름 부여 후 10cm인 제품을 당겨서 20cm가 나오면 두 배수가 된다. 두 배수의 주름잡기를 하여 1,000야드가 필요하면 2,000야드의 원단을 투여해야 한다. 그 외에 열가소성 직물을 금속 튜브 속에 구겨 넣은 다음 가열하면 직물 표면 전체에 물결 모양의 주름을 만들 수 있다.

## (4) 발식가공

발식가공(burn-out finish)은 내약품성이 다른 섬유를 혼방하거나 교직하여 한쪽 섬유만을 용해시키는 약품을 패턴대로 프린팅하고 열처리 후 수세하여 부분적으로 투명한 문양을 부여하는 가공이다. 최근 가장 많이 적용되는 것은 내약품성이 우수한 폴리에스터 섬유를 중심으로 내약품성이 약한 셀룰로스계 섬유를 조합시키는 것으로 아세테이트, 레이온 등이 이용된다. 혼방 또는 교직, 교편한 직물 또는 니트를 대상으로 하지만 고급품은 코어사(core yarn)나 코어 트위스트사(core twist yarn)가 이용된다. 단순한 조직의 직물이나 니트뿐만 아니라 기모나 파일 제품에도 이용된다.

발식가공용 호제에 염료를 첨가하여 발식과 동시에 그 부분을 착색시키는 가공을 컬러드 오팔 가공(colored opal finish)이라 하는데, 착색에 이용되는 분산염료가 강산성

하에서 영향을 받을 수 있다. 오팔가공에 변화를 주는 방법은 내산성이면서 내환원성 분산염료를 함유한 호제에 발식제와 환원제를 첨가하여 오팔가공과 착색날염 또는 착색 방염을 동시에 실시할 수 있다(discharged opal finish라고도 함). 가공 대상 소재로는 폴리에스터/면 또는 레이온, 폴리에스터/셀룰로스 트리아세테이트 또는 내열 셀룰로스 디아세테이트 등을 들 수 있다.

최근 유명 디자이너들의 작품 발표회에 화려한 패턴의 발식가공소재 의상이 다수 소개되었으며, 국내에서도 발식가공한 기모 소재가 여성복, 숄, 스카프, 커튼, 담요 등에 사용된 바 있다(그림 3-23).

① **견/레이온 교직물의 발식가공**  주로 진한 산을 이용해서 식물선 섬유인 레이온을 탄화시켜 제거하여 투명한 무늬 효과를 얻는다. 전분, 트라가칸트 풀, 황산알루미늄, 황산 등으로 조성된 풀을 교직물 위에 날인하여 상온에서 건조시킨 후, 120~130°C에서 3~4분간 탄화처리하여 수세 건조한다.

② **폴리에스터 섬유의 발식가공**  폴리에스터 섬유를 화학적으로 제거시켜 무늬를 형성하거나, 나일론 섬유와 교직물에서 나일론 섬유의 변형 없이 폴리에스터 섬유만 제거하여 무늬 효과를 얻는다. 사용되는 약품은 수산화나트륨, 호료, 요소, 소포제 등의 혼합액이다. 수영복 원단의 경우 폴리에스터 섬유 일부를 제거하여 입체 무늬를 형성하여 제품의 다양화를 꾀하고 있다.

③ **벨벳 직물의 발식가공**  바닥 조직은 위사와 경사를 폴리에스터 섬유, 파일 조직은 비스코스 레이온 섬유로 제직한 벨벳 직물에 강알루미늄산 또는 황산을 풀에 섞어 무늬를 날염하고 열처리하여 비스코스 레이온 섬유를 제거하면 입체적인 무늬가 형성된다.

그림 3-23 발식가공 소재 드레스(Balenciaga, Louis Vuitton)

### (5) 플리세 가공

직물에 산 또는 알칼리를 부분적으로 날염하
면 그 부분이 수축하여 처리하지 않은 부분이
우글우글해져 입체적인 줄무늬가 생긴다. 이
가공을 플리세(plisse) 또는 리플(ripple)가공
이라 하며, 시어석커(seersucker)와 같은 외관
을 지닌다. 면과 레이온은 수산화나트륨과 같
은 알칼리로, 나일론은 페놀과 같은 산으로 처
리하면 수축하여 플리세 효과를 가져온다. 폴
리에스터 직물에 날염하여 리플 또는 크링클
효과, 릴리프 효과, 엠보스 효과 등을 부여할
수 있는 방향족 화합물계 조제가 개발되어 이
용되고 있다. 이 효과는 상당히 내구적이지만
다리미질을 하면 표면이 납작해지므로 주의해

**그림 3-24** 플리세 가공 소재를 이용한 의상

야 한다. 열가소성 섬유의 경우에는 엠보스 가공을 이용하여 비슷한 효과를 낼 수 있
다. 플리세 가공 소재는 표면이 오톨도톨해서 몸에 붙지 않고 시원하기 때문에 여름 의
류, 침구류, 드레스 블라우스, 셔츠, 캐주얼 의류, 나이트가운, 잠옷 등의 용도로 쓰인다
(그림 3-24).

견, 양모 등은 진한 염류 용액에 의해 수축되는데, 이 성질을 이용하여 견직물에 질산
칼슘과 같은 염을 풀에 섞어 날인하면 날인하지 않은 곳이 우글우글하게 된다. 이를 염
축 가공이라고도 한다.

이상의 여러 가지 시감 향상을 위한 가공의 목적, 적용 섬유 및 가공효과를 표 3-4에
요약 정리하였다.

표 3-4 시감 향상을 위한 여러 가지 가공

| 목적 | 종류 | 적용 섬유 | 가공효과 |
|---|---|---|---|
| 광택 변화 | 머서화 | 면 | 견과 같은 광택, 형태안정성, 신축성, 이지 케어성 강도, 염색성 향상 |
| | 액체 암모니아 가공 | 면 | WW성, 방추성, 유연성 향상 |
| | 글레이즈 가공 | 면, 면혼방 | 친즈와 같은 매끈하고 광택 있는 표면 |
| | 시레 가공 | 열가소성 섬유, 면, 레이온 | 젖은 듯한 외관을 지닌 고도의 광택 |
| | 엠보스 가공 | 열가소성 섬유, 면, 레이온 | 규칙적 또는 불규칙적인 요철, 주름, 구김, 홈새김 등 입체적인 무늬와 광택 |
| | 슈라이너 가공 | 면, 레이온 | 견과 같은 우아한 광택과 부드러운 촉감 |
| | 므와레 가공 | 견, 합성섬유 | 물결 무늬 또는 나무결 무늬의 광택 |
| | 재귀반사 가공 | 모든 섬유 | 야간에 재귀반사 효과, 형광적인 광택 |
| | 소광가공 | 나일론, 폴리에스터 | 반광택, 무광택, 고품위 외관, 파스텔 톤의 부드러운 색상, 드레이프성 |
| 색상 변화 | 심색가공 | 폴리에스터 | 선명하고 진한 색상, 차분한 광택, 드라이 터치 |
| | 카멜레온 가공 | 모든 섬유 | 감온변색, 감광변색, 자외선 변색 |
| 외관 변화 | 주름가공 | 열가소성 섬유 | 규칙적 또는 불규칙적인 삼차원적 입체주름 |
| | 발식가공 | 폴리에스터 면, 또는 레이온, 아세테이트 | 장식적인, 투명한 문양 효과 |
| | 플리세 가공 | 면, 레이온, 나일론, 폴리에스터 | 우글우글한 줄무늬 효과, 돋을새김 효과 |

# 2. 촉 감

촉감은 직물이나 의류를 만질 때 느끼는 종합적인 감각이다. 인간의 촉감은 매우 주관적이어서 정량적인 표현이 어렵다. 이와 관련한 전형적인 가공으로서 천연섬유나 합성섬유의 유연성 증진 가공과 강경성 증진 가공 등이 있다. 특히 합성섬유의 경우 섬유나 실의 제조과정에서 복합촉감 및 질감의 감성소재를 만들어내는 신합섬 가공과 함께 세부적인 표면 질감을 개선하기 위한 여러 가공들이 알려져 있다(표 3-5).

표 3-5 촉감 향상을 위한 여러 가지 가공

| 목적 | 종류 | 적용 섬유 | 가공효과 |
|---|---|---|---|
| 유연성 증진 | 유연제 처리 | 면, 마, 레이온, 견 | 유연감, 매끈감 |
| | 효소감량가공 | 면, 레이온, 리오셀 | 매끈하고 부드러운 촉감, 깔끔한 표면감 |
| | 알칼리 감량가공 | 폴리에스터 | 유연감, 드레이프감, 흡습성, 염색성 향상 |
| | 타포 | 면, 마 | 유연감, 광택 |
| | 유포 | 면, 마 | 유연감 |
| 강경성 증진 | 의마가공 | 면, 마 | 린넨과 같은 매끄럽고 단단한 촉감, 광택 |
| | 파치먼트 가공 | 면 | 바삭거리는 촉감, 투명한 질감 |
| | 세리신 정착가공 | 견 | 까슬까슬하고 중량감이 있는 촉감 |
| 표면질감 증진 | 기모가공 | 면, 레이온, 모, 합성섬유 파일: 레이온, 나일론 | 부드러운 촉감, 잔털이 많은(fuzzy) 외관 직물의 양각효과 |
| | 플록 가공 | 기포: 면, 레이온, 양모 | 부드럽고 풍만감이 있는 촉감, 풍부한 광택 |
| | 피치스킨 가공 | 폴리에스터, 레이온 | 부드러운 촉감, 마이크로파우더와 같은 표면감 |
| | 샌드 가공 | 합성섬유 | 부드럽고 풍만한 촉감, 천연 스웨이드와 같은 질감, 차분한 색상 |
| 복합적인 촉감 및 질감 개선 | 신합섬 가공 | 폴리에스터 | 유사견: 부드러운 촉감, 드레이프감, 볼륨감, 풍유감 유사면, 유사모: 청량감, 천연감, 흡습성 유사모: 부품감, 반발 탄성, 드레이프감 |

# 1) 유연성 증진 가공

유연성 증진 가공으로는 크게 실을 만드는 과정에서 유연제를 사용하는 방식과 직물 상태에서 유연성을 부여하는 방식이 있다. 일반적으로 실을 만드는 과정에서의 유연성은 일시적으로 필요하지만, 직물에 유연성을 부여하는 기능성 가공은 소비자들이 제품을 사용하는 전(全)기간 동안 내구성이 요구된다. 유연가공을 하면 촉감이 향상될 뿐만 아니라 마찰력의 감소로 인한 내마모성의 향상과 함께 흡습성이 증가하고 정전기 발생이 감소하게 된다.

면직물이나 모직물 등의 경직성을 감소시키기 위하여 또는 수지가공이나 열고정 가공에 의하여 직물이 경직되는 경우 이의 개선을 위해 유연가공이 필요하다. 직물의 유연성은 직물을 이루는 섬유나 실 사이에 작용하는 마찰력 감소에 의해 향상되는데 그 결과 직물의 촉감도 좋게 평가되는 경향이 있다. 섬유간에 작용하는 마찰력을 감소시키는 방법은 기계적인 힘을 가하여 주는 방법과 화학약품을 사용하는 두 가지 방법이 있다. 기계적인 방법은 물리적인 힘을 가하여 직물을 구부리거나 휘거나 또는 두드려서 섬유나 실 사이에 작용하는 접착력을 없애주는 방법이며, 화학적인 방법은 유연제, 효소, 알칼리 등의 화학약품을 사용하여 섬유의 마찰력을 감소시키거나 섬유의 굵기를 가늘게 하여 유연성을 부여하는 방법이다.

## (1) 유연제 처리

면섬유와 같은 천연섬유는 습식 섬유공정에 의해 왁스나 기름 성분이 제거되어 제품이 뻣뻣해지는 경향이 있는데 이들 제품의 유연성을 향상시키기 위해 섬유공정 중이나 직물 상태에서 계면활성제나 실리콘계 유연제가 사용된다. 특히 계면활성제 유연제에서 유연 효과를 주는 부분은 소수기인 탄화수소 사슬인데, 직쇄상이면서 탄소수가 16~18인 것이 좋다.

면제품의 수지가공에 의해 뻣뻣해진 촉감의 개선과 니트 제품의 재봉성 향상을 위한 경우 또는 세탁 후 세탁물에 유연하고 폭신한 촉감을 주기 위한 경우 등에는 유연제가 많이 사용되는데, 그 결과 정전기를 감소시키는 효과도 있다. 내구성을 부여하기 위하여는 섬유와 유연제 사이에 화학결합이 생성되어야 하는데, 실 상태에서 유연제를 부여해 주거나 염색이나 다른 가공공정 시 1% 정도의 유연제를 넣어 처리해 주기도 한다.

① **계면활성제 유연제** 계면활성제에 의하여 나타나는 효과는 계면활성제의 물리적 상태, 화학적 구조, 섬유와의 작용에 의하여 달라진다. 예를 들어 점도가 낮은 액체는 유연하고 견과 같은 촉감을 부여하는 반면, 고체는 윤활제의 역할은 하나 직물이 덜 유연해지는 경향이 있다. 유연제 처리 직물은 시간 경과나 열에 의해서 황변하는 경우가 있는데, 특히 흰색 직물에서는 문제가 될 수 있다. 유연제에 따라서는 염색직물의 염색견뢰도 저하나 변색을 유발시키는 것이 있다. 유연성 향상을 위하여 사용되는 계면활성제는 음이온계, 양이온계, 비이온계, 양성(兩性)계가 있으며 각각 다른 특성을 나타낸다.

■ **음이온계 계면활성제**

음이온계 계면활성제는 좋은 윤활제이지만 양이온계나 비이온계에 비하여 부드러운 느낌은 적은 반면 부피감이 있는 드라이터치감을 부여한다. 음이온계는 면이나 레이온 직물에 주로 사용되고 직물 표면을 매끄럽게 해주며 내평, 전모, 샌포라이징, 캘린더링 등의 가공에 함께 사용하면 가공효과를 향상시킨다. 음이온계로 처리하면 흡습성이 향상되기 때문에 타월과 같은 제품에 사용하면 좋다. 그러나 섬유와의 친화력이 없으므로 섬유에 물리적으로 부착되어 있어 물세탁과 드라이클리닝 시 내구력이 떨어지며 보관 과정에 냄새를 유발하는 경향이 있다. 일반적으로 패딩에 의해 가공한다.

음이온계 유연제는 주로 분자량이 큰 지방사슬로 이루어져 있는데 지방을 NaOH나 KOH와 반응시켜 -COONa, -OSO$_3$Na, -SO$_3$Na 등의 염으로 만들어 물에 용해될 수 있도록 만든다. 음이온계 유연제인 비누의 화학구조는 R-COONa이며 R은 탄소수가 14~18인 탄화수소기이다. 음이온계 유연제를 제조하는 또 다른 방법은 기름, 지방, 지방산을 강산인 황산이나 염화설폰산으로 처리하는 것이다. 이때 유연제의 품질은 황산화도와 직결된다. 황산화도가 크면 유연 효과는 다소 떨어지나 유연제의 안정성은 커지며 제품에 처리한 후 보관할 때 냄새가 발생되지 않는 장점이 있다. 이들의 일반적인 구조는 다음과 같다.

$$R_1-CH-R_2-CH_2-CH-R_3-CH-R_4$$
$$\underset{OSO_3Na}{|} \qquad \underset{OSO_3Na}{|} \underset{OSO_3Na}{|}$$

■ 양이온계 계면활성제

양이온계 계면활성제는 모든 종류의 섬유에 친화력이 있는 섬유 유연제로 유연제 시장에서 가장 큰 비중을 차지하는 것이다. 모든 섬유와 친화력이 있는 장점으로 인하여 염색 공정에서 마지막 단계로 처리하는 공정을 포함하여 다양한 용도로 사용되고 있다. 양이온계 계면활성제는 탄소수가 큰 소수기가 섬유와 친화력이 있어서 섬유 표면에 흡착 배열하여 섬유에 유연성을 부여한다. 양이온계 계면활성제는 수용성을 부여하는 부분이 (+)전기를 띠며 음이온계 계면활성제와는 달리 제3급이나 제4급의 질소 원자를 포함한 그룹으로 형성되어 있다. 이중 제4급 암모늄염은 산이나 알칼리 용액 모두에서 전기를 띠므로 가장 널리 사용되며 구조는 다음과 같다.

$$\left[ \begin{array}{c} R_2 \\ | \\ R_1-N^+-R_3 \\ | \\ R_4 \end{array} \right] X^-$$

가정용 유연제도 대부분 제4급 암모늄염 형태이며 물에 잘 용해되고 섬유에 흡착이 잘 되어 적은 양으로도 좋은 효과를 낼 수 있다. 또한 항미생물성을 지니는 제4급 암모늄 계면활성제는 유연제뿐만 아니라 소독제나 정전기 방지용으로도 널리 쓰인다. 양이온계 계면활성제는 다른 계면활성제에 비하여 내구성이 있으며 뛰어난 매끄러운 감과 유연감이 뛰어나다. 과다 사용 시에는 직물에 침착되어 염색물을 변색시킬 수 있으며 황변의 위험성이 있고 직물의 친수성을 저하시키며 직물의 오염 제거를 방해하기도 한다.

■ 비이온계 계면활성제

비이온계 계면활성제는 오랜 기간 널리 사용되어진 섬유 유연제이다. 비이온계 유연제는 양이온계나 음이온계처럼 염의 형태는 아니나 이온성 유연제가 가진 특성을 가지고 있다. 다른 유연제와 마찬가지로 유연성은 고분자의 지방 사슬에 의해서 나타나며 에틸렌옥사이드 사슬이 물에 용해되는 성질을 부여한다. 음이온이나 양이온 유연제에 비하여 중금속염에 대한 내구성이 좋다.

에틸렌 옥사이드 사슬의 길이가 길면 유연제의 용해성은 좋아지나 유연 효과는 떨어진다. 지방산과 에틸렌 옥사이드의 축합물인 지방산 폴리글리콜에스터는 부드러운 실크와 같은 촉감을 부여한다. 지방산 아민과 에틸렌옥사이드의 축합물인 알킬아민 폴리글리콜에테르는 폴리글리콜에스터에 비하여 유연성이 뛰어나다. 알코올지방산과 에틸렌옥사이드의 축합물은 위 두 유연제의 중간 수준의 유연성을 부여한다.

$$R-COO-[CH_2-CH_2-O]_n-H$$
지방산 폴리글리콜에스터

$$R-NH-[CH_2-CH_2-O]_n-H$$
알킬아민 폴리글리콜에테르

$$R-CH_2O-[CH_2-CH_2-O]_n-H$$
알킬알코올 폴리글리콜에테르

비이온계 유연제는 천연섬유나 합성섬유 모두에 친화력이 있고 염액이나 패딩욕에 바로 넣어 사용할 수 있는 편리한 점이 있다. 처리 후 매끈한 감은 음이온계보다 좋고 부품감은 양이온계보다 좋으나, 유연 효과는 음이온계나 양이온계 유연제에 비하여 떨어진다.

■ 양성계 계면활성제

계면활성제의 친수기가 양이온과 음이온으로 해리되는 부분을 모두 가지고 있는 계면활성제이다. 알칼리성 용액에서는 세정력도 가지고 있으나 값이 비싸서 세제로서의 경제성은 없고 유연제로 이용된다. 대표적인 양성계 유연제로는 제4급 암모늄기에 결합된 알킬기 중 하나가 카복시기로 치환된 알킬베타인이나 설폰산기로 치환된 설포베타인이 있다.

$$\begin{array}{ccc} & \overset{R}{\underset{|}{}} & \\ CH_3-N^+-CH_3 \\ \overset{|}{CH_2COO^-} \end{array} \qquad \begin{array}{ccc} & \overset{R}{\underset{|}{}} & \\ CH_3-N^+-CH_3 \\ \overset{|}{CH_2CH_2SO_3^-} \end{array}$$

알킬 베타인        설포 베타인

**ⓐ 실리콘계 유연제**　실리콘계 유연제로 처리하면 내구성이 있는 매끄러운 유연감, 광택, 부품감, 탄력감이 향상된다. 주로 흰색 직물에 많이 사용하며 봉재 시 마찰력을 감소시켜 생산성을 향상시킨다. 실리콘계 유연제는 이처럼 여러 장점이 많아 그 사용량이 점차 증가하고 있으며 효과가 좋아 일명 '수퍼소프트(supersoft)'라고 불린다. 제품에 평활성이나 발수성을 주기 위하여는 dimethyl polysiloxane(DMPS)이 주로 사용되나, 부가 가치를 부여하기 위하여 유기변성 실리콘이 사용되고 있다.

일반적으로 실리콘 원자에 결합된 수소 원자는 반응성이 커서 쉽게 OH기로 바뀌고 이들 실리콘 원자에 결합된 OH기는 서로 쉽게 반응하여 −Si−O−Si−O−의 실록산 화합물을 형성하는데, 이들 실록산 화합물은 탄소-탄소 화합물보다 유연성이 크다. DMPS는 실리콘 원자에 두개의 메틸기가 존재하기 때문에 대칭성이 있어서 더욱 유연성이 뛰어나며, 따라서 Tg가 −127°C(146K)로 상온에서 액체인 고분자이다. 그러나 DMPS는 반응성기가 없기 때문에 섬유와 화학 결합되지는 않는다. 섬유에 처리하는 경우 극성기인 −Si−O− 결합이 섬유 쪽을 향하여 배열하고, 소수성기인 메틸기는 섬유 바깥 쪽을 향하게 되어 유연성을 나타낸다.

$$CH_3-\overset{\overset{\displaystyle CH_3}{|}}{\underset{\underset{\displaystyle CH_3}{|}}{Si}}-O\left[\overset{\overset{\displaystyle CH_3}{|}}{\underset{\underset{\displaystyle CH_3}{|}}{Si}}-O\right]_x \overset{\overset{\displaystyle CH_3}{|}}{\underset{\underset{\displaystyle CH_3}{|}}{Si}}-CH_3$$

DMPS

유기변성 실리콘은 DMPS의 메틸기 일부가 다른 작용기로 치환된 것으로 치환된 작용기에 따라 그 특성이 달라진다. 에폭시 변성 실리콘은 유연성이 우수할 뿐 아니라 평활성이 높고 백도의 저하도 없다. 페닐 변성 실리콘은 열안정성이 매우 좋고 아미노 변성 실리콘의 경우에는 매끈한 감이 우수하나 가공공정 시 건조온도에서 흰색 제품이 황색으로 변한다. 이러한 현상은 아민 함량, 점도 등을 조절하여 어느 정도는 막을 수 있다.

$$CH_3-Si-O-\left[Si-O\right]_x-\left[Si-O\right]_y-Si-CH_3$$

에폭시 변성 실리콘

$$R-Si-O-\left[Si-O\right]_n-\left[Si-O\right]_m-Si-R$$

R = CH_3, OCH_3

페닐 변성 실리콘

$$R-Si-O-\left[Si-O\right]_n-\left[Si-O\right]_m-Si-R$$

$(CH_2)_n-NH-(CH_2)_mNH_2$

R=CH_3, OCH_3

아미노 변성 실리콘

아미노 변성 실리콘은 면의 DP성을 향상시켜 가먼트 가공에 유용하게 쓰인다.

　일반 실리콘 유연제는 유연성을 부여할 뿐 아니라 발수성도 부여하므로 흡습성이 중요한 경우에는 친수성이 있는 실리콘계 유연제가 쓰인다. 단점은 실리콘계 유연제가 계면활성제보다 가격이 비싸다는 것이다.

ⓒ **우레탄계 수지**　우레탄계 수지는 계면활성제나 실리콘계 유연제에 비하여 차분한 착용감의 태가 얻어진다. 우레탄계 수지는 폴리에테르형과 폴리에스터형이 있는데, 폴리에테르형은 유연한 태가 얻어지나 얼룩(water spot)이 생기기 쉽다.

ⓓ **폴리에틸렌(PE)계 수지**　PE 유화액은 유연제로 많이 쓰이며 봉재할 때 효율성을 높이기 위해서도 사용된다. PE 유연제는 고분자의 산화에 의하여 생성되는 카복시기를 함유하고 있으며 섬유 표면에 왁스 코팅이 되어 섬유 간 마찰력을 감소시켜 봉재할 때 재봉틀 바늘이 부러지는 것을 막는다. 유연제별 특성은 표 3-6과 같다.

표 3-6 유연제의 종류 및 특성

| 종 류 | | 유연감 | 매끈감 | 황색화 | 저발포성 | 섬유 친화력 | 친수성 |
|---|---|---|---|---|---|---|---|
| 계면활성제 | 음이온계 | − | + | + | − | − | + |
| | 양이온계 | − | − | (+) | − | (+) | + |
| | 비이온계 | + | − | − | (+) | − | − |
| | 양성계 | + | − | − | − | + | + |
| 분산형 유연제 | 실리콘계 우레탄계 폴리에틸렌계 | − | + | (−) | + | (+) | − |

## (2) 셀룰로스 직물의 효소가공

면직물은 의류 소재로 많은 장점이 있으나 뻣뻣한 성질이 있어 이에 대한 개선책이 많이 연구되고 있다. 특히 연령에 구별 없이 넓은 연령층에서 사용하는 데님 의류에 유연성을 부여하여 착용감을 향상시키고자 하는 연구가 많이 이루어지고 있다. 그동안 부석(浮石, pumice stone)을 사용하여 유연성과 오래 입은 듯한 느낌을 부여하는 스톤워싱이 유럽과 북미에서 주로 사용되었으나, 최근에는 부석 대신 효소를 사용하거나 혹은 둘을 함께 사용하여 같은 효과를 얻고 있다. 이처럼 효소를 사용한 가공을 바이오폴리싱(biopolishing)이라고 한다. 스톤워싱은 부석이 인디고 염색된 데님의 표면과 마찰하면서 주로 섬유 표면에 흡착되어 있는 인디고 염료를 제거한다. 반면 셀룰라제는 염료가 흡착된 섬유 표면에서 셀룰로스를 부분 가수분해하여 수용성인 다당류로 분해하면서 염료도 함께 제거하는 효과를 나타낸다. 바이오폴리싱은 스톤워싱이 보여주는 소재의 손상을 최소화한 상태에서 유연 효과와 오래 입은 듯한 느낌을 동시에 부여한다. 셀룰라제는 이전에는 주로 셀룰로스의 폐기물 처리나 면직물의 발호에 사용되었다. 셀룰라제는 섬유의 표면을 우선적으로 공격하기 때문에 섬유 내부의 손상이 크지 않은 특징을 보인다. 효소가 의복 표면 섬유를 분해하면 감량이 발생하면서 유연한 촉감과 함께 염색된 섬유 표면이 제거되면서 탈색 효과가 나타나는데 이것을 직물 가공에 활용하고 있다. 특히 재생섬유인 리오셀 직물에 셀룰라제를 처리하면 섬유 표면의 피브릴을 제거하면서 부드러운 촉감을 부여하는 피치 스킨의 효과를 얻고 있다. 셀룰라제를 세제에 첨가하면 셀룰로스 직물 표면에 섬유 잔털을 분해하여 깔끔한 세탁 효과를 얻는다. 효소가공은 가공제에 의한 환경오염 문제가 매우 적어 환경친화적인 가공으로 여겨지고 있다.

① **효소의 종류**  유연성 향상을 위하여 사용되는 셀룰라제는 땅속에 사는 진균류, 박테리아류, 또는 몇몇 무척추 동물이 생성하는 다성분 효소 시스템이다. 몇몇 반추동물은 그들의 소화기에 셀룰라제를 분비하는 박테리아를 가지고 있어서 볏짚과 같은 셀룰로스를 소화할 수 있다. 셀룰로스가 효소에 의하여 가수분해되는 것을 보면 적어도 세 종류의 효소 시스템이 있는 것을 알 수 있는데, 실제로 효소가공에 사용되는 효소는 한 종류로 이루어진 것이 아니라 엔도셀룰라제, 엑소셀룰라제, 그리고 베타글루코시다제 등의 효소가 혼합된 복합성분 시스템이 사용되고 있다.

- **엔도셀룰라제(endo-1,4-β-glucanase)** : 엔도셀룰라제는 비결정 영역의 셀룰로스 분자 사슬을 무작위로 공격하여 셀룰로스 분자 사슬의 말단 부분을 많이 생성시킴으로 엑소셀룰라제의 가수분해를 쉽게 해주는 역할을 한다.

- **엑소셀룰라제(exo-1,4-β-glucanase, cellobiohydrolase)** : 엑소셀룰라제는 셀룰로스 사슬의 말단을 공격하여 셀로비오스로 분해하며, 섬유의 결정구조를 부분적으로 분열시켜 엔도셀룰라제의 공격을 쉽게 해주는 역할을 한다.

- **베타글루코시다제(β-1,4-glucosidase)** : 셀로비아제(cellobiase)라고도 하며, 셀로비오스를 글루코스로 분해시킨다.

- **복합 셀룰라제(whole cellulase)** : 기존 셀룰라제는 자연적으로 생성되는 셀룰라제의 합성체로 복합 셀룰라제라고 불리는데 이것은 그 자체가 가수분해 능력을 갖고 있는데서 연유된 이름이다. 복합 셀룰라제는 위의 세 가지 효소를 모두 함유하고 있으며 이들이 함께 작용하는 경우 서로 상호작용을 하여 효과가 증대되는 상승효과를 일으킨다. 이들이 셀룰로스에 작용할 때 나타나는 상승작용의 메카니즘을 그림 3-25에 나타내었다. 복합 셀룰라제는 중성 상태에서 가장 최대의 효과를 나타내는 중성 셀룰라제와 산성에서 최대효과를 나타내는 산성 셀룰라제가 있다. 산성 셀룰라제로 처리하는 경우 가수분해 성능은 좋으나 강도 저하, 재오염 등이 문제가 된다. 그러므로 마섬유와 같이 감량에 의한 강도 저하가 큰 섬유는 산성 셀룰라제 보다 중성 셀룰라제를

사용하는 것이 좋다.

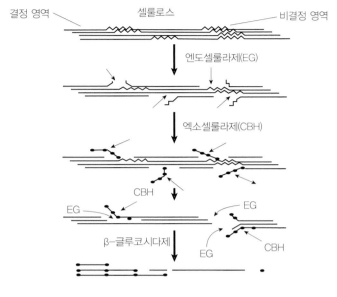

그림 3-25  셀룰로스에 작용하는 효소의 작용

- **엔지니어드 셀룰라제(engineered cellulase)** : 일반적으로 셀룰로스 효소는 적정 pH에 의하여 구분되었으나 최근의 기술 진보로 인하여 보다 획기적인 셀룰라제 제품들이 개발되었다. 기존의 효소는 원하는 가공효과를 얻으려면 특정 pH의 효소를 사용하였다. 예를 들어 강산성 섬유효소제는 데님 직물의 재부착을 촉진하는 것으로 알려져 있고, 중성 셀룰라제는 긴 공정시간과 높은 효소농도를 요하며 색상 대비가 큰 데님 직물을 얻는데 적합한 것으로 알려져 있다. 그러나 복합 셀룰로스는 상승효과가 일어나 그 분해 작용이 강하여 섬유의 손상이 크다. 그러므로 이들 성분을 정제 분리하거나 용도에 맞게 각 셀룰라제의 조성 비율을 달리하여 조제한 것이 엔지니어드 셀룰라제이다. 엔지니어드 셀룰라제는 셀룰로스를 크게 손상시키지 않고 적정 온도나 pH를 조절할 수 있어 원단 강도를 유지하기 쉬운 장점을 지닌다. 또한 저온에서 처리가 가능하며 원단의 강도 감소를 최소화하면서 유연감은 증진시킬 수 있다. 고성능 엔지니어드 셀룰라제는 가공 원단의 고품질화와 고품격화에 크게 기여할 것으로 기대되고 있다.

② **효소 작용에 영향을 미치는 섬유의 구조적 요인**  섬유의 구조적 특성은 효소에 의한 셀룰로스섬유의 가수분해에 영향을 미친다. 그 중 섬유의 결정화도와 표면적은 매우 중요한 요소로 표면적이 증가할수록 효소의 흡착량이 커져 가수분해가 잘 일어나며 결정화도가 작을수록 효소가 공격할 수 있는 부분이 많아지므로 가수분해 효과가 커진다. 효소는 셀룰로스의 표면에 부착하여 비결정 부분으로 침투하게 되며 분자쇄를 가수분해하여 가용성 물질인 글루코스를 생성한다. 그러므로 효소가공에 의하여 셀룰로스의 결정화도는 상대적으로 증가하게 된다. 효소처리 전 수산화나트륨이나 액체 암모니아로 직물을 머서화하면 섬유의 결정부분까지도 팽윤되어 효소의 침투가 가능한 공간이 많아지고 효소처리 효과도 균일하게 일어나 강도저하가 적다.

마섬유의 경우 섬유 내에 존재하는 리그닌 함량에 따라 효소의 흡착 및 가수분해에 영향을 준다. 레이온은 면에 비하여 결정화도와 배향도는 떨어지나 면과는 달리 스킨-코어 구조로 되어 있어서 효소처리 시 치밀한 구조의 섬유스킨이 효소의 침투를 방해하므로 가수분해가 천천히 일어난다. 그 외에 실의 굵기, 직물의 조직, 밀도, 두께 등의 구조적 특성에 따라서 효소가공의 효과가 크게 차이가 나는데 직물의 표면에 돌출섬유가 많을수록, 조직이 성글수록, 두께가 얇을수록 효소반응이 잘 일어난다.

③ **처리조건**  셀룰라제로 면직물을 처리하는 경우 셀룰로스 분자 사슬이 절단되므로 직물의 인장, 인열강도 등이 저하된다. 그러므로 원하는 유연효과를 얻을 수 있으면서 강도 저하가 최소화되는 방법을 모색해야 한다. 감량률을 적절히 조절하면 강도가 저하되는 정도를 조절할 수 있는데 그러기 위해서는 효소의 농도, 처리온도와 시간, 처리용액의 pH, 기계적인 작용 등을 적절히 선택해야 한다.

■ **농도** : 일반적으로 효소의 농도가 증가함에 따라 감량률은 커진다. 그러나 셀룰로스 섬유의 종류에 따라 감량률은 차이를 나타낸다. 같은 농도에서 처리하여도 면과 텐셀의 경우 감량률이 달라 면이 텐셀에 비하여 감량이 잘 일어난다. 효소의 가수분해 작용은 섬유의 구조적 특성에 따라 영향을 받으며 특히 섬유의 표면적과 결정화도 및 배향도가 가장 큰 요인으로 작용하는 것으로 알려져 있다. 텐셀의 경우 결정의 배향도가 매우 높아 효소의 공격을 받기 어렵기 때문에 감량률은 면에 비하여 상대적으로 낮은 것으로 나타난다. 또한 레이온의 경우 면보다 감량률이 낮은 것은 스킨-코어 구조로 인하여 효소에 의한 표면층의 분해가 어렵기 때문으로 여겨지고 있다.

- **온도와 시간** : 효소는 온도에 매우 민감하며 온도에 따른 효소의 작용은 효소마다 차이가 있는데, 보통 40~60°C의 범위에서 최대의 활성을 나타내는 것이 일반적이다. 처리시간이 길어지면 감량률이 증가하므로, 처리시간을 조절하면 용도에 따라서 원하는 감량률을 얻을 수 있다.

- **pH** : 셀룰라제는 산도에 매우 민감하다. 일반적으로 사용되는 셀룰로스 분해효소는 산성효소와 중성효소가 있는데, 산성효소는 pH 4~6에서 활성을 가지며 중성효소는 pH 6~8에서 활성을 갖는다. 산성에서 처리하면 감량효과는 좋으나 강도저하가 크고 재오염이 문제점으로 나타난다. 마섬유와 같이 감량에 의한 강도 저하가 심한 경우 중성 셀룰라제로 처리하면 강도 저하를 막을 수 있으나 처리시간이 길어지는 문제점이 있다.

- **기계적 작용** : 효소가공의 효과는 가해주는 힘을 결정하는 기계적 작용에 따라 매우 다르게 나타난다. 기계적 작용이 클수록 감량이 잘되며 이는 가공직물 간에 일어난 마찰에 영향을 받기 때문이다. 즉 기계적 작용이 큰 경우 적은 양의 효소로도 충분한 효과를 낼 수 있다. 따라서 가공에 사용하는 기계의 구조에 따라서 매우 다른 결과가 나타나며, 가해지는 힘은 지그식 〉 제트식 〉 드럼식의 순서로 커진다.

④ **용도**　효소가공은 여러 분야에서 그 용도가 다양화 되어가고 있으며 특히 데님 직물의 유연성 향상과 탈색, 리오셀 섬유의 피브릴 제거에 의한 촉감 향상에 매우 중요하게 쓰이고 있다.

- **데님 의류의 유연성 증진 및 탈색** : 데님 의류에 유연성과 탈색 효과를 부여하기 위하여 스톤워싱 가공이 사용되었으나 최근 환경친화적이고 가공효과가 우수한 효소가공으로 많이 대체되고 있다. 부석 대신 효소를 사용하면 섬유 손상과 기계의 마모를 줄일 수 있고 가공 후 폐기물 처리의 문제점도 없다. 또한 돌을 넣지 않으면 기계에 가해지는 무게가 줄어들므로 처리하고자 하는 의류를 50% 정도까지 더 넣을 수 있는 장점이 있다. 원하는 외관을 얻기 위해서 부석과 효소를 함께 넣어 가공처리하기도 한다.

- **리오셀 직물의 디피브릴레이션** : 리오셀 직물을 무장력 상태의 비연속식 액류염색기에서 처리하면 섬유가 직경의 40% 정도 팽창되고 길이 변화는 거의 없다. 구조가 느슨해지면서 단섬유의 돌출이 심해지고 돌출된 단섬유로부터 피브릴이 발생한다. 이 표

면에 돌출된 피브릴 발생을 1차 피브릴레이션이라 하는데, 효소를 이용하여 1차 피브릴을 제거한 후 2차 피브릴을 발생시켜 특유의 외관을 만든다. 리오셀 섬유는 구조적인 특성 때문에 효소가 섬유 외벽에 부착한 다음 축 방향으로 연결된 비결정 부분으로 침투하여 가수분해를 일으켜 미세한 피브릴이 길게 결을 따라 갈라지면서 분섬된다. 이러한 단계가 반복 진행되면 섬유의 굵기가 감소되고 강도가 저하되나 섬유의 외부 구조 변화로 인한 빛의 굴절을 만들어 색상의 심도를 유지하는 특수한 표면 효과와 미세 피브릴에 의해 부드러운 촉감을 얻을 수 있다. 리오셀 직물을 가공하는 핵심기술이 효소처리 기술이다.

## (3) PET 직물의 알칼리 감량가공

폴리에스터(PET) 섬유는 초기탄성률이 크고 낮은 신장에서의 회복률이 우수하여 의류 소재로 매우 적합하다. 그러나 구조적으로 친수기가 없어 표준상태(20°C, 65%RH)에서의 수분율이 0.4% 정도로 낮기 때문에 의류 소재로 사용하였을 경우 쾌적성이 떨어지고 정전기가 생기는 등의 단점이 있다. 또한 PET는 용융 온도가 260°C 정도로 높기 때문에 방사 시 높은 온도를 유지해야 한다. 따라서 PET 섬유를 공기중으로 방사하면 급냉(quenching) 효과가 커서 섬유 표면에 있는 고분자가 결정화가 빨리 일어나고, 섬유 표면의 결정화도가 커져서 딱딱한 껍질 구조를 갖는다. 이러한 표면 구조의 강직성으로 인하여 천연섬유에 비하여 태가 많이 떨어지기 때문에 PET 섬유를 알칼리로 감량가공하여 유연한 촉감을 부여한다.

  PET 섬유의 알칼리 감량가공은 1949년 영국에서 시작되었으나 공업화는 1970년대 중반 일본에서 이루어졌다. 에스터 결합은 알칼리에 의해서 쉽게 절단되기 때문에 PET 섬유를 알칼리로 처리하면 가수분해가 일어나 저분자 물질이 생성되고, 이들은 물에 용해된다. 이때 가수분해가 섬유 표면에서 일어나게 하면 표면에 요철이 생기고 섬유의 굵기가 가늘어져 직물이 느슨해진다. 따라서 유연성이 증가하고, 드레이프성이 좋아진다. 일반적으로 PET 장섬유 직물은 대부분 염색가공공정에서 알칼리 감량처리로 촉감을 조정하며, 조젯, 축면(縮緬) 등의 강연직물은 20% 이상의 고율 감량처리를 하고 있다. 감량가공에는 주로 수산화나트륨을 사용한다.

① **반응 메커니즘**　PET에 있는 에스터 결합은 알칼리에 의해서 공격을 받아 카복시레이트 음이온과 알코올로 분해된다. 이러한 반응이 계속되게 되면 결국 PET는 최종적으로 테레프탈산과 에틸렌글리콜로 분해된다. 테레프탈산은 물에 불용이지만 알칼리성 하에서는 테레프탈산 나트륨으로 되어 물에 용해된다. 그림 3-26은 PET 섬유의 알칼리 가수분해 메커니즘을 나타낸 것이다.

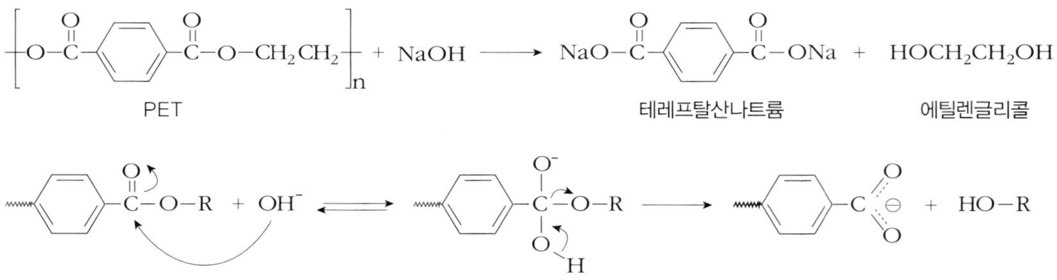

**그림 3-26** PET 섬유의 알칼리 가수분해 메커니즘

② **처리 방법**　PET 섬유를 감량가공하여 굵기를 감소시키기 위해서는 무엇보다 섬유 내부에서는 반응이 일어나지 않고 표면에서 반응이 일어나도록 하는 것이 중요하다. PET 직물의 알칼리 감량가공은 배치식과 연속식 방법이 모두 가능한데, 표면에서 반응이 일어나도록 하는 방법이 서로 다르다.

- **배치식 처리** : 2~3%의 낮은 농도의 NaOH 용액을 사용한다. NaOH 용액의 농도가 낮기 때문에 NaOH 수화물(hydrate)의 크기가 크다(표 3-1 참조). PET 섬유는 소수성이고, 표면 구조가 치밀한데 비하여 NaOH 수화물의 크기가 크기 때문에 NaOH는 PET 섬유 내부로 쉽게 침투하지 못하고 표면에서 반응이 일어난다. 가수분해는 결정 영역과 비결정 영역에 관계없이 표면에서 일어나므로 PET 섬유의 결정화도는 변화가 없다.

- **연속식 처리** : 50% 이상의 고농도 NaOH 용액을 사용하여 가수분해시킨다. NaOH 용액이 고농도이기 때문에 수화물의 크기는 작아지지만 점도가 매우 높기 때문에 섬유 내부로 침투하기에는 시간이 많이 걸린다. 따라서 NaOH가 섬유 내부로 침투하기 전에 짧은 시간동안 처리하여 섬유 표면에서만 반응이 일어나도록 한다.

가수분해에 의해서 생성된 에틸렌글리콜은 수용성이지만, 테레프탈산은 물에 불용이고 pH8 이상의 알칼리 용액에서 테레프탈산 나트륨으로 되어 용해된다. 가수분해 생성물이 테레프탈산으로 존재하는 경우 PET 직물에 흰색 반점으로 부착되어 쉽게 제거되지 않기 때문에 가공후 알칼리성 용액으로 충분히 수세해야 한다.

알칼리 가수분해에 의한 감량률은 NaOH 용액의 농도, 처리온도 및 시간에 따라 달라진다. 또, 섬유의 단면, 경위사의 굵기와 꼬임수, 실의 형태, 직물 밀도와 조직 등에 의해서 감량속도가 변하며, 캐리어, 아민류, 제4급 암모늄염 등을 첨가하면 분해속도가 증가한다. 따라서 연속식이라고 하더라도 PET 제품의 종류와 원하는 효과에 따라서 NaOH 용액의 농도, 처리온도와 시간 등이 달라진다.

③ 가공효과　수산화나트륨에 의하여 가수분해된 폴리에스터 섬유는 섬유 굵기가 가늘어지고 섬유 표면에 요철이 생기면서 촉감이 좋아진다. 또, 친수성기의 증가로 섬유 표면이 친수화되어 수분율이 증가하고, 젖음성이 향상되며, 염색성도 좋아지고, 오염 제거가 용이하게 된다. 그러나 고분자의 특성상 주로 섬유 표면에서 가수분해 반응이 일어나더라도 전체적인 분자량 저하가 일어나기 때문에 인장강도는 감량률이 클수록 저하된다. 알칼리 감량가공을 하면 촉감이 좋아지는데, 적당한 감량률을 유지하면 심각한 강도 저하 없이 촉감을 크게 개선할 수 있다. 또 감량률이 증가하면서 드레이프성도 좋아진다.

## (4) 기계적 처리에 의한 유연가공

유연성 증진을 위한 방법으로 앞에서 언급한 화학적인 방법 이외에 기계적인 처리 방법으로 타포가공(beetling)과 유포가공(breaking)이 있다.

타포가공은 면이나 린넨 직물에 부드러운 질감과 광택을 주기 위한 가공이다. 풀을 먹인 직물에 수분을 가하고 롤러에 감아 회전시키면서 나무망치로 60시간 정도 두드린다. 그 결과 직물의 실이 납작해져서 조직의 틈새가 메워지고 부드러운 촉감과 광택이 부여된다. 유포가공은 치밀하게 제직된 제품, 가호된 직물, 건조시 장력을 받은 직물 등에 마찰과 굴곡작용을 해줌으로써 섬유나 실간의 점착력을 파괴하여 유연성을 부여하는 방법이다.

## 2) 강경성 증진 가공

### (1) 의마가공

면직물이나 면사, 레이온사에 마섬유가 갖는 외관과 촉감을 부여하기 위한 가공으로 마직물이 갖는 **빳빳한** 촉감을 부여하므로 의마가공이라고 한다. 의마포는 주로 여름철에 입는 의류 소재로 사용하거나 손수건, 식탁보 등에 이용된다.

마와 같은 특성을 부여하기 위한 방법으로는 섬유를 팽윤시킨 후 경화시키는 방법과 가공제를 섬유 표면에 응고시키는 방법이 있다. 팽윤에 의한 방법은 면을 황산이나 수산화나트륨으로 처리하는 방법이며, 가공제를 응고시키는 방법에는 젤라틴, 카제인, 에퍼레이틴, 비스코스법, 표면수지법 등이 사용되고 있다. 최근에는 수지가공법이 사용되고 있는데 고축합 요소계 또는 멜라민 수지 등이 많이 이용된다.

### (2) 파치먼트 가공

파치먼트(parchment) 가공은 면직물을 산으로 처리하여 **빳빳한** 촉감을 부여하는 가공이다. 산으로 면직물을 처리하면 면직물 표면의 일부가 젤리 상태로 변하며 얇아지고 영구적으로 크리스피한 감촉을 갖게 되는데 이렇게 처리한 면직물이 오건디(organdy)이다. 이 가공은 숙련된 기술을 요하므로 오건디의 가격은 매우 비싼 편이다. 오건자(organza)는 오건디와 매우 유사한 합성섬유 직물로 최근 오건디를 대신하여 많이 사용되고 있다.

그밖에 견섬유의 세리신을 제거하지 않고 정착시켜주면 촉감이 까실까실하여 여름철 소재로 적합한데, 이것도 강경성을 증진시키는 가공의 하나로 볼 수 있다.

## 3) 표면질감 증진 가공

### (1) 기모가공

방적사로 제직한 직물에서는 섬유의 끝이 직물 표면으로 돌출하는데, 고운 철사로 된 기모기로 직물을 긁어주어 고운 털을 일으키는 것이 기모가공(napping, raising)이다. 기모의 결과 표면의 조직이 덮여 조직을 구분하기가 쉽지 않은 경우가 많다. 기모직물은 부드럽고, 볼륨감이 생기며, 함기율이 커져 보온성이 좋아져 겨울철에 많이 이용된다. 방모직물의 경우 매우 치밀한 표면구조를 얻기 위하여 밀링 전에 양면 기모를 하기도 한다. 모직물의 경우 철사 대신 티즐(teasel burr)이라는 식물을 사용하여 기모를 시키는 경우가 있는데, 티즐 자체가 약하여 기모를 위하여는 티즐을 자주 교환해야 한다. 최근에는 고운 철사로 된 기모기 외에 천연 티즐을 본뜬 나일론으로 만든 모조 티즐을 사용하는 경우도 있다.

기모가공을 하는 경우 가공 시 가해지는 힘에 섬유가 견뎌야 하므로 섬유의 물리적 성질이 매우 중요하다. 섬유가 힘을 받을 때 끊어지지 말고 섬유의 한쪽 끝은 실에 그대로 남아있어야 하며 다른 한쪽 끝만 빠져나와야 한다. 이를 위해서는 섬유가 매우 강해야 하고 또한 섬유의 모양과 표면 상태가 중요한 요소로 작용한다. 기모는 주로 위사에서 이루어지므로 위사의 강도 감소를 예측하여 실을 선택해야 한다. 기모직물의 위사를 선택할 때에는 실을 이루는 스테이플의 길이, 굵기, 꼬임 그리고 실의 굵기를 고려해야 한다. 기모가공을 한 대표적인 소재로는 모직물의 플란넬, 면직물의 융(그림 3-27)을 들 수 있다.

그림 3-27 기모가공 직물과 프란넬 코트(Preen)

## (2) 플록 가공

플록 가공(flocking)은 파일이나 내핑 직물과 같은 외관과 촉감을 얻기 위하여 접착제를 이용하여 짧은 섬유를 직물 표면에 붙여주는 가공이다(그림 3-28). 플로킹 직물의 촉감과 내구력은 플로킹 섬유의 종류에 따라서 달라진다. 일반적으로 가장 많이 사용하

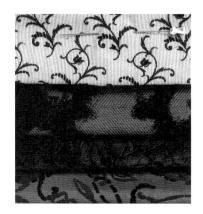

그림 3-28 플록가공 직물과 슈트(Prada)

는 플로킹 섬유는 레이온이며, 좋은 내마찰성이 요구되는 경우에는 나일론을 사용하기도 한다. 플로킹 섬유는 필라멘트 토우로 만드는데 원하는 길이로 잘라 플로킹한다.

플로킹 방법은 기계적인 방법과 정전기적 방법이 있다(그림 3-29). 기계적인 방법은 원하는 길이로 잘라진 플로킹 섬유를 직물 위에서 뿌려주면 직물 아래에 설치된 비터(beater)들이 접착제가 입혀진 직물을 흔들어서 떨어지는 플로킹 섬유들이 수직으로 붙도록 하는 것이다. 정전기적 방법은 직물 위로 떨어지는 플로킹 섬유들이 전기장을 통과하도록 하여 방향성이 생기게 하고 이들이 직물에 수직으로 떨어져 접착되도록 하는 방

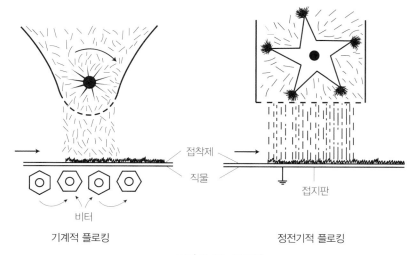

그림 3-29 플로킹

법이다. 이 방법은 플로킹 섬유들이 확실하게 수직으로 접착하도록 하는 방법으로 비용은 기계적 방법으로 만든 것에 비하여 많이 들지만 품질은 더 우수하다.

직물의 내구력은 사용한 플로킹 섬유와 이 섬유를 바탕 직물에 고정시키는 접착제에 의하여 결정된다. 물세탁이나 드라이클리닝 견뢰도가 좋아야 하는데 사용한 접착제에 따라서는 유기용매에 약해서 드라이클리닝 시 플로킹 섬유가 떨어지기도 한다.

## (3) 피치스킨 가공

피치스킨 가공(peach-skin finish)은 폴리에스터, 레이온 등 대상 소재에 관계없이 표면 촉감을 변화시키기 위한 것으로, 섬유 표면에 피혁의 뒷면과 같이 미세한 털을 일으켜 복숭아 표면과 같은 부드럽고 따뜻한 촉감을 부여하는 가공이다. 피치스킨 가공직물은 1980년대 후반부터 기성복 업계에 큰 영향을 미쳤는데, 특히 여성 의복용 소재로 각광을 받아오고 있다.

피치스킨 가공은 샌드페이퍼를 회전 롤러에 감아 원단의 진행 방향과 반대 방향으로 회전시킴으로써 직물 표면에 잔털을 일으켜 표면을 부드럽게 해주는 가공이다. 이 가공의 품질은 롤러에 감긴 페이퍼의 거칠기 정도와 롤러와 원단간의 압력 및 롤러의 회전수에 의해서 결정된다. 피치스킨 가공방법은 건식과 습식이 있는데 초기에는 건식이 많이 사용되었다. 그러나 최근에는 세라믹 롤러를 이용한 수중 피치기가 개발되어 분진 없이 쾌적한 상태에서 가공이 가능해졌는데, 건식 방법에 비하여 품질이 균일한 제품을 얻을 수 있다.

장섬유 직물에서 초극세섬유나 극세섬유를 고수축사와 함께 혼섬사 또는 복합사로 만들어 제직해 표면에 미세 루프를 만들어 피치 스킨감을 나타낸 것도 피치스킨 가공에 포함한다.

## (4) 샌 딩

샌드페이퍼로 씌어진 롤러에 천을 통과시키면 브러싱이나 스웨이드 가공을 한 것과 같은 효과를 얻을 수 있는데 이 가공을 샌딩(sanding)이라고 한다. 샌딩은 트리코트와 같은 직물에 많이 해주는데, 직물 표면의 필라멘트를 끊어주므로 가는 섬유 끝이 돌출하여 매우 부드러운 표면인 트리코트 직물을 얻을 수 있다.

## 4) 복합적인 촉감 및 질감 개선 가공: 신합섬 가공

최초의 합성섬유는 천연섬유를 모방하여 만들어졌으며 개선 목표 또한 천연섬유와 유사한 성질 및 외관을 갖는 것이었다. 천연섬유 중에서도 특히 견이 합성섬유의 모방 대상이 되어왔다. 그러나 점차 자연을 모방하는 기술이 발전하면서 형태적인 모방뿐 아니라 기능적인 모방까지도 가능해졌다. 1980년대 후반 천연섬유에서 찾아보기 어려운 새로운 성능을 갖는 합성섬유인 신합섬(新合纖)이 등장하게 되었다. 신합섬은 전혀 새로운 제품이 아니라 기존 합섬 필라멘트 섬유의 기초 기술인 방사, 사(絲)가공 등의 제사 기술과 제직, 가공 등 후가공 기술을 조합하여 천연섬유에서 볼 수 없었던 새로운 감각을 나타낸 것이다. 신합섬은 일본 합섬섬유업계가 1987년부터 여성용 블라우스에 사용된 폴리에스터 100% 소재에 붙인 명칭이며 일본어로는 '신고센(shingosen)'이라 한다. 현재는 기술의 고도화, 복합화를 통하여 천연섬유를 능가하는 외관, 촉감 등을 갖는 새로운 질감으로 발전되어 블라우스, 드레스, 수트, 자켓 등에 폭넓게 사용되고 있으며, 기성복 산업 발전에 크게 기여하고 있는 소재이다. 신합섬은 추구하는 소재에 따라 실크 감성, 양모 감성, 레이온 감성, 피치스킨 소재로 구분된다.

### (1) 합성섬유의 기능화 발전과정 및 기술적 배경

신합섬은 시기별로 지향했던 감성의 접근법에 따라 세대를 구분하는데, 이를 위하여 추구되었던 기술적 배경은 표 3-7과 같다.

합성섬유가 천연섬유인 견과 같은 특성을 추구한 초기 시기인 1960년~1970년대 초까지는 섬유의 단면형을 삼각단면으로 만들어 견과 같은 광택과 바삭거리는 느낌을 구현하였으며, 감량가공이 시작된 시기이다. 1970년대 초~중반은 세섬도화와 이수축혼섬 기술로 견이 가지고 있는 섬세함, 부드러움, 부피감을 갖도록 하여 견의 외관뿐만 아니라 촉감까지 모방을 시작한 시기이다. 그 이후 1980년대 중반까지는 천연섬유의 불균일성을 추구한 시기로 표면개질, 이수축혼섬, 불규칙한 특수단면 기술을 구현하고 견이 가지고 있는 견명, 자연적인 불균일성, 포근함 등을 합성섬유에 부여하여 스펀실크의 특성을 갖도록 하였다. 1980년대 말에 신합섬이 등장하였는데 이때는 다단계 열수축, 초극세화, 혼합방사, 이수축이섬도 혼섬, 복합가공 등의 기술을 통하여 초벌키감, 초소프트감, 초드레이프감, 드라이터치감 등을 갖는 소재가 개발되었다. 1990년대 중반에 이르러 새로운

표 3-7 합성섬유 가공의 발전 과정

| 시 기 | 추구 목표 | 효 과 | 기 술 |
|---|---|---|---|
| 1960년대~<br>1970년대 초반 | 견과 같은 외관 | • 광택<br>• 바삭거리는 느낌<br>• 드레이프성<br>• 부품감 | • 삼각 단면<br>• 알칼리 감량가공<br>• 크림프 |
| 1970년대<br>초반~중반 | 견과 같은 외관과 촉감 | • 섬세함<br>• 부드러움<br>• 부피감 | • 세섬도화<br>• 이수축 혼섬<br>• 특수 가연 |
| 1970년대 중반~<br>1980년대 중반 | 천연섬유의 불균일성 | • 견명<br>• 자연적 불균일성<br>• 스펀 실크감<br>• 포근함 | • 표면 개질<br>• 난류 공기<br>• 이수축 혼섬<br>• 특수 단면, 불규칙 단면 |
| 1980년대 후반~<br>1990년대 중반 | 새로운 감성의 합성섬유<br>(신합섬) | • 초벌키감<br>• 초소프트감<br>• 초드레이프감<br>• 드라이터치감<br>• 청량감 | • 다단계 열수축<br>• 초극세화<br>• 무기물질 혼합방사<br>• 이수축·이섬도 혼섬<br>• 복합가공 |
| 1990년대 후반~<br>현재 | 천연섬유를 능가하는 감성 및<br>고기능성(새신합섬) | • 흡습성<br>• 쾌적성<br>• 캐주얼화 | • 고분자 개질<br>• 단면형 변화<br>• 표면 개질<br>• 구조 개질<br>• 복합재료화 |

신합섬이 등장하였는데, 패션 트렌드의 변화와 소비자들의 요구에 부응하여 흡습성 향상에 의해 쾌적감이 좋아진 기능적인 소재나 관리가 용이한 소재, 이전에 없었던 새로운 촉감을 갖는 복합재료(composite) 섬유 등이 개발되어 이용되고 있다.

## (2) 신합섬 제품 분류

합섬이 추구해온 천연섬유 중 대표적인 것으로 견, 양모, 레이온 등을 들 수 있다. 신합섬은 감성별로 이들 세 가지 섬유의 감성 이외에 천연섬유에서 볼 수 없는 독특한 피치스킨 질감을 추구하여 모두 네 종류의 소재군으로 구분된다. 네 종류 신합섬의 생산은 실크 감성 소재가 전체 신합섬의 50%로 가장 많고, 양모 감성 소재가 30%, 레이온 감성 소재 20%, 피치스킨 감성 소재가 10%를 차지하고 있다. 이들 소재군이 추구하는 감성은 초벌키감, 초소프트감, 초드레이프감, 드라이터치감, 불균일감을 들 수 있으며, 이러한 감성을 발현하기 위하여 사용하는 기술은 그림 3-30과 같다.

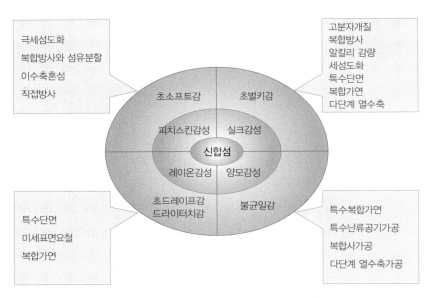

**그림 3-30** 신합섬의 감성 분류 및 사용 기술

ⓘ **실크 감성 소재**　1950년대 용·융방사법으로 만들어진 합성섬유는 단면이 원형으로 그 촉감이 종이를 만질 때 느껴지는 감촉과 비슷했다. 1960년대에 합성섬유의 단면을 견과 같은 삼각 단면으로 만들어 천연 실크에서 느낄 수 있는 볼륨감, 광택, 그리고 바삭거리는 느낌을 부여하였다. 이후 실크에서 세리신을 제거하면 부드러운 촉감을 얻을 수 있다는 사실에 착안하여 폴리에스터 섬유를 알칼리로 감량한 결과 실크와 유사한 부드러움과 드레이프성을 얻을 수 있었다. 이는 감량으로 인하여 섬유의 굵기가 가늘어져 직물이 유연해지기 때문이다.

이러한 기술을 통하여 실크와 같은 질감이 부여된 폴리에스터 소재를 실크 감성(silk-like, new silky) 소재라고 한다. 실크의 외관뿐 아니라 촉감을 얻기 위한 노력을 기울인 결과 1970년대 중반에 섬유의 초극세화 및 이수축혼섬 가공기술이 개발되었고, 1980년대 중반까지 천연실크와 같은 불균일성을 부여하여 천연실크가 지닌 외관 및 촉감을 갖는 소재가 등장하였다(그림 3-31). 그 후 고분자 개질, 초극세화, 복합방사, 복합가연, 다단열수축 등의 신기술과 기존 기술들의 복합화를 통한 고난도 기술을 구사하여 천연 실크 이상의 초벌키감, 초소프트감, 초드레이프감 등을 갖는 뉴실키 감성의 신합섬이 개발되었다.

② **양모 감성 소재**  양모 감성(wool-like, new worsted-like) 소재는 양모와 같은 천연소재가 갖는 외관과 촉감을 갖고, 드레이프성이 우수하며 부피감과 부드러운 감성을 특징으로 하는 가벼운 소모사 직물과 같은 소재군이다. 1960년대에는 양모와 같은 권축을 부여하기 위하여 가연가공법을 개발하였다. 이것은 필라멘트를 가연한 상태로 열고정시킨 후 나중에 꼬임을 풀어 권축을 부여하는 방법이다. 또한 난류공기에 의하여 필라멘트를 루프 구조로 만들어 부품감을 갖도록 하는 난

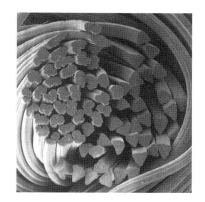

그림 3-31  실크 감성 소재 단면

류공기 가공법도 사용하였다. 1970년 중반에는 양모와 더욱 비슷한 특성을 갖도록 하는 복합가연법을 개발하였는데, 이것은 쉬스-코어(sheath-core)의 복합다층 구조를 만들어 코어에 반발탄력성을 부여하고 쉬스부에 양모의 태와 외관을 갖도록 하는 가공기술이다. 1980년대 후반의 제4세대 이후에는 특수 복합 가연 가공기술과 특수 난류공기 가공기술에 의하여 공기층이 두텁고 모우(毛羽)가 발달된 복합 다층구조를 갖는 초벌키성 제품이 생산되었으며, 복합 사가공 기술, 열수축 가공기술 등에 의하여 직물 표면에 미세한 스케일 구조를 형성하기도 하는 뉴소모 감성 소재도 등장하였다(그림 3-32). 이러한 뉴소모풍의 소재가 도입되면서 기존의 양모감성 소재에서 추구하던 패미닌 지향의 감성에서 캐주얼 지향의 감성으로 그 방향이 변화하고 있다.

그림 3-32  양모 감성 소재 단면

③ **레이온 감성 소재**  레이온 감성(rayon-like, dry-touch) 소재는 드레이프성이 우수한 질감을 갖는 초드레이프 감성 제품군으로 폴리에스터 방사 원액에 무기물인 $TiO_2$를 분산시킨 후 방사하여 얻는다. 방사 후 알칼리 감량가공에 의하여 이들을 다시 용출시키면 섬유 표면에 무수한 미세 요철이 형성되어 섬유간 마찰이 낮아지고 $TiO_2$에 의해서 섬유의 비중이 높아져 무게가 증가하면서 초드레이프 감성이 발현된다. 또한 표면 요철에

그림 3-33 레이온 감성 소재

의한 난반사 효과가 일어나 심색성이 높아지며 은은한 광택의 고품위 제품을 얻을 수 있고 드라이 터치감이 뛰어나 생리적인 쾌적감이 좋은 특징이 있다(그림 3-33). 이러한 소재는 높은 드레이프성이 요구되는 실루엣을 잘 표현할 수 있어 여성 의류용 소재로 매우 적합하다.

④ 피치스킨 감성 소재    피치스킨 감성 소재는 초극세사를 이용하여 제작한 후 생지 표면에 기모를 형성시킨 것으로, 표면에 있는 가는 섬유의 느낌이 마치 복숭아 표면의 잔털과 같이 매우 부드러운 촉감과 우아한 외관을 갖는 소재이다. 저수축사에 자기신장사를 사용하여 고수축사와 혼섬시킨 고이수축사로 만든 직물은 기모가공을 하지 않지만 루프가 불규칙하게 생성되어 박기모 가공을 한 소재와 유사한 터치와 질감을 나타내므로 피치스킨 소재로 분류하고 있다. 또한 초극세사를 사용하지 않았더라도 박기모 가공을 하여 나름대로의 피치스킨 터치가 느껴지는 소재도 피치스킨 소재로 분류한다. 즉, 견이나 면의 방적사로 제직된 직물에 박기모 가공을 한 것도 피치스킨 소재로 분류한다.

초극세사(0.3d 이하)를 사용한 섬세하고 부드러운 피치스킨 제품은 최근 이수축 박기모 기술이 등장하면서 고분자의 개질, 이수축혼섬 등과 달리 직물 표면에 미세 섬유를 형성시켜 마이크로파우더 터치감을 부여한다(그림 3-34). 이처럼 기술이 점차 복합화,

(a)

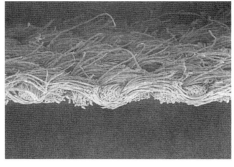

(b)

그림 3-34  피치스킨 소재(a)와 마이크로파우더 터치 소재(b)

다양화되면서 초소프트감과 우아한 외관을 갖는 제품이 등장하고 있다. 또한 초극세사가 고수축성을 갖는 경우 고밀도로 제작하여 기모가공을 하면 투습·방수 기능을 갖는 제품을 만들 수 있다. 이러한 피치스킨 소재는 1990년대 기성복 산업 활성화에 크게 기여하였으며, 여성 캐주얼웨어, 코트, 스포츠웨어 등에 다양하게 사용되고 있다.

ⓔ **기타 소재**　신합섬의 주류는 위의 네 가지이나 그 외에 다음과 같은 소재도 개발이 되고 있다.

■ **피혁질감 소재** : 피혁질감(leather-like) 소재는 0.1d 이하의 초극세 합성섬유를 이용하여 천연피혁과 유사하게 만든 인공피혁소재이다. 1970년 일본 도레이사에서 해도형 초극세사를 엉기게 하여 만든 인공피혁 및 스웨이드를 발표한 이후 계속 발전하여, 최근의 피혁질감 소재는 천연피혁의 외관과 촉감을 그대로 재현하고 있으며 천연피혁에 비하여 관리는 훨씬 수월하다. 천연피혁은 단백질 섬유상인 콜라겐이 다발로 모여서 부직포 상태로 얽혀있는 것으로, 외관이나 태가 독특하고 보온성과 내구성이 우수하므로 의류용으로의 수요가 점차 증가하고 있다. 그러나 관리가 매우 어려운 단점이 있기 때문에 인조피혁이 천연피혁을 많이 대체하는 추세이다. 피혁은 가죽의 어느 면을 표면으로 사용하느냐에 따라서 가죽과 스웨이드로 구분한다. 가죽은 동물의 표피인 매끄러운 은면을 표면으로 하여 이용하는 것이고, 스웨이드는 표피 내부인 콜라겐 섬유층을 표면으로 이용하는 피혁이다. 그러므로 인조피혁도 인조가죽과 인조 스웨이드 두 종류가 있다.

• **인조가죽** : 초기에는 직물이나 편물에 수지를 코팅하여 투습성이 없었으나, 1964년 미국 듀폰사에서 투습성이 있는 인조가죽을 출시한 이후 의류용 고급 소재가 개발되기 시작하였다. 0.1d 초극세 섬유가 만들어진 후 천연가죽의 감성을 갖는 고급 인조가죽이 등장하였다. 스웨이드용보다 가는 초극세 섬유를 사용하여 표면의 평활성이나 내굴곡성이 좋은 부직포를 만든 후 그 위에 폴리우레

**그림 3-35** 인조가죽 구조

탄 얇은 막을 코팅하여 유연한 소재를 만들어 의류용 인조가죽으로 사용된다(그림 3-35). 최근에는 초극세 섬유를 사용한 인조가죽 질감 소재도 만들고 있다.

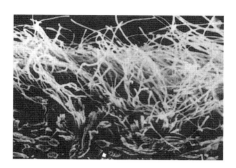

그림 3-36 인조 스웨이드 구조

• 인조 스웨이드 : 인조 스웨이드는 초기에 면직물을 기모한 면 스웨이드가 있었으나 천연 스웨이드와는 차이가 있었다. 1970년에 일본에서 초극세 섬유를 이용한 인조 스웨이드의 개념을 발표한 이후 1980년대에 각종 인조 스웨이드가 개발되어 의류 소재로 사용되고 있다. 초극세사를 이용한 인조 스웨이드는 초극세사 섬유속을 엉키게 하여 만들어서 유연성이 뛰어나고 투습·방수가 되는 기능성 소재로 발전하였다(그림 3-36). 또한 인조 스웨이드는 물세탁이 가능하며 다양한 색으로 염색이 가능하고 천연 스웨이드에 비하여 가격이 저렴하므로 많은 사람들에 의하여 사랑 받고 있는 패션 소재이다.

■ 리넨 감성 및 면 감성 소재 : 리넨 감성(linen-like) 및 면 감성(cotton-like) 소재는 여름철에 사용하기에 적합한 청량감이 우수한 소재이다. 청량감은 흡습성과 밀접한 관계가 있으나 폴리에스터 섬유는 흡습성이 매우 낮아 이러한 성질을 부여하는 것은 매우 어려운 과제이다. 리넨 감성 소재에서는 가연공정 시 S 꼬임과 Z 꼬임을 교대로 준 후 열융착시키는 열융착 가공사를 만들어 차가운 느낌의 리넨 감성을 부여하거나, S·Z 교호연의 슬럽사로 불균일한 리넨 감성의 실을 만들어서 청량감을 부여한다(그림 3-37).

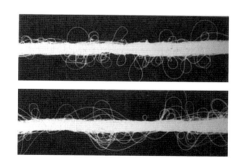

그림 3-37 리넨 감성 소재에 사용된 실 형태

면 감성 소재에도 흡습, 흡한 성질이 부여되어야 하는데 이를 위하여 섬유에 미세기공을 형성시키는 기술이 개발되어 흡한 기능을 부여하고 있으나 앞으로 풀어야 할 과제들이 많다.

ⓖ **새 신합섬**    기존의 신합섬은 여성스러운 감성을 주요 특징으로 만들어졌으나, 패션 트렌드의 변화와 소비자의 욕구에 의하여 차세대 신합섬인 새 신합섬은 쾌적감을 강조한 캐주얼 신합섬으로 패러다임이 변하고 있다. 이를 위하여 두 가지의 중요한 목표를 가지고 개발이 진행되고 있다. 첫째는 흡습성이 좋고 관리가 쉬운 섬유의 개발이고, 두 번째는 새로운 촉감을 갖는 복합재료 섬유의 개발이다. 이를 위하여 고분자 개질, 단면형 변화, 표면 개질, 구조 개질 등이 진행되고 있다. 그림 3-38은 합섬의 소재 트렌드, 마켓 트렌드, 개발 트렌드 변화를 나타낸 것이다.

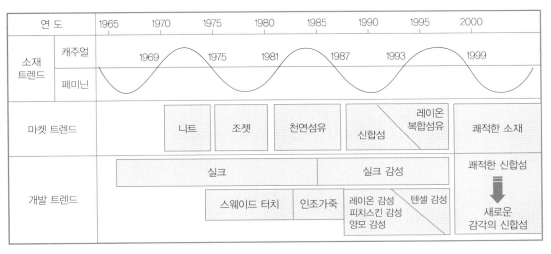

**그림 3-38** 섬유개발의 방향 및 트렌드 변화

쾌적감을 향상시키기 위한 복합재료 소재의 개발은 1992년 말에 시작되었다. 복합재료 소재는 양모나 레이온을 폴리에스터와 혼합 방적하거나 다른 종류의 섬유로 만든 복합재료 소재를 포함한다. 복합재료 소재는 한 종류의 소재로는 실현하기가 불가능한 촉감, 외관, 기능성을 달성하는 것을 목표로 개발되고 있다. 그러므로 종래의 여성스러움이 강조된 신합섬과는 구분하여 캐주얼성이 강조된 쾌적한 신합섬(comfortable shingosen)이라고 한다.

쾌적한 신합섬은 좀 더 천연에 가까운 느낌과 외관을 얻기 위하여 복합재료 방적, 복합재료 염색 등의 기술력을 필요로 한다. 스펀 복합재료나 레이온 복합재료는 거친 자연 특성을 나타내는 중요한 소재이다. 의류용은 가볍고, 탄력이 있으며, 탈착이 쉬우며, 형

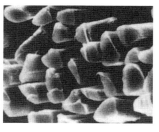
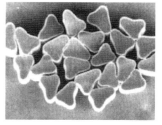
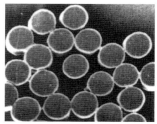

| 견(삼각 단면) | 폴리에스터(삼각 단면) | 폴리에스터(원형 단면) |

**그림 3-39** 견 및 폴리에스터 섬유의 단면

태안정성이 있고, 가봉성이 있어야 한다. 이러한 신합섬을 의류소재로 사용하기 위해서는 흡습성이 가장 중요하며 이와 관련한 화학적인 성질과 다층구조가 요구된다. 그리고 이러한 쾌적감을 위해 레이온, 면, 양모와 같은 섬유와 복합재료화해야 한다.

### (3) 신합섬 개발에 사용되는 기술

기존의 합성섬유가 가지고 있지 않은 새로운 특징을 부여하기 위해 개발된 기술들은 여러 가지가 있는데 이들은 새로 개발된 감성을 부여하는데 중요한 역할을 하고 있다.

① **단면 형상 개질 기술**   섬유의 단면형이 달라지면 섬유의 특성이 달라지므로 단면형을 개조하여 원하는 질감을 얻을 수 있다. 신합섬의 1세대인 1960년대에 실크의 특성을 모

**표 3-8** 특수 이형 단면

| 단면 형상 | 측 면 | 특 성 |
|---|---|---|
|  |  | 드라이터치<br>천연 감성 |
|  |  | 드라이터치<br>천연 감성 |
|  |  | 드라이터치<br>심색성 |
|  |  | 부품감<br>견명 |
|  |  | 드라이터치<br>레이온 감성 |
|  |  | 드라이터치<br>레이온 감성 |

㉖ **섬유 표면 개질기술** 천연섬유의 표면에 있는 마이크로크레이터(microcrator)를 모방하기 위한 것으로, 합성섬유의 원료 중합단계에서 무기물이나 유기물을 첨가하여 균일하게 분산시켜 방사한 후 알칼리로 처리하면 섬유 표면에서 이들이 탈락하면서 무수한 미세공을 형성하게 된다. 첨가제의 종류 및 양을 달리하면 미세공의 모양, 크기 등을 조절할 수 있다(그림 3-47).

 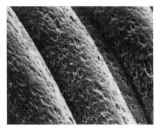

미세 공극            미세 홈

**그림 3-47** 마이크로크레이터가 형성된 섬유 표면

# CHAPTER

# 04

# 착용성 및 안전성 향상을 위한 기능화

1. 방수성
2. 친수성·방오성 및 대전방지성
3. 방염성
4. 인체 보호성
5. 방향성 및 소취성
6. 기타 기능성

# CHAPTER **04**

# 착용성 및 안전성
# 향상을 위한 **기능화**

최근 들어 섬유제품은 시감, 촉감과 같은 감성적 혹은 심미적인 기능성에 머물지 않고 오염이나 정전기를 극복하고 보온기능을 포함하는 등의 착용성과 미생물, 자외선, 전자파로부터 인체를 보호하는 안전성을 동시에 갖추는 경우가 늘고 있다. 이는 사회가 급속히 고도화하고 정보화 구조로 바뀌면서 스포츠 레저 분야에 대한 수요 증가가 발생한 것과 무관하지 않다. 인류의 활동영역이 극한 또는 유해환경에 쉽게 노출되면서 섬유제품의 착용성과 안전성이 증대된 때문이다. 특히 안전성은 의류용뿐 아니라 산업용 소재에서도 그 중요성이 강조되고 있다.

## 1. 방수성

섬유제품이 물에 적셔지거나 침투, 흡수를 방지하는 방수가공은 오래 전부터 행해져 왔으며 의류용, 산업용 등에 두루 쓰이고 있다. 방수가공은 크게 완전 방수를 목표하는 불통기성 방수가공, 직물이 물에 젖지 않고 튕기는 성질을 부여하는 통기성 방수가공인 발수가공, 그리고 직물에 투습성과 방수성을 동시에 주는 투습방수가공 등으로 구분하고 있다. 초기의 방수소재는 외부로부터의 물의 침입을 방지하는 성능은 가지고 있었으나 체내에서 발생하는 땀의 수증기를 외부로 발산시키는 성능을 줄 수 없었다. 그로 인하여 착용 중에 발생하는 땀이 섬유를 젖게 하는 불쾌감을 해소하고 땀에 의한 수증기를 외부로 방출시키면서 외부의 물이 내부로 들어오지 못하게 하는 투습성과 방수성을 겸비한 소재의 개발이 절실히 필요하게 된 것이다. 이러한 요구에 부응하는 투습방수가공 제품이 1980년을 전후하여 출현하였는데 스키, 등산, 수영 등 스포츠용 의류 분야에 이어 외의, 코트, 신발류 및 산업용 자재에 이르기까지 그 용도가 확대되었다.

## 1) 방수가공

방수는 물의 투과를 막는 것을 의미하는 것으로, 방수가공은 방수제를 도포하여 천에 방수성을 부여하는 가공을 말한다. 유질, 고무 등을 써서 불통기성(不通氣性)으로 한 방수가공(waterproof finish)과 우산, 비옷 등과 같이 왁스나 그 밖의 물질을 써서 통기성을 크게 해치지 않고 발수성(撥水性)을 부여하는 발수가공(water repellent finish)이 있다.

### (1) 방수가공의 종류

① **불통기성 방수가공**   직물에 있는 섬유 상호간 또는 실 상호간의 빈 틈새를 천연고무, 염화비닐, 합성고무, 합성수지 등의 가공제로 메우거나 직물 전체를 코팅하여 물의 투과를 완전히 차단하는 방법이다. 내수압성이 우수하지만 공기나 습기도 통하지 않기 때문에 의류용으로는 부적당하여 주로 커버 시트, 천막, 범포, 우산지 등 산업용자재로 사용된다.

직물의 방수성 시험은 그림 4-1에 나타낸 바와 같이 일정 거리에서 일정 시간 동안 물을 분사하여 직물이 물을 흡수하는 양을 측정한다(AATCC 35).

② **통기성 발수가공**   직물을 구성하는 섬유를 소수성 물질인 발수제로 화학반응을 시키거나 피복 처리하여 물의 젖음에 대한 저항성을 주어 발수성을 발휘하도록 한 것이다. 직물의 조직 틈새나 실의 간격은 공간으로 남아 공기, 수증기 등의 기체는 통과되나 물

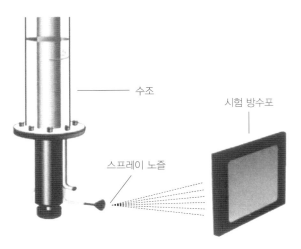

그림 4-1 방수직물의 방수성 시험방법

은 튕겨진다. 일정량의 비나 외부의 물기는 직물의 외부에서 방울로 떨어지도록 하지만 다량의 비나 폭풍이 동반된 압력이 강한 물에 대해서는 직물이 물기에 젖으며, 일부는 내부로 침투되기도 한다.

천연섬유, 레이온, 리오셀 등의 섬유는 흡수성이 매우 좋기 때문에 이들을 발수소재로 활용하기 위해서는 소수성 물질의 코팅 등으로 발수 처리하여야 한다. 열가소성 섬유들은 기본적으로 소수성이어서 발수성을 가질 수 있으나 물의 통과를 피할 수 있을 만큼 촘촘한 구조의 고밀도 직물로 만들어야 가능하다. 이러한 통기성 발수가공 소재는 우의, 방한복, 스키복에 이용되고 있다.

## (2) 발수 이론

① 젖음    젖음(습윤, wetting)은 고체 표면(고체와 기체의 계면)에 액체를 접촉시켰을 때 고체/기체 계면이 고체/액체의 계면으로 바뀌는 계면활성 현상이다. 예를 들어 표면에너지가 큰 유리면 위나 처리하지 않은 직물 표면에 물방울을 떨어뜨리면 젖어서 퍼지지만, 표면에너지가 낮은 불소계 수지로 처리된 천의 표면에서는 그림 4-2의 (a)에서와 같이 물방울이 반구형으로 되어 존재한다.

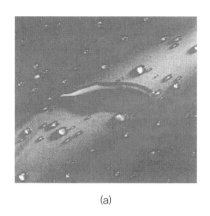

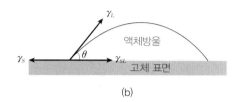

(a)                                                    (b)

**그림 4-2** (a) 발수 처리된 천의 표면 위의 물방울 상태와 (b) 평형접촉각

② **접촉각**(contact angle)          액체를 고체 표면 위에 떨어뜨리면 고체 표면에 액체 방울이 형성된다. 이때 액체면과 고체면이 이루는 각을 접촉각이라 한다. 접촉각은 젖음 현상을 수치화한 것이다. 평평하고 매끄러운 고체 표면 위의 액체 방울은 그림 4-2(b)에 나타낸 것과 같이 고체, 액체, 기체의 경계에서 힘의 균형을 유지하고 있다. 이때 기체-액체 계면과 고체-액체 계면의 접촉각 $\theta$는 고체의 표면자유에너지 $\gamma_{Sv}$, 액체의 표면장력 $\gamma_L$, 고체-액체 간의 계면장력 $\gamma_{SL}$ 사이의 힘의 균형으로부터 다음과 같은 관계식이 성립된다.

$$\gamma_S = \gamma_{SL} + \gamma_L \cos\theta$$

이 식은 영(Young)에 의해서 증명 없이 제안되었다. $\gamma_L$이 일정한 경우 즉, 동일 액체가 서로 다른 고체면을 적실 때에는 접촉각의 크기로 젖음성을 직접 비교할 수가 있다. $\theta$가 작을수록 젖음성이 좋으며, $\theta < 90°$인 경우에는 부분적 젖음, $\theta > 90°$인 경우에는 발수성이 있다고 한다. 그림 4-3은 대표적인 접촉각 측정장비이다.

금속, 무기물 등의 천연물의 표면은 500~5000erg/cm² 의 표면 자유에너지를 갖는 높은 에너지 표면, 폴리에틸렌 또는 테프론과 같은 소수성 고분자는 상온에서 100erg/cm² 이하의 낮은 표면 자유에너지를 나타내는 낮은 에너지 표면이다. 이를 물에 대한 접촉각으로 설명하면 작은 접촉각은 높은 젖음성(친수성, hydrophilicity)과 높은 표면에너지를 의미하고, 큰 접촉각은 낮은 젖음성(소수성, hydrophobicity)과 낮은 표면에너지를 의미한다.

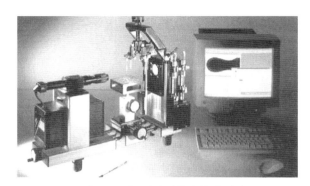

그림 4-3  대표적인 접촉각 측정 장비

③ **표면 요철과 젖음성**   접촉각 개념은 유용하게 사용되지만 이상적인 평활 표면에서 정의되는 개념으로서 실제 표면에서 측정되는 접촉각과는 차이가 있다. 실제 대부분 고체의 표면은 미시적으로 보면 요철이 있다. 특히 섬유제품의 표면은 실이나 천의 조직에 기인하는 크고 작은 무수한 요철이 존재하기 때문에 소재의 화학적 종류만으로 젖음성이 결정되지 않는다. 이 경우 표면 요철인자(roughness factor) $r$을 사용한다. $r$은 아래 식같이 요철에 의한 실제 표면적 증가비로 나타내는데, 이는 다시 실제 접촉각($\theta$)과 이상적 접촉각($\theta_r$)의 코사인 값의 비로 나타낸다.

$$r = A_r/A_o = \cos\theta_r /\cos\theta$$

이때 $A_r$은 요철면의 실제 표면적이고, $A_o$는 평평한 면의 표면적이다.

이 인자는 1보다 크기 때문에 발수성 표면 즉, $\theta > 90°$ 인 경우에는 표면에 요철이 있으면 액체의 접촉각 $\theta_r$이 $\theta$보다 커져 고체 표면의 요철로 인하여 발수 표면은 더 발수성을 나타낸다. 반면에 $\theta < 90°$ 인 친수성 표면인 경우에는 반대로 $\theta_r$이 보다 작아지게 되어 표면에 요철이 있으면 보다 더 친수성을 보인다. 발수성 왁스 물질로 덮여 있는 초발수성 연꽃잎이나 토란잎의 표면에는 무수히 많은 잔털에 의한 미세 요철에 의해 발수성이 더욱 커지는 현상이 전자의 예이고, 나무의 표면을 줄로 문질러 거칠게 하면 물에 더 잘 젖게 되는 것이 후자의 예이다.

## (3) 발수가공 방법

발수가공 방법은 물리적 또는 화학적 표면처리 방법이 주로 이용되고 있는데, 세탁 내구성에 따라 일시 발수와 영구 발수가공으로 나눌 수 있다. 일시 발수는 섬유 표면에 광물성 기름 또는 파라핀, 물에 용해되지 않는 금속성 비누를 형성하는 알루미늄 화합물 등과 같은 소수성 합성물을 부착시켜 주는 것으로, 값이 저렴하고 가공이 용이하나 세탁이나 드라이클리닝 후에는 효과가 없어진다. 주자 직물에 일시 발수가공 처리를 한 것은 샤워 커튼이나 비옷과 같은 용도로 사용된다.

반면에 영구 발수는 발수제와 섬유를 화학결합시켜 세탁 및 드라이클리닝에 견딜 수 있게 만든 것이다. 영구 발수제에는 피리딘계(듀폰의 Zelan, ICI의 Velan), 실리콘 수지계 (MHPS, methylhydrogen polysiloxane), 불소 화합물(3M사의 Scotchgard) 등이 있는데, 실리콘 수지계와 불소화합물이 주로 사용된다. 실리콘 발수가공은 실리콘 수지에 침지시키거나 수지를 도포시키고 건조한 후 큐어링한 것으로, 섬유표면에 극히 얇은 피막을 형성한다. 구김방지 가공과 병용하면 효과적이며, 나일론이나 폴리에스터 등의 합성 섬유뿐만 아니라 아세테이트 등에 적용 가능하다. 주로 레인코트나 방한 의류 등에 사용된다. 불소계 처리를 한 섬유표면은 발수성과 발유성을 동시에 보여주며 의류용에 널리 사용되고 있다.

## (4) 발수성 평가

직물의 발수도 평가는 KS나 JIS, AATCC 등의 표준방법에 따라 스프레이법으로 시험하며, 접촉각 측정에 의해 상대평가를 할 수 있다. 스프레이법은 20×20 cm의 정사각형 시험편의 처리된 표면을 위로하여 45° 각도가 되도록 한 다음, 27±1.0°C의 증류수 250ml를 깔때기에 부어서 25~30초 사이에 시험편에 뿌려지도록 한다. 여분의 물방울을 떨어뜨린 다음 시험편의 젖은 상태를 발수도 판정 표준표와 비교하여 판정한다(부록참조).

## 2) 투습방수가공

투습성은 피부에서 발산되는 땀의 수증기를 외부로 배출할 수 있는 직물의 능력을 말한다. 우리 몸의 피부도 호흡을 하고 있기 때문에 입고 있는 직물도 같이 숨을 쉬어(breathable) 땀을 외부로 용이하게 배출하면 피부의 건조함이 유지되어 착용의 쾌적함을 얻을 수 있다. 투습성은 최근 크게 성장하고 있는 야외용 스포츠 레저 의류에 필수적인 성질로 취급받고 있다. 이처럼 땀 증기는 배출하는 반면 외부의 물은 들어오지 못하게 하는 기능성 부여를 투습방수가공(waterproof and breathable finish)이라고 한다.

선진국에서는 1970년대 중반부터 스포츠 붐이 일기 시작하여 투습방수성에 대한 시장의 요구가 커지게 되었는데, 이 시기에 등장한 것이 다공질막 코팅법에 의한 투습방수 소재이다. 주로 폴리우레탄의 습식 코팅이 이용되었는데 1980년대부터는 건식에 의한 아크릴계 및 우레탄계 수지의 미세 다공질 코팅가공 기술이 개발되었다. 1970년대 후반에는 불소 수지로 된 필름을 라미네이팅한 고어텍스계 투습방수 소재가 개발되었으며, 1980년대 초반에는 분할형 극세섬유를 사용한 폴리에스터 고밀도 직물 즉, 비코팅 투습방수 소재도 등장하였다. 이 고밀도 직물은 코팅이나 라미네이팅 등의 후가공 제품과 비교할 때 기능에서는 후가공 소재보다 떨어지지만 소재의 감성에서는 장점을 가지게 되어 투습방수 소재 시장의 일부를 차지하고 있다. 또한 1990년대에 들어서는 고투습성을 유지하면서 내수압을 향상시키고, 세탁에 의한 내수압 저하와 사각거리는 소리가 없고, 높은 박리강도를 가지며 피막 두께를 최소화하여 촉감을 향상시킨 기능성 소재들이 개발되었다. 이들은 투습방수성뿐 아니라 착용 시 쾌적성이 좋은 장점이 있다.

### (1) 투습방수가공의 원리

미세 다공막에 의한 투습방수성의 공통적인 원리는 수증기와 물 입자의 크기가 크게 다른 점을 이용하는 것이다. 수증기 분자의 크기는 $0.0004\mu m$ 정도이고, 액체 상태의 물 입자의 크기는 $100 \sim 3,000\mu m$ 정도이다. 따라서 직물에 $0.2 \sim 3\mu m$ 크기의 미세 다공막을 만들어 주면 외부 물 입자의 침투를 막으면서 내부에서 발생하는 수증기는 통과하여 외부로 방출시키는 두 가지 기능을 갖게 할 수 있다. 그러나 이것만으로 투습성은 만족스럽게 이루어지더라도 방수성이 만족스럽지 못하므로, 미세 다공막용 재료 자체가 소수성을 가지게 하고 미세다공의 구조와 크기를 잘 설계하여 모세관 현상에 의한 물의 침투를 방지하여야 한다.

그림 4-4에서와 같이 투습방수 소재는 신체 내부의 체열로 인해 생성된 땀증기를 안쪽 미세 다공막을 통해 바깥으로 통과시키고 바깥쪽 직물의 모세관 현상에 의해 신속하게 외부로 발산시키게 되며, 외부의 빗방울은 섬유 표면에서 튕겨져 흡수되지 못하고 흘러내리게 되어 바람이 심하게 불고 비가 오는 악천후의 날씨에도 몸을 보온해 주는 방수(waterproof), 투습(breathable), 방풍(windproof)의 성능을 발휘한다.

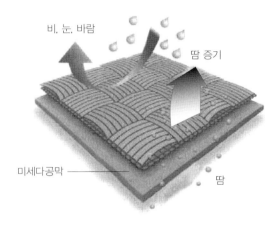

그림 4-4  투습방수 원단의 성능

## (2) 투습방수가공 방법

그림 4-5는 투습방수 소재를 제조방법에 따라 분류한 것이다. 가공기술을 크게 나누어 초극세 섬유를 사용해 고밀도 직물을 만드는 방법과 일반 직물에 투습방수성 수지를 코팅하거나 미세 다공질막을 라미네이팅하는 후가공법 등이 있다. 후가공법은 방수도와 투습도 수준에 따라서 구분하기도 한다. 방수도는 내수압이 주로 사용되며 저내수압형(300~800 mmH$_2$O), 중내수압형(1,000~2,500 mmH$_2$O), 고내수압형(5,000~30,000 mmH$_2$O)으로 구분할 수 있으며, 투습도는 6,000 g/m$^2$·24hr 이상을 고투습형이라고 구분할 수 있는데 8,000 g/m$^2$·24hr 이상의 고투습도 제품도 개발되고 있다. 또 부가기능에 따라서 보온형(알루미늄, 세라믹, 카본 등의 코팅), 스트레치형이 있고, 천연고분자 원료를 응용하여 흡방습성(吸防濕性)과 저결로성(低結露性)을 부여한 것도 있다.

그림 4-5 제조방법에 의한 투습방수 소재의 분류

① **라미네이팅 가공**    이 방법은 천에 투습방수 기능을 가진 특수한 얇은 필름을 접착하여 투습방수성을 부여하는 것이다. 땀을 방출시키고 외부로부터의 바람과 비를 보호해 주는 투습방수용 원단에는 테플론으로 잘 알려져 있는 PTFE(폴리테트라플루오르에틸렌) 불소수지 필름이 사용되었다. 이 제품은 고어(Gore)사에서만 독점적으로 생산 및 판매를 하고 있어 이를 대체하는 제품으로 폴리우레탄 수지와 폴리에스터 수지로 된 필름이 개발되었다. 라미네이팅 방법으로 제조된 고어텍스는 레저 스포츠 의류 및 신발 등에 널리 사용되고 있다.

■ **고어텍스**

고어텍스는 미국의 고어(W. L. Gore)에 의해 당초 지하 매설용 전선의 피복소재로 개발된 것이다. 그 후 군사용, 우주복 등에 도입되면서 그 우수성을 인정받아 1976년에 등산 및 아웃도어 레저용 의류시장에 선을 보이면서 점차 대중화가 되었다. 방수성과 투습성이라는 상반된 두 기능을 동시에 발휘하는 고어텍스 기능의 비밀은 원단에 라미네이팅 시킨 불소 수지계 막(membrane)에 있다. 고어텍스는 소수성이 매우 큰 PTFE의 얇은 다공질의 막을 직물에 접착시켜 만든 투습방수 소재이다. 이 막은 그림 4-6에 나타낸 것과 같이 연신에 의해 다공질 피브릴 구조를 나타내어 투습방수 기능을 발휘한다. 이 필름은 1 평방인치당 90억 개 이상의 미세한 기공이 있는 구조이다. 그 기공 크기가 최대 $0.2\mu m$ 정도로 물방울의 약 2만 분의 1, 수증기의 700배 크기여서 비, 눈 등의 수분은 통과시키지 않지만 땀의 수증기는 외부로 발산시킨다.

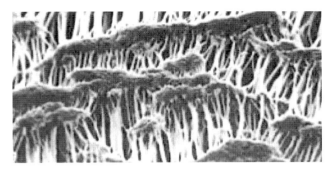

**그림 4-6** 연신 PTFE 막의 피브릴 구조

　고어텍스 필름의 투습성은 1평방미터당 하루에 최대 24L의 수증기를 통과시키는 탁월한 투습력을 발휘하며, 방수성은 12,000mmH$_2$O로서 방수성 소재의 기준인 2,000mmH$_2$O 내수압의 6배 능력이 있다. 또한 방풍성과 보온성도 높고, 땀과 몸에서 나오는 기름 등에 잘 오염되지 않아 기능 변화가 적은 특징이 있다.

　국내에서 판매되고 있는 고어텍스 제품은 모두 미국 고어사로부터 원단을 제공받아 주로 나일론 천에 라미네이팅하여 생산하고 있다. 고어텍스 제품은 두 겹(2-ply)으로 만들어지거나, 여기에 흡습성과 보온성을 지닌 니트류나 망사 원단을 덧붙여 한 단계 더 발전시킨 세 겹(3-ply)의 구조(그림 4-7)로 만들어진다.

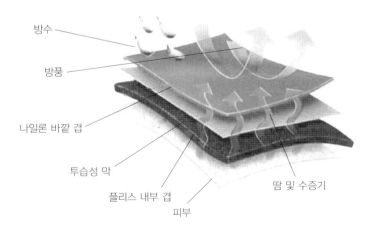

**그림 4-7** 세 겹으로 만들어진 고어텍스의 구조와 기능

고어텍스 원단의 용도는 등산복, 우의, 골프용 바람막이, 방한복, 화학복, 소방복, 수술복, 구조복, 안전장갑, 방수장갑, 등산화, 방한화, 소방화 등 투습과 방수 기능이 동시에 필요한 제품과 방오, 내화학성, 내열성 기능이 필요한 제품이다.

■ **폴리우레탄 또는 폴리에스터 필름 라미네이트**

폴리우레탄이나 폴리에스터 수지 용액을 사용하여 필름으로 캐스팅하고 용매를 증발시켜 폴리우레탄 또는 폴리에스터 필름을 직물에 형성시킨다. 용매 증발 과정에서 용매가 빠져나간 자리에 미세기공이 남도록 하여 투습방수 효과를 낸다. 그러나 초기에는 투습도와 내수도가 낮아 투습방수와 방풍 기능이 고어텍스에서 사용하는 PTFE 필름만큼 발휘되지 못하였다. 이후 투습도 및 내수압을 증대시키고 방풍기능을 개선하기 위해서 새로 개발한 필름이 흡수성 필름이다. 이 제품은 폴리우레탄이나 폴리에스터 수지에 흡수성 물질을 첨가하여 땀을 흡수하여 밖으로 방출하도록 한 원리를 응용하였다. 그러나 이러한 흡수성 물질은 땀을 밖으로 배출시킬 뿐만이 아니라 비에 원단이 젖는 경우 역시 친수성 물질로 인해 수분을 흡수하여 안으로 스며들 수가 있어 방수제품으로 사용하기에는 성능이 완벽하지 못하다. 따라서 완벽한 방수와 투습 기능을 가진 제품은 PTFE 막을 사용한 제품이라고 할 수 있다. 표 4–1은 라미네이팅용 투습방수 필름의 성능을 비교한 것이다.

표 4–1 투습방수용 필름의 비교

| 구 분 | 고어텍스 | 폴리우레탄 필름 | 폴리에스터 필름 |
|-------|---------|----------------|----------------|
| 소 재 | 듀퐁의 테프론 | 폴리우레탄 수지 | 폴리에스터 수지 |
| 생 산 | 고어, 테트라텍(Tetratec) | 한국, 일본, 미국에서 주로 사용 | 유럽에서 주로 사용 |
| 기능성 | 고 기능성용 | 유사 기능 | 유사 기능 |
| 장단점 | 가격이 높음<br>내오염성이 매우 강함<br>열에 매우 강함<br>강도, 내구성 강함<br>완전 방수 기능 | 가격이 저렴함<br>내오염성 중간<br>열에 약함<br>강도, 내구성 약함<br>물을 흡수함 | 가격이 저렴함<br>내오염성 중간<br>열에 약함<br>강도, 내구성 약함<br>물을 흡수함 |
| 용 도 | 스포츠 레저 웨어, 비옷, 신발, 텐트, 소방복, 구조복, 산업안전복 | 등산복, 자켓, 방풍복 등 스포츠 레저 웨어 | 등산복, 자켓, 방풍복 등 스포츠 레저 웨어 |

② **수지 코팅 가공**    수지 코팅은 건식법과 습식법으로 나누어진다. 건식 코팅은 유기용매에 수지를 용해시킨 용액에 물을 가하여 W/O형 에멀션액을 만들고, 이를 섬유 기재에 도포하고 열풍으로 용매를 기화시켜 섬유의 표면에 코팅하는 방법이다. 이 방법은 얇은 피막을 형성할 수 있으며 안료와 각종 첨가물의 혼합이 용이하기 때문에 기능 부여와 표면 변화가 있는 제품을 얻을 수 있다. 반면 습식 코팅은 물과 혼합이 가능한 알코올이나 DMF 등의 유기용매에 수지를 용해시킨 코팅액을 섬유 표면에 코팅한 후, 물속에서 응고시켜 균일한 다공질 피막을 형성시키는 방법이다. 이 방법에 따른 가공 소재로는 DMF에 용해된 우레탄 수지를 이용한 다공질 투습코팅 직물이나 인공피혁 등이 있다.

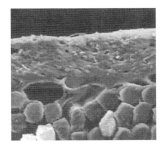 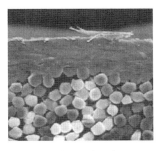 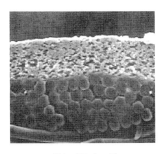

     습식 다공막 코팅         건식 무공막 코팅         건식 다공막 코팅

**그림 4-8** 코팅형 투습방수 원단의 전자현미경 단면

   그림 4-8은 코팅형 투습방수 원단의 단면형태를 나타낸 것이다. 그림에서 볼 수 있는 바와 같이 코팅 직물은 사용 약제 및 제조방법에 따라 미세공을 갖는 유공질과 미세공이 없는 무공질로 나눌 수 있는데, 유공질의 것이 투습성이 우수하여 주로 사용된다. 유공질의 미세기공은 주로 폴리우레탄을 물과 상용성이 있는 용매에 용해시킨 용액을 직물 위에 코팅하고 이것을 습식 응고, 세정하여 용매를 제거할 때 만들어진다. 그러나 방수성과 투습성은 서로 상반되는 기능이기 때문에 만일 내수성을 증가시키기 위해 미세기공의 수와 크기를 줄이면 투습성이 저하되고, 반대로 투습성을 증가시키기 위하여 미세기공의 수와 크기를 늘리면 방수성이 저하하는 까닭에 두 기능을 동시에 만족하기 어려운 단점이 있다. 코팅법은 직물에 직접 적용되기 때문에 라미네이팅 방법에 비해 내구성이 그다지 좋지 않지만 저렴한 점이 장점이다.

③ **초극세 섬유를 사용한 고밀도 직물**   연꽃잎이나 토란잎에 물이 떨어지면 퍼지거나 젖지 않고 굴러 떨어지는 초발수 현상을 보인다. 이 잎들의 표면에는 무수히 많은 잔털(돌기)로 덮여 미세한 요철이 형성되어 있고 표면에는 왁스와 같은 소수성 물질로 덮여 있어 발수성을 나타낸다(그림 4-9). 일본의 데이진사에서는 초극세섬유로 제직된 직물에 발수가공을 하여 연꽃잎과 유사한 구조의 직물인 마이크로프트 로터스를 개발하였는데 방수성, 투습성 및 통기성을 겸비하고 있다. 국내의 ㈜효성에서 개발한 초발수 소재 Warel은 초극세사와 고수축사의 복합가연 가공에 의해 얻어진 벌키감과 부드러운 질감의 특성을 갖는 제품이다. 그림 4-10은 초극세사 고밀도 직물의 발수성과 투습성을 보여주는 모식도이다.

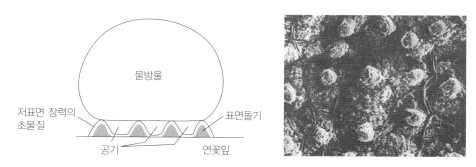

**그림 4-9** 연꽃잎의 초발수성의 원리 및 전자현미경 표면

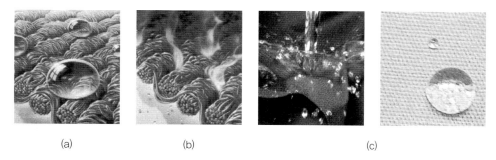

(a)    (b)    (c)

**그림 4-10** 초극세사 고밀도 직물의 (a) 발수성, (b) 투습성을 나타내는 모식도, (c) 발수가공 소재

## (3) 투습방수 소재의 특성 평가방법 및 개발방향

투습방수 소재의 개발에 있어 현재 가장 큰 부류를 형성하고 있는 것이 내수압 향상이다. 내수압 향상은 투습성과의 균형이 중요하고 투습성을 유지하면서 내수압을 증대시키는 방향으로 개발해야 되는데, 두 기능을 동시에 향상시키는 것은 쉽지 않은 과제이다. 최근 국내 기업에서도 두 기능을 동시에 높은 수준으로 유지할 수 있는 제품을 생산하게 되었다. 이는 온도에 따라 미세 기공의 개폐를 조정하는 수증기 투과기능 특성을 갖는 형상기억수지를 나일론 혹은 폴리에스터 생지 이면(裏面)에 5~15μm의 막 두께로 코팅한 것이다. 의복 내의 온도가 수지의 유리전이온도 이상으로 되면 분자운동에 의해 분자 간격이 벌어져 수증기를 투과하는 특성을 발휘하는 것으로 알려져 있다.

① **내수압 평가**　방수성은 천이 물의 압력에 저항하여 물이 천에 스며들지 않도록 하는 성능을 말하는데 내수압 시험을 통해 평가된다. 평가방법에는 저수압법(KS K 0591), 고수압법(KS K 0531), 빗물시험법이 있다. 내수압은 20cm×20cm 크기의 방수천에 단위면적당 일정한 속도로 수압을 가했을 때 시료에서 세 방울의 물방울이 생길 때의 수주압(水柱壓, 물기둥의 높이로 나타낸 압력)을 의미하고, 단위는 mmH$_2$O로 표기하는데 수치가 높을수록 방수 성능이 좋다. 만약 내수압이 5,000mmH$_2$O라면 시료 위에 물을 5 m 높이로 올려놓았을 때 물방울이 3개 생긴다는 것을 의미한다.

② **투습성 평가**　투습성의 측정은 시험방법의 원리에 따라서 흡수법과 증발법이 있다. 흡수법은 KS K 0594이나 JIS 1099에 따라 염화칼슘이나 아세트산칼륨 등의 탈수제가

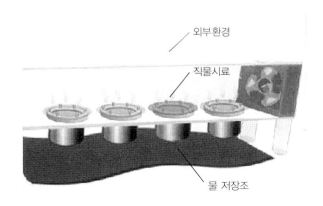

그림 4-11 증발법으로 직물의 투습성을 측정하는 장비(ASTME 96)

든 컵을 천으로 밀봉한 후, 40±2°C, 습도 90±2% RH의 항온항습조에 1시간 동안 방치한 후 탈수제가 흡수한 수분의 양을 측정하는 방법이고, 증발법은 물이 들어 있는 컵을 천으로 밀봉하고 항온항습조에서 일정시간 동안 투습해 나간 양을 측정하는 방법으로, 단위는 $g/m^2 \cdot 24hr$를 사용한다.

투습방수 소재는 내수압과 투습성에 의해 표 4-2에서와 같이 분류할 수 있다. 고내수압의 기준은 없으나 일반적으로 5,000mmH$_2$O 이상을 대상으로 한다. 내수압만 보면 코팅법에 비해 라미네이트법이 더 우수하고, 무공질 필름으로 하면 적어도 10,000 mmH$_2$O 이상의 내수압을 얻을 수 있다. 코팅법은 라미네이트법에 비해서 내수압이 낮으나 5,000~10,000mmH$_2$O까지의 내수압을 얻을 수 있는데, 내수압성이 3,000 mmH$_2$O 정도면 의류용으로는 문제가 없다.

표 4-2  내수압과 투습성에 의한 투습방수 소재의 분류

| 내수압에 의한 분류 (mmH$_2$O) | 고내수압형 | 범용형 | 저내수압형 |
|---|---|---|---|
| | 5,000~30,000 | 1,000~2,500 | 300~800 |
| 투습성에 의한 분류 (g/㎡·24hr) | 고투습형 | 범용형 | 저투습형 |
| | 6,000~13,000 | 2,000~5,000 | 2,000 이하 |

투습성은 통상 $4,000g/m^2 \cdot 24hr$ 이상의 투습도를 가리키는 경우가 많은데, 요즘은 $8,000g/m^2 \cdot 24hr$ 정도로 향상시킨 제품도 개발되고 있다. 투습도를 향상시키기 위해서는 피막층을 얇게 하여 피막의 기공률(氣孔率)을 높이는 것이 필요한데, 이는 역으로 내수압성을 저하시킨다. 따라서 친수성 수지로 복층 구조로 피막하거나 천연고분자 원료를 이용하는 등의 연구가 진행되고 있다. 극심한 운동을 하였을 때의 발한량은 20°C에서 평균 $2,880g/m^2 \cdot 24hr$로 알려져 있기 때문에 의류의 투습도는 $3,000g/m^2 \cdot 24hr$ 이상이면 충분하다.

# 2. 친수성·방오성 및 대전방지성

방오성과 대전방지성은 가공과정에서 보통 독립적으로 취급되고 있으나 표면 친수화를 지향하는 공통점을 지닌다. 여기서는 섬유 표면에 친수성을 부여하는 방법을 크게 분류하고 기능성 부여과정의 기본 원리를 다룬다.

## 1) 친수성과 섬유의 기능성

물은 극성이 매우 큰 물질로서 생명의 발생과 유지, 의류 사용에서 매우 중요한 역할을 한다. 의류나 일상적인 섬유제품은 물이나 수증기와 접하는 환경에서 사용된다. 생명체로부터 유래한 천연섬유 소재는 모두 극성이 크며 인체와의 친화성이 매우 우수하다. 그러나 폴리에스터를 비롯한 소수성 합성섬유를 의류로 사용할 때 오염 발생이 쉽고 제거가 어려운 점, 정전기 축적 등을 극복하는 것이 과제였다. 합성섬유 개발 초기에는 이러한 문제들을 개별적으로 접근하였는데, 이를테면 소수성 개선을 위한 친수화가공, 대전성 개선을 위한 대전방지가공, 오염 발생과 제거의 어려움을 개선하기 위한 방오가공 등이 그 예이다.

합성섬유를 대상으로 하는 가공기술의 발전과 함께 다양한 형태의 가공제와 가공법이 도입되었으며 그 과정에서 이들 성질들이 서로 독립적인 요소가 아니며 친수성을 바탕으로 밀접하게 연관되어 있음이 밝혀졌다. 이러한 연관성은 폴리에스터의 알칼리 감량가공과 같은 친수화가공에 의해 다른 성질 즉 대전성, 방오성 등의 개선 효과를 얻는 것이 좋은 예이다.

### (1) 섬유의 미세구조와 수분 흡착–탈착 이력현상

천연섬유의 친수성은 기본적으로 친수기를 포함하는 화학구조와 함께 다양한 형태의 기공을 포함하는 복잡한 표면과 내부 구조에 기인한다. 이러한 성질은 상대습도에 따른 평형 흡착–탈착곡선이 이력현상을 보이는 것과도 연관되어 있다(그림 2-8 양모의 수분 흡착-탈착곡선 참고). 표 4-3은 표준조건에서 각종 섬유의 수분율과 이력을 정리한 것이다. 친수성 섬유인 면에 비하여 비스코스 레이온과 양모의 수분율이 더 큰 값을 나타

**표 4-3** 표준조건에서 의류용 섬유의 수분율, 이력 및 젖음열

| 섬 유 | 수분율 (%) | 이력 (%) | 젖음열 (J/g) |
|---|---|---|---|
| 면 | 7.5 | 0.9 | 46 |
| 머서화 면 | 12 | 15 | 73 |
| 비스코스 레이온 | 13 | – | 106 |
| 아세테이트 | 6–7 | 2.6 | 34 |
| 양모 | 14~18 | 2.0 | 113 |
| 견 | 10 | 1.2 | 69 |
| 아마 | 10 | – | 55 |
| 나일론 6, 66 | 4.1 | 0.25 | 31 |
| PET | 0.4 | – | 5 |
| 아크릴 | 1~2 | – | 7 |

내는 것은 표면과 내부 구조의 복잡성과 밀접한 관계를 지니고 있기 때문이다. 함께 제시된 젖음열(heat of wetting)은 단위무게당 흡착 수분의 양을 의미한다.

### (2) 친수성 부여와 가공효과

친수성과 표면·내부 구조의 관련성에 대한 원리를 최초로 가공에 적용한 사례로는 폴리에스터의 알칼리 감량가공, 보다 발전된 형태로는 1980년대 후반 정립된 신합섬 가공기술이 있다. 그러나 친수성과 관련한 모든 성질을 만족하는 가공효과를 얻기 위해서는 높은 수준의 방사기술, 실-직물 제조기술, 가공기술을 동시에 적용하여야 한다. 현 기술수준은 각각의 가공기술을 별도로 접근하는 단계에 머물러 있다.

## 2) 친수화가공

친수화가공은 대체로 중합체의 단량체에 친수성을 갖는 구조를 도입하거나 섬유 표면을 화학적으로 개질하는 화학적인 방법과 섬유 표면의 미세한 요철 또는 공극을 부여하여 모세관 수착이 일어나도록 하는 물리적인 방법으로 구분할 수 있다. 일반적으로 화학적인 방법은 흡습성, 물리적인 방법은 흡수성을 개선시키는 효과가 있다.

물리적으로 섬유 표면에 부여한 미세한 요철(microcrater)은 심색성 향상 효과는 우수

하나 광택을 저하시킨다(소광효과). 합성섬유의 광택 저하는 대개 바람직한 결과이지만 그 정도를 줄이는 방안으로서 요철의 크기를 더욱 미세하게 하는 것이 제안되고 있다.

친수성 폴리에스터의 개발은 기존의 표면 구조의 화학적인 접근에서 모세관 응축현상을 이용한 물리적인 흡수이론에 근거한 방향으로 나아가고 있다. 최근 소수성 합성섬유의 방사과정, 방적과 제직과정에서 화학적 및 물리적인 방법으로 흡수성을 부여하여 스포츠용 의류, 여름철 겉옷 등 수분과 땀에 대한 쾌적성이 크게 요구되는 분야에 사용하고 있다.

## (1) 화학적 방법

화학적인 친수화는 보통 방사공정 이전 단계에서 단량체 또는 구성성분의 화학구조를 조절하거나 방사 이후에 섬유 표면의 화학구조를 변화시키는 후가공에 의한 방법이 있는데, 세분하여 방오가공, 대전방지가공과 같은 형태로 발전하였다.

### ① 방사 이전 단계의 화학적 친수화

- **블록 공중합법** : 원래의 소수성 블록에 친수성 블록을 반응시켜 얻은 블록 공중합체를 방사
- **그라프트 공중합법** : 열, 자외선, 개시제, 방사선, 플라스마 등을 이용하여 중합체에 라디칼을 발생시키고 여기에 친수성 단량체를 그라프트 중합
- **친수성 화합물의 블렌드** : 기존이 되는 중합체에 친수성 저분자나 고분자 화합물을 혼합 방사
- **친수성 성분을 포함하는 복합섬유의 제조** : 기준이 되는 중합체에 친수성 고분자를 제2성분으로 혼합하여 방사

### ② 후가공의 단계에서의 섬유 표면 화학구조 조절

- 친수성 화합물의 부가, 반응·고착
- **섬유고분자의 분해에 의한 친수성의 부여** : 미세한 요철 부여
- **플라스마 조사** : 저온 플라스마로 표면을 에칭하여 미세한 요철 부여

표 4-4는 화학적 친수화 단계에 따른 가공방법과 가공제를 대략적으로 정리한 내용이다.

표 4-4 친수화 단계에 따른 가공 방식과 친수화(가공)제

| 친수화 단계 | 가공 방식 | 친수화(가공)제 | 비 고 |
|---|---|---|---|
| 방사 이전 단계 | 블록 공중합 | 폴리옥시에틸렌(POE) | 폴리에스터: 반응성기를 갖는 친수성 블록 |
| | 그라프트 공중합 | 아크릴산, 메타크릴산 | 친수성 단량체 |
| | 블렌드 | POE | 단량체(중합체) |
| | 복합섬유 제조 | 친수성을 지니는 중합체를 폴리에스터에 혼합 | 폴리에스터/나일론 |
| 후가공 단계 | 부가−반응 고착 | POE 단위를 포함하는 글리시딜에테르, 아크릴레이트 등 | 방오가공, 대전방지가공 등 일반적인 후가공 |
| | 화학적 분해 | 수산화나트륨, 1급 아민 | 폴리에스터의 알칼리 감량가공 |
| | 플라스마 처리 | 산소, 아르곤 가스 | 표면 에칭 (진공/상압) |

## (2) 물리적 방법

소수성 고분자의 화학구조를 변화시키지 않고 섬유 표면에 다공성 표면 구조를 부여하면 모세관 수착이 발생하여 친수성이 발현된다. 1980년대 말 도입된 신합섬 기술은 물리적인 친수화가 큰 비중을 차지하고 있다.

① 방사방법의 개량

■ **방사 노즐의 변화** : 이형단면 구조의 부여

■ **방사과정에 불활성 미립자 혹은 용출 가능한 화합물 첨가** : 방사 후 첨가된 성분이 용출되어 미세공극을 갖는 중공, 미세요철, 미세홈 구조가 발현됨

② 실이나 직물의 구조 개량

■ 친수성 섬유와 소수성 섬유를 혼합한 다층구조의 도입

표 4-5는 친수성 섬유의 구조, 기능 및 응용분야, 가공법을 정리한 것이다.

## 3) 방오가공

오염(soil)이란 섬유상의 잘못된 위치에 존재하는 물질을 말하며, 방오가공이란 오염

표 4-5 친수성 섬유의 구조, 기능 및 응용분야, 가공법

| 친수성 섬유의 구조 | | 기능 및 응용분야 | 가공법 | 비고 |
|---|---|---|---|---|
| 섬유형태 | 소재/구조 | | | |
| 필라멘트 | 아크릴, 나일론, 폴리에스터 등 합성섬유/미다공, 표면 조면화, 미세 홈, 중공 | 분리기능 (기체분리, 혈액투석, 혈장분리, 에어 필터, 마이크로 여과막) 흡수기능 (흡수섬유) 방수투습기능 (방수투습포, 고밀도 발수성포, 인조피혁) 보온기능 (함기성 의류, 인조피혁) | 용출법 (방사과정에 가용성 성분 부가/방사후 제거) 친수성 고분자의 블렌드 이형단면 방사 극세화, 플라스마 조사, 플라스마 에칭에 이어 저굴절률 중합체 피복 | 심색성, 선명성, 비단소리, 드레이프성, 드라이터치성, 이지케어성, 견과 유사한 광택 |
| 실 | 합섬-천연 혼합, 합섬 단독/다층 구조 | 흡수·흡한기능 | 합섬-천연섬유 혼합 방적 합섬 단독 방적 | 소수성 및 친수성 섬유의 혼합 |
| 직물 | 합섬-천연, 합섬 단독/이중구조 (지지체), 다층구조 (지지체) | 흡수·흡한기능 | 합섬-천연섬유 또는 합성섬유 제직, 알칼리 감량가공 (폴리에스터 직물), 후가공(친수성 화합물, 그라프트 중합, 플라스마) | 지지체의 구조 (단섬유, 중공섬유, 섬유집합체, 섬유집합 구조물, 막) |

이 쉽게 제거되거나 존재하기 어려운 성질을 섬유에 부여하는 가공을 의미한다. 방오 가공과 관련한 용어로는 방오(防汚, soil resistance, stain repellence), 발오(撥汚, soil release), 재오염방지(anti-soil redeposition), 먼지오염 방지(anti-dust) 등이 있으나 대개의 가공과정은 방오와 발오를 구분하여 다루지는 않기 때문에 여기에서는 방오로 통일하여 취급한다. 일반적으로 오염과정은 무질서도가 증가하는 자발적인 과정이다. 자연적인 오염과정은 ① 직접 오염 과정, 예를 들어 식탁보에 떨어진 기름방울이나 공기 흐름에 의해 천에 부착하는 오염, ② 오염된 표면으로부터 깨끗한 표면으로의 오염의 전이, 예를 들면 피부와 접하고 있는 칼라의 오염과정, ③ 정전기에 의한 오염과정 등으로 구분된다. 일반적인 오염의 형태는 액체오염, 입자오염, 액체와 고체성분으로 된 복합오염이 있다.

## (1) 오염과정과 결합력

입자오염 과정은 섬유 표면으로의 오염의 이전과 섬유상의 흡착이라는 두 단계를 포함하고 있다. 오염이 섬유상으로 옮겨지는 과정은 기류에 의해 부착, 정전기적 인력에 의한 부착, 오염된 표면으로부터 깨끗한 표면으로의 접촉에 의한 전이 등의 과정이 있다. 주

된 오염과정은 섬유 표면에 오염입자가 부착하는 과정이며, 부착력의 강도는 단위 접촉면적당의 작용력에 의해 결정된다. 대부분 오염흡착은 매우 짧은 거리에서 작용하는 인력에 의해 발생한다. 오염입자는 현미경적으로 불규칙하기 때문에 접촉면적은 섬유 표면과 오염입자가 접촉하는 순간 변형되어 접촉면이 넓어진다. 따라서 압력은 섬유 표면의 변형을 유발시키며 오염을 증가시킨다. 흡착하는 오염의 양은 섬유 표면적에 의존하기 때문에 직물의 조직과 섬유의 외관은 직물의 오염 저항성에 중요한 인자가 된다. 어떤 오염 조건에서는 직물의 기하학적 구조가 섬유의 화학적 조성에 비하여 더 중요하다. 예를 들면 나일론 66 소재로 된 태피터 직물은 오염이 가장 적은 편이나, 트리코트 직물은 다른 조직보다도 오염 정도가 더 심하다. 현재까지의 연구에 따르면 다음 여러 가지 힘의 성분과 섬유와의 결합력의 크기가 오염 정도를 결정하는 것으로 보인다.

- **기계적인 힘** : 오염물질이 섬유 표면에 단순히 기계적으로 부착된 경우로서 오염물질의 크기, 형상, 직물 조직이나 밀도에 의해 크게 영향을 받는다.
- **화학적인 힘** : 오염물질이 이온, 수소 혹은 소수성 결합에 의해 섬유와 결합한 경우로서 제거가 어렵다. 유성 오염의 주된 결합력은 소수성 결합이다.
- **전기적인 힘** : 오염물질이 정전기적 인력에 의해 부착하고 있으며 대전성이 지배적인 영향을 미친다.

## (2) 입자오염과 세정

섬유 표면에 부착된 오염은 세제에 의해 ① 얇은 액체층이 섬유 표면과 입자 사이에 침투하여 분리되는 섬유 표면과 오염입자의 가용화와 ② 분리된 오염입자가 세정액 내부로의 이전 과정을 거쳐 제거된다.

오염입자의 제거는 섬유의 친수성에 큰 영향을 받지는 않으며 오염입자의 위치, 섬유에의 부착 등과 같은 인자들이 중요한 요소이다. 오염입자의 섬유 표면에의 부착은 분산력, 반데르발스 힘 그리고 오염과 섬유의 접촉면적에 의존한다. 섬유 표면의 가소성 변형에 의해 접촉 면적과 부착이 증가한다. 접촉 면적은 충격력에 의존하기 때문에 오염조건은 오염의 정도와 함께 오염의 부착과 연이은 오염의 제거에 영향을 미친다. 키사(Kissa)는 일정 세정조건에서 세정 후 남아 있는 오염량 Cw을 다음 식과 같이 나타낸 바 있다.

$$C_w = k_r u (st_s)^{0.5}$$

이때 $k_r$은 유지 상수, $u$는 오염을 인위적으로 가하는데 쓰인 장치의 회전 속도로서 단위 오염시간당 가해지는 에너지를 나타내며, $s$는 오염과정에서 섬유와 접촉하여 생기는 세정 이전의 오염량, 그리고 $t_s$는 오염시간이다.

위의 식은 세정 후 남아 있는 오염량 $C_w$가 오염과정 중에 가해지는 기계적인 일의 제곱근에 따라 증가하는 것을 보여준다(그림 4-11). 오염과정 중의 기계적인 작용은 섬유상의 오염입자의 충격을 증가시키거나 입자를 직물 내부로 전이시킨다. 오염과정 중에 가해지는 기계적인 일은 세정 전의 오염직물의 외관보다는 세정한 직물의 외관에 보다 더 큰 영향을 미친다.

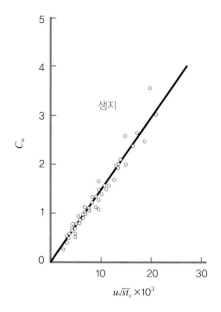

그림 4-11 오염 조건에 따른 면 면 포플린 잔류 산화철의 양 (% owf)

## (3) 유성오염의 세정

유기오염의 제거과정은 여러 가지 반응기구가 포함되어 있으나 일반적으로 일정 세정온도에서 액체인 유성오염의 세정은 아담(Adam)의 롤업(roll-up) 메커니즘에 따른다(그림 4-12).

그림 4-12 롤업 메커니즘

롤업 메커니즘에 의해 기름의 롤업이 가능한 조건은 동적 접촉각 $\theta_d$가 $0 \sim 180°$로 변화할 때 계면장력의 변화($R$)가 양의 값을 나타내는 경우이다.

$$R = \gamma_{FO} - \gamma_{FW} + \gamma_{OW} \cos\theta_d$$

이때 섬유상 기름의 계면장력 $\gamma_{FO}$와 섬유상 물의 계면장력 $\gamma_{FW}$의 차가 기름과 물의 계면장력 $\gamma_{OW}$ 보다 크면 $R$은 양의 값을 가지며, 다음과 같이 나타내어진다.

$$\gamma_{FO} - \gamma_{FW} \,\rangle\, \gamma_{OW}$$

또한 계면장력의 차가 기름과 물 사이의 계면장력보다 작다면 $R$이 0이 되고 $\theta_d$가 $\theta$로 될 때까지 기름은 롤업이 진행되며 그 조건은 다음과 같다.

$$\gamma_{FO} - \gamma_{FW} \,\langle\, \gamma_{OW}$$

롤업이 도중에 멈추는 경우는 다음과 같이 $R$이 0인 조건이 존재한다.

$$- \cos \theta = (\gamma_{FO} - \gamma_{FW})/\gamma_{OW}$$

여기에서 $\theta$는 평형(준안정) 접촉각이다. 기름의 롤업은 불완전하며 유성오염의 완전한 제거에는 기계적인 일이 필요하다. 유성오염의 롤업이 쉽게 발생하기 위해서는 섬유 표면은 좀 더 친수화(소유화)되어야 한다.

유성오염의 제거에 대한 열역학으로부터도 같은 결론이 유도된다. 물에 의해 둘러싸인 직물상 기름의 계면에너지 $E_1$은 다음과 같이 주어진다.

$$E_1 = A_F \gamma_{FO} + A_S \gamma_{OW}$$

이때, $A_F$는 기름과 섬유 사이의 계면면적이고 $A_S$는 섬유상에 존재하는 기름과 물 사이의 계면면적이다. 오염제거 후의 계면에너지 $E_2$는 다음과 같이 주어진다.

$$E_2 = A_F \gamma_{FW} + A_O \gamma_{OW}$$

이때, $A_O$는 수중의 유적 면적이다. 자발적으로 오염의 제거과정이 일어나기 위해서는 자유에너지 변화 $\Delta E(= E_2 - E_1)$가 음의 값을 가져야 한다.

$$\Delta E = E_2 - E_1 = A_F (\gamma_{FW} - \gamma_{FO}) + \gamma_{OW} (A_O - A_S)$$

$\Delta E$가 음이기 위해서는 $\gamma_{FW}$가 작고 $\gamma_{FO}$가 큰 값을 가져야 하며 $\gamma_{WO}$는 작아야 한다. 섬유로부터 제거된 기름의 면적 $A_O$는 작아야 하는데 직물로부터 기름의 롤업은 $A_O$를 최소화하기 위해 제거된 기름의 형태는 구형을 나타낼 것으로 보인다. 아담은 직물로부

터의 롤업은 커다란 형태일 것으로 보았다. 이것은 큰 액체방울의 단위 부피당의 비표면적이 작은 크기의 것에 비하여 작다는 사실로부터 제거된 기름의 표면적 $A_O$가 최소화하는 것과 잘 일치한다.

유성오염의 세정은 물에 의한 섬유 표면의 선택적인 습윤을 포함한다. 실제 많은 계면활성제는 물의 표면장력을 임계미셀농도(critical micelle concentration)에서 30 dyne/cm까지 저하시킨다. 보통 사용하는 퍼짐이 일어나는데 필요한 임계표면장력 값인 40dyne/cm 정도는 직물 섬유가 습윤하기 위해 충분한 값이다. 습윤이 세정에 있어 충분한 전제라면 폴리에스터 직물로부터 유성오염은 세제 단독으로도 제거가 가능하다. 그러나 세정 현상은 속도론적 과정인데, 실제적인 세탁기의 세탁과정은 제한된 시간 내에서 이루어지기 때문에 세탁의 효과는 오염 제거속도에 의존한다. 표면 에너지와 계면장력 개념으로부터 유성오염의 제거가 자발적이냐에 대한 예측은 가능하지만 에너지 변화를 기술한 식을 이용한다고 하여도 오염제거에 요구되는 시간은 예측이 불가능하다. 키사에 의하면 유성오염의 세정은 연속적인 세 단계를 포함하고 있다. 즉, ① 물이나 세제 용액이 오염-섬유 계면으로 확산하는데 걸리는 유도시간, ② 주로 롤업 기구에 의해 직물로부터의 오염의 분리, ③ 오염 제거가 아주 느리거나 무시할 정도인 마지막 단계가 그것이다. 유도시간은 짧을 수도 있으나 직물이 소수성이고 교반이 격렬하지 않은 경우 수시간이 걸리는 경우도 있다. 방오가공은 유도시간을 짧게 하며 세정과정 마지막 단계에서 섬유상에 잔류하는 오염량을 최소화한다.

## (4) 방오가공과 세정

키사가 제안한 방오가공 메커니즘에 따르면, 물이 직물과 섬유뭉치 내부 그리고 오염-섬유 계면으로 확산해 들어가기 쉽게 하며 계면과 섬유 표면이 수화되어 유성오염의 분리가 일어난다. 섬유 표면을 방오가공 처리하면 물은 보다 쉽게 오염 밑으로 확산해 들어가 유성오염의 분리를 유발시킨다. 이러한 확산과정은 전체 섬유–오염 접촉면적을 포함하며 오염 주변에만 국한되는 것은 아니다. 물의 확산속도는 방오가공에 의한 팽윤력에 의존하며, 이것은 다시 가공제의 친수성 및 화학적 성질, 가교결합의 정도, 세정시간 등에 의존한다.

섬유가 친수성이고 침투 가능하다면 물은 섬유를 통하여 오염–섬유 계면으로 확산해 들어가는데 이와 같은 과정은 유도시간을 단축시켜 별도의 방오가공이 필요치 않게 한다. 면의 가교화는 DP성을 부여하여 섬유의 팽윤과 물의 확산을 제한한다. 가교 섬유 직물에 있어서 지연 확산과 감소된 친수성은 유성오염의 제거에 나쁜 영향을 미친다. 그림 4-13은 폴리에스터 직물에 아크릴계 방오가공제를 처리하였을 때 오염제거에 미치는 효과를 나타내고 있다. 친수성 방오가공제 처리는 오염제거의 속도를 매우 빠르게 만든다.

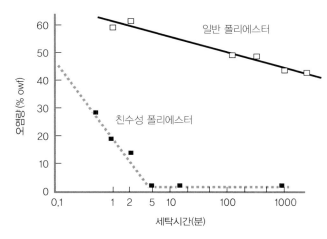

그림 4-13 아크릴계 방오가공제 처리한 폴리에스터직물의 세탁시간에 따른 잔류 오염량

## (5) 재오염

세정과정 중에 직물로부터 탈착된 오염이 다시 직물에 부착하는 재오염(redeposition)이 일어난다. 재오염의 양은 작지만 반복되는 세탁 제거-재오염 과정에 의해 의류는 황색이나 회색으로 변한다. 세정과정 전에 오염되지 않은 직물에 오염이 부착하는 현상은 세정액 중에서 오염전이가 일어났음을 의미한다. 재오염은 다음 여러 변수에 의해 좌우되는 복잡한 과정이다.

- 시간, 온도, 교반, 헹굼 시간, 물의 부피 등의 세정 조건
- 계면활성제의 형태와 농도, 전해질, 재부착 방지제 등의 세제
- 오염의 화학적 조성과 농도, 오염된 입자의 크기, 형태, 표면전하, 액체 오염의 점도와 표면장력
- 직물의 기하학적 구조와 섬유 표면의 화학적인 조성, 친수성, 전하, 표면 형태학 등

① **방오가공과 재오염**　방오가공은 오염의 부착을 감소시키나 모든 형태 재오염을 감소시키지는 못한다. 대부분의 수중 입자의 오염은 음이온 상태이기 때문에 양이온으로 하전되는 가공이 음으로 하전되는 가공에 비하여 오염에 영향을 더 미친다. 표 4-6은 폴리에스터 직물의 수분율 변화에 따라 오염의 부착량이 달라짐을 보여준다. 이러한 경향은 섬유 재료의 일반적인 성질이라는 것을 그림 4-14의 수분율과 오염량의 관계에서 확인할 수 있다.

표 4-6　일반 및 개질 폴리에스터의 오염도

| 섬 유 | 수분율 (%) | 오염도 (%) |
|---|---|---|
| 일반 PET | 0.4 | 38.5 |
| 개질 PET | 1.1 | 19.2 |

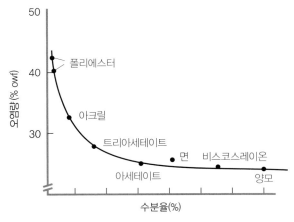

그림 4-14　천연 및 합성섬유의 수분율에 따른 오염량

　DMEU, DMDHEU, 그리고 DMPU 등으로 가공한 면은 가교화에 의해 수분율이 감소하고 그와 함께 소수성 오염의 부착이 증가한다. 면의 경우 WW 및 DP 가공에 의해 수분율이 감소하나 폴리에스터의 경우는 증가한다. 이러한 가공으로 인하여 면은 습식 오염이 증가하는데 비하여 폴리에스터는 감소한다. 그림 4-14에서 수분율 4%를 기준으로 수분율이 작은 쪽은 오염량이 급격히 증가하며, 큰 쪽은 완만히 감소한다. 결정화도의 증가는 오염량과 큰 연관성이 없다. 방오가공에 의해 오염의 부착은 감소하나 어떠한 방오가공에 의해서도 모든 형태의 재오염을 줄이지는 못한다. 이는 이온성 친수구조로 방

오가공을 했을 경우 반대 전하를 띤 오염 입자를 끌어당겨 오염의 유지에 기여하는 역할을 하기 때문이다. 비이온 친수기뿐만 아니라 양이온 대전방지제에 의한 가공은 세정액 중의 오염입자가 음이온으로 하전되어 습식 오염의 증가를 초래한다.

② **재오염 방지제**　　　비누가 합성세제로 대체되면서 세탁과정 중에 재오염으로 인하여 의류의 회색화 현상이 문제로 부상하였다. 이로 인해 SCMC(sodium carboxymethyl cellulose)와 같은 재오염 방지제가 개발되었는데 그 작용 메커니즘은 SCMC의 오염과 기질(substrate)에의 부착과 관련이 있다. SCMC의 재오염 방지 작용은 음이온으로 하전된 SCMC로 피복된 섬유의 전기이중층과 세제 분자로 둘러싸인 오염 입자간의 정전기적 반발로 설명하고 있다. 다른 재오염 방지제로 PVA, 폴리비닐피롤리돈 그리고 몇 가지 단백질이 개발되었으나 SCMC가 여전히 가장 널리 쓰이고 있다.

## (6) 방오가공제

1960년대 초반 DP 가공이 등장하여 섬유시장에 큰 영향을 주었으나, 이 가공의 결과 유성 오염의 부착이 증가하는 사실이 발견되어 유성 오염의 제거와 관련된 많은 가공법이 소개되었다. 1966년 밀리컨(Miliken)은 방사선 조사에 의해 가교화되는 AA(acrylic acid) 공중합체를 비사(Visa)라는 상품명으로 개발하였다. 그 이후 Fibrite(Celanese사), Come Clean(Burlington Mills사), X-it(McCambell-Granitville 사), Dual Action Scotchgard(3M사), Wash Ease(J. P. Stevens사), Rhoplex(Rohm & Haas사), Permalose(ICI사) 등이 개발되었다. 지금까지 개발된 방오가공제 중 AA에 기초하지 않은 것으로는 EA, NMAA(N-methylolacrylamide), 그리고 최소한 20%의 AA, MAA(methacrylic acid), 또는 이타콘산으로 구성된 유화액상의 공중합체 등이 있다.

① **방오가공제의 구조 특성**

- **친수성 성분** : 카복시, 하이드록시, 알칼리 금속 황산 또는 OE기 등
- **친유성 성분** : 고분자 주 사슬에 직접 결합되거나 에스터 또는 에테르 결합에 의해 연결되는 알킬, 아릴기 등
- **반응성기** : 섬유와 방오가공제 간에 가교결합을 이루어 불용화하고 내구성을 가질 수 있는 반응성 기(예: NMA, 글리시딜에테르, 그리고 디이소시아네이트 등)

- **기타** : 탄화불소 세그먼트, 방오가공제가 고분자 형태로 변화할 수 있는 구조 요소, 섬유 표면에 열이나 가소제 등의 작용에 의해 용해되어 낮은 온도에서 내구성을 부여하는 가지형 친유성기

　방오가공제는 친수성과 친유성기를 동시에 가지며 그에 따른 적당한 범위의 HLB(hydrophile-lipophile balance)는 방오작용의 기능, 물에 대한 용해성, 가공 후의 촉감과 유연성 등에 매우 중요하다. 예를 들면 폴리아크릴산은 카복시산의 함량이 높으나 카복시산기 사이의 강한 상호작용력으로 인해 부서지기 쉬운 특성을 가지고 있으며, AA와 비닐 에스터의 공중합은 방오가공에 적합한 물리적인 성질을 보여준다. 방오가공제는 유화제, 분산제, 또는 용액상으로 판매가 되며 가공과정 중 섬유와 화학반응이 발생하면 불용화한다.

② **음이온성 방오가공제**　음이온성 방오가공제는 카복시산을 친수성기로 포함하는 비닐 고분자 형태이다. AA, MAA, MA(maleic acid) 등의 다양한 단량체를 사용한 방오가공제가 알려져 있다. 이중 AA의 경우가 방오가공제로서 가장 중요하다. 만족할 만한 방오성은 메틸아크릴레이트나 EA를 친유성 공단량체로 사용하면 얻어진다. 부틸 또는 2-에틸헥실아크릴레이트는 직물에 부드러운 촉감을 부여하나 방오성은 떨어진다.

- **아크릴계 방오가공제** : 가교화는 세제 용액에서 고분자의 팽윤과 용해성을 저하시킨다. 적당한 가교도는 용해도를 감소시키고 세탁에의 내구성을 향상시켜 방오성이 개선된다. 그러나 지나친 가교는 고분자의 팽윤과 방오성을 저해한다.
- **음이온성 방오가공제** : 산성 용액에서보다 알칼리성에서 효과적이다. 이는 비교적 약한 친수성기인 카복시산기가 강한 친수성기인 카복시 이온으로의 해리와 관련이 있다. 음이온으로 하전된 고분자는 세정성을 향상시키며 세정 용액에서 반대로 하전된 오염입자의 습식 오염을 저하시킨다. 보통 음이온성 방오가공제는 카복시 친수기 외에도 OE(oxyethylene)기를 함유하고 있다.

③ **OE 친수기를 갖는 비이온 방오가공제**　직물에 프리폴리머 형태로 처리된 방오가공제는 가공공정에서 축합반응을 하게 된다. 초기에 폴리에스터 섬유에 나트륨 폴리글리콜레이트를 교환반응시켜 OE 사슬을 부여함으로서 대전성과 방오성에서 개선된 효과를

얻었다. 이를 가공제 형태로 제조한 폴리옥시에틸렌테레프탈레이트-에틸렌테레프탈레이트 공중합체는 Permalose(유럽), Cirrasol PTG와 PTN(미국)라는 이름으로 상품화되었는데 아크릴계 가공제와 함께 DP 가공에 사용된다.

비이온 방오가공제가 이온성기를 가지지 않는 것은 중요한 장점이다. 이온성 계면활성제와는 달리 비이온 계면활성제는 반대 전하를 가진 입자나 소수성염을 끌어당기지 않는다. POE(polyoxyethylene) 사슬은 건조 상태에서는 코일 구조를 하고 있으며, 이것은 친수성에 대한 기여를 감소시켜 가공 시 큐어링을 하였을 때 소수성 표면으로 퍼짐이 쉽게 일어나도록 한다. OE 사슬을 가진 방오가공제는 정전하를 방출하는 능력을 가지고 있으며 비이온 가공제는 이온성 가공제에 비하여 직물에 부드러운 촉감을 부여하므로 별도의 유연제가 필요 없다.

일부 방오가공제는 폴리에스터 직물에 염료와 함께 흡진법으로도 처리가 가능하다. 비이온 계면활성제 용액이 온도의 증가에 따라 흐림점(cloud point)을 보이는 것처럼 OE 기를 가지는 비이온 방오가공제의 용해성은 온도의 증가에 따라 감소한다.

④ **친수 하이드록시기를 갖는 비이온 방오가공제**  전통적인 방오가공제인 전분과 유사한 화학구조 및 방오성을 갖는 친수성 셀룰로스 유도체는 비교적 저렴하며 하이드록시기의 존재로 인해 수용성이나 방사선 조사법으로 가교화할 수 있다. 가교화는 2개 이상의 작용기를 갖는 가교반응제 사용에 의해서도 가능한데 셀룰로스 유도체로서 MC(methyl cellulose), HEC(hydroxyethyl cellulose), SCMC, HPC(hydroxypropyl cellulose), PVA, 그리고 알긴산 등이 연구되었다. 폴리에스터 직물에는 알칼리 촉매 조건에서 적당량의 요소/포름알데히드 축합물을 패딩하고 열을 가하여 가교 구조를 얻는 처리법이 추천되고 있다. 나일론에 대한 내구성이 가장 양호한 재오염 방지효과는 산성 처리조건에서 얻어지며 HEC 처리는 직물의 촉감에 안정성을 부여하는 것으로 보고되고 있다.

⑤ **불소를 함유하는 방오가공제**  스미스와 셔먼(Smith & Sherman)은 방오가공의 요건을 다음과 같이 압축하였다.

- 섬유 표면을 피막으로 덮어 표면 불균일성 감소
- 섬유 표면에서 유성 오염의 자발적인 퍼짐을 방지하기 위하여 섬유의 표면에너지 감소
- 섬유의 표면 친수성 증대

이상의 요건 중 섬유의 표면에너지를 낮추는 것과 친수성을 향상시켜 표면에너지를 낮추는 것은 서로 상반되는 개념이다. 이처럼 다른 효과를 동시에 구현하기 위하여 불소를 함유하는 세그먼트와 친수성 POE 세그먼트를 교호로 가지는 혼성 블록 공중합체를 고안하였다. 종래의 불소계 고분자는 건조 상태에서 기름을 배척하나 수중에서는 물에 비하여 기름에 적시는 성질을 보인다. 혼성 불소 고분자는 공기 중에서 친유성이고 수중에서는 친수성을 띤다. 공기 중에서 POE 세그먼트는 코일 구조로 되어 있어 소수성 탄화불소 세그먼트가 계면을 구성한다. 수중에서는 OE 사슬이 수화되면서 표면 친수성을 갖는 팽창된 구조로 바뀌는데 건조에 의해 친수성 세그먼트는 탈수가 일어나고 탄화불소 세그먼트는 원래 있던 위치로 되돌아간다.

피트만(Pittman) 등은 이러한 현상을 친유성과 친수성이 습윤과 부착에 독립적으로 기여하는 것으로 설명하였다. 그들에 따르면 불소계 고분자는 분산력 작용에 의해 비극성 액체를 배척하나 수중에서는 수소결합력이 분산력에 비해 크기 때문에 분산력과 수소결합력의 합력은 고분자 표면에서 물이 퍼지는데 충분하다.

혼성 불소계 고분자는 건조 상태에서 방오성이 향상되며, 폴리에스터/면 혼방직물에 수지가공과 함께 하였을 때 방오성이 유지된다. 반면에 비불소계 아크릴 고분자는 DP 가공을 함께 하면 방오성이 저하된다. 불소계 성분이 고가이고 흡습률이 낮은 것은 혼성 방오가공제의 큰 단점이다.

ⓖ **폴리에스터 섬유의 알칼리 처리**  폴리에스터 섬유는 수산화나트륨이나 수산화칼륨에 의해 가수분해되어 하이드록시기와 카복시산염을 발생시킨다. 폴리에스터 섬유의 알칼리 처리는 카복시산기와 하이드록시기의 수를 증가시켜 섬유 표면의 친수성을 증대시킨다. 가수분해가 진행되면 강도가 저하하며 가수분해 과정에 발생한 저분자량 가수분해물은 섬유 표면에서 탈락한다. 무게 감소는 반응온도, 알칼리 농도, 반응시간 등을 잘 조절함에 의해 최소화할 수 있다. 폴리에스터 섬유의 알칼리 처리에 대한 자세한 내용은 3장 PET 직물의 감량가공을 참고하기 바란다.

## 4) 대전방지가공

정전기(static electricity)는 두 물체의 접촉 또는 마찰에 의해 전하가 축적되는 현상을 나타내는 용어이다. 모든 물질은 중심핵에 양전하를 가지며 같은 양의 음이온 전하가 바깥 궤도에 존재하는 원자로 구성되어 있다. 두 표면의 접촉에 의해 계면을 통하여 양쪽 방향으로 전자가 흐르게 된다. 같은 물질이라 할지라도 한 표면이 다른 표면보다 더 많은 전자를 얻게 되는데, 표면이 분리되면 각각의 표면은 같은 수의 전하가 한쪽은 음 그리고 다른 한쪽은 양의 전하로 하전된 상태를 보인다. 전도성 물질인 경우 전자는 분리되는 과정에 매우 빠르게 되돌아가나 전도성이 없는 경우는 전하는 측정이 가능한 시간 동안 유지되며 정전하가 발생한다. 마찰은 전하를 발생시키는 필수적인 요소는 아니지만 보통 국소적으로 전하량을 증가시킨다.

### (1) 대전방지성의 부여

대전문제는 방전속도를 증가시키거나 정전기 발생을 차단하는 방법으로 조절할 수 있으며 대전방지제의 첨가는 재료의 전도성을 증가시키는 역할을 한다. 보통 재료의 전도성을 나타내는 표현으로는 저항(resistance, R($\Omega$)), 고유저항(resistivity, $\rho$ ($\Omega m^2/m$, $\Omega m$)), 표면저항(surface resistivity, specific area resistivity, $\rho_s$($\Omega m/m$, $\Omega$, $\Omega$/square) 등 3가지가 있다. 섬유재료에서는 고유저항 또는 표면저항이 주로 사용되어지며 이들은 다음과 같이 나타내어진다.

$$\text{저항, } R = \frac{V}{I} \qquad \text{고유저항, } \rho = \frac{RA}{L}$$

$$\text{표면저항, } \rho_s = \frac{Rw}{L}$$

여기서 $V$는 전위, $I$는 전류, $A$는 단면적, $L$은 전극간 시편 거리, 그리고 $w$는 시료의 넓이이다.

① **고유저항과 수분율** 폴리에스터, 폴리아마이드, 폴리올레핀, 아크릴과 같은 소수성 합성섬유는 고유저항이 $10^{14}\Omega \cdot m$ 정도인 절연체이다. 이러한 절연체가 대전방지성을 지니기 위해서는 최소한 고유저항이 $10^7 \sim 10^8 \Omega \cdot m$ 또는 표면저항이 $10^{11} \sim 10^{12} \Omega \cdot m$ 정도가

되어야 한다. 전도율(conductivity, $\kappa$)은 고유저항의 역으로 표현되며 siemens/m(S/m, $\Omega^{-1}$, 또는 mhos) 단위를 갖는다. 물은 비교적 큰 전도율을 지녀 소량의 물을 흡수하여도 고분자 물질의 전도율을 크게 증가시킨다. 섬유의 수분율이 정전하 발산에 중요한 역할을 하는 것은 표 4-7의 수분율과 log $\rho_s$의 관계로부터 확인할 수 있다.

**표 4-7** 의류용 섬유의 수분율과 표면비저항

| 섬 유 | 수분율 (%) | log $\rho_s$ |
|---|---|---|
| 비스코스 레이온 | 12 | 7 |
| 면 | 8 | 7 |
| 아세테이트 | 6 | 12 |
| 폴리아마이드 | 4 | 12 |
| 아크릴 | 1 | 14 |
| 폴리에스터 | 0.4 | 14 |
| 폴리비닐 아세테이트 | 0 | 15 |

수분율이 크면 클수록 log $\rho_s$는 작아지며 전하 축적도 줄어든다. 면직물은 낮은 log $\rho_s$ 값을 보이는데 면의 전기전도성은 폴리에스터나 아크릴 섬유에 비하여 104배 가량 크다. 면은 또한 적당한 흡습 조건에서 대전장해를 일으키지 않으므로 합성섬유는 log $\rho_s$를 면의 수준까지 낮추는 것이 필수적이다. 면, 양모, 그리고 견과 같은 천연섬유는 강한 수소결합력을 가지는 친수성 구조로 되어 있어 물과 수소결합을 할 수 있으나 완전히 건조되면 절연체가 된다. 전기의 전도에는 높은 유전상수를 가진 매질이 필요하며 물은 그러한 매질 중의 하나이다. 알려진 대전방지제 대부분은 직물의 전기전도성을 개선시키는 역할을 하며 흡수성을 갖고 있다. 최대의 효과를 부여하기 위해 물은 연속상으로 존재하여야 하며 특히 표면에 위치하여야 한다. 이온성 대전방지제는 흡수성을 가지는 비이온 처리제에 비하여 좀더 효과적이다. 이온성기는 흡수성이기 때문에 비이온 흡수성분이 존재하지 않는 경우에도 대전방지가공이 가능하다. 제4급 암모늄기를 갖는 고분자는 다른 고분자에 비하여 낮은 상대습도에서도 좀 더 많은 양의 물을 함유한다.

전도성 섬유(conductive fiber)는 합성섬유에 전도성 탄소입자를 분산시키거나 황화구리, 은, 구리, 코발트, 금, 또는 니켈 등과 같은 금속의 피막을 섬유 표면에 형성시키는 방법, 또는 스테인리스 스틸이나 알루미늄과 같은 금속으로 된 섬유를 제조하여 얻어진다.

스테인리스 스틸, 탄소, 또는 금속피막 미세섬유는 좋은 전기전도체이다. 이와 같은 고기능성 섬유와 보통의 섬유를 블렌드하여 실이나 직물에 대전방지성을 부여할 수 있다. 고기능성 섬유는 고가이지만 블렌드에 사용되는 양은 매우 적기 때문에 직물의 단가에 미치는 영향은 크지 않다.

ⓐ **대전방지가공의 방식**  일반적인 섬유제조 과정 중, 방적, 제포 등의 공정에서는 일시적인 가공성, 후가공 공정에서는 영구적인 가공성을 부여한다. 대전방지가공은 다음과 같이 크게 분류할 수 있다.

- **섬유고분자의 화학 구조에 친수성기 부여** : 방사과정에 대전방지성 물질을 첨가하여 블록 공중합
- **혼합방사** : 방사 과정에 대전방지성 물질을 혼합 또는 복합 방사
- **도전성 섬유의 혼입** : 도전성 금속섬유의 혼방 또는 교직
- **후가공** : 불용성 피막 형성, 그라프트 공중합

## (2) 비내구성 대전방지제

비내구성 대전방지제(nondurable antistats)로는 흡습성 물질(아세트산칼륨, 염화리튬과 같은 염, 트리에탄올아민과 같은 아민)과 이온 및 비이온성 구조의 계면활성제가 있다. 비내구성 대전방지제는 방적 유제로 주로 사용되지만 때때로 타월이나 면내의 등의 최종 제품에도 적용된다. 이 가공제는 휘발성과 독성이 낮아야 하며, 황화가 일어나지 않는 성질과 낮은 인화성, 특히 금속을 함유하는 장치에 접촉하였을 때 부식성이 없어야 한다.

대전방지 효과를 나타내기 위해서는 대전방지제는 섬유의 표면에 존재하여야 하는데 사용과정에서 가공제가 섬유 내부로 이동하여 표면 농도가 희박하게 되고 연속성이 파괴된다(노화). 아크릴 섬유에 음이온 및 양이온 계면활성제를 처리하였을 때 섬유 표면에서 서로 반대 방향으로 배열하는 결과를 얻는다. 즉 양이온 계면활성제의 친수성 부분은 바깥쪽, 그리고 음이온 계면활성제는 안쪽으로 배열한다. 양이온 계면활성제는 정전기를 방출하게 하는데 효과가 있으나 음이온 계면활성제는 그렇지 못한 것은 이러한 분자배열의 차이에 기인한다.

계가 냉각된다. 이에 따라 가연성 기체의 생성이 감소하고 궁극적으로는 완전히 억제됨
으로써 방염효과를 얻는다.

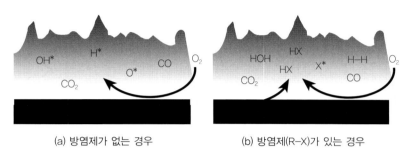

(a) 방염제가 없는 경우          (b) 방염제(R-X)가 있는 경우

그림 4-20  기체상 이론에 의한 방염 메커니즘

이런 역할을 하는 방염제로는 할로겐 화합물을 들 수 있는데, 아래의 반응식과 같이
섬유(P–H)의 연소에 의해 발생되는 반응성이 매우 큰 라디칼인 HO·와 H·가 방염제
(R–X)와 반응하여 불활성인 할로겐화 라디칼인 X·를 생성하여 연소를 지연시킨다.

$$R\text{-}X + P\text{-}H \longrightarrow H\text{-}X + R\text{-}P$$
$$H\text{-}X + H\cdot \longrightarrow H_2 + X\cdot$$
$$H\text{-}X + OH\cdot \longrightarrow H_2O + X\cdot$$

할로겐 화합물의 방염효과는 HI > HBr > HCl > HF의 순서인데, 주로 브롬과 염소
를 함유한 유기화합물이 사용된다. 요드는 섬유의 가공 온도에서 불안정하며, 불소는
효과가 너무 낮아 거의 사용되지 않는다. 할로겐 원소가 함유되어 있는 섬유 소재인 염
소계 고분자(PVC, PVDC)와 불소계 고분자(PVDF, PTFE)가 난연성을 나타내는 것도 이
메커니즘에 기인하는 효과 때문이다.

할로겐 원소와 함께 기체상에서 라디칼을 제거하는(trapping) 효과는 안티몬 화합물
($Sb_2O_3$)에 의해 아래 반응식에서와 같이 더욱 상승작용을 한다.

$$Sb_2O_3 + 6HX \rightleftharpoons 2SbX_3 + 3H_2O$$
$$SbX_3 + H^* \rightleftharpoons 2SbX_2 + HX$$
$$SbX_2 + H^* \rightleftharpoons SbX + HX$$
$$SbX + H^* \rightleftharpoons Sb + HX$$
$$Sb + O^* \rightleftharpoons SbO^*$$
$$SbO^* + H^* \rightleftharpoons SbOH$$
$$SbOH + H^* \rightleftharpoons SbO^* + H_2$$

ⓒ **피복이론**　피복이론(coating theory)은 불꽃에 의하여 쉽게 용융하는 무기염류를 난연 가공제로 사용했을 경우 이 염류의 용융된 막이 섬유 표면을 피복하여 연소에 필요한 공기 중의 산소공급을 차단시켜 방염효과를 발휘한다는 이론으로, 붕사($Na_2B_4O_7 \cdot 10H_2O$)나 붕산($H_3BO_3$)의 혼합물이 방염효과를 나타내는 것을 뒷받침하고 있다.

ⓓ **열적 이론**　방염가공제의 용융이나 승화와 같은 상(相) 변화가 대량의 열을 필요로 하는 흡열반응일 경우 불꽃의 열에너지가 가공제의 이러한 상변화에 소비됨으로써 섬유가 열분해점에 도달하는데 필요한 열에너지가 부족해지도록 하여 방염효과를 얻는다는 이론이 열적 이론(thermal theory)이다. 냉각효과(cooling effect)라고도 한다.

## 3) 난연섬유

무기섬유인 유리섬유와 석면은 불에 타지 않는 불연성 섬유이지만, 그 외의 모든 유기섬유는 연소성을 나타낸다. 섬유제품의 방염성을 평가하는 방법으로 한계산소지수(LOI, limiting oxygen index)가 있다. 일반적으로 LOI 값이 27 이상인 경우 방염성이 있다고 말하는데, 표 4-8은 각 섬유의 한계산소지수를 비교한 것이다.

유기섬유 중에서 불에 잘 타지 않는 내열성을 가지거나 점화원을 제거하면 자소성(自消性)을 나타내는 섬유를 난연섬유로 분류한다. 난연섬유는 다시 아라미드 섬유와 같이 내열성 화학구조로 이루어진 고분자로 만든 섬유와 방염제를 첨가한 인조섬유(난연 레이온 등) 또는 난연성 공단량체로 합성한 고분자로 만든 섬유(난연 폴리에스터 등)로 나누어진다.

방염제를 첨가하는 방법의 난연섬유는 중합단계 또는 섬유형성 단계에서 주로 난연화가 부여된다. 이 방법들은 모두 중합물 개질 혹은 혼련기술을 필요로 한다. 특히 아

**표 4-8** 각 섬유들의 한계산소지수(LOI)

| 섬유 | LOI | 섬유 | LOI |
|---|---|---|---|
| PVC | 35~40 | 양모 | 24~25 |
| PBI® | 35~38 | 폴리에스터 | 20~23.5 |
| 멜라민(Basofil®) | 27~31 | 아크릴 | 18~20 |
| 노멕스®, 케블라® | 26~31 | 폴리프로필렌 | 18~20 |
| Kermel® | 26~28 | 비닐론 | 19.5~20 |
| 모다크릴 | 25~32 | 레이온 | 18~20 |
| 난연 폴리에스터 | 28 | 면 | 18~21 |

크릴 섬유와 폴리에스터 섬유에 많이 적용된다. 대표적인 난연 폴리에스터는 Hoechst-Celanece사의 Trevira® CS가 대부분의 시장을 점유하고 있으며, 그 뒤를 도요보사의 Heim®이 따르고 있다. 난연 폴리에스터 섬유용으로는 인과 브롬계의 난연제가 주로 이용되어 왔다. 브롬계 난연제는 다이옥신이 발생하는 문제가 있어 현재 사용이 규제되고 있다. 우리나라에서도 과거에는 브롬계 난연제를 이용한 난연 폴리에스터 섬유를 생산한 적이 있으나 지금은 사용되지 않고 있다. 현재 난연 폴리에스터 섬유용 난연제로서 거의 모든 생산회사들은 인계 화합물을 사용하고 있다. 나일론은 LOI가 23 정도로 일반적인 섬유들보다 높다. 따라서 나일론의 난연화는 시장 요구가 낮아 활발히 개발되고 있지는 않은 실정이다. 나일론 섬유의 난연화는 폴리에스터의 난연화 기술을 그대로 이용할 수 있다고 추정하고 있지만 시판 중인 난연 나일론은 찾아보기 힘들다.

아크릴 섬유는 가열하면 용융과 동시에 격렬하게 연소되는 성질을 나타내는데, 난연화에는 주로 할로겐 원소를 가지고 있는 비닐계 단량체를 공중합시킨 모다크릴 섬유 형태로 이용된다. 된다. 대표적인 난연 모다크릴 섬유로는 일본 Kaneka사의 Kanecaron®과 도요보사의 Exlan NK®를 들 수 있다. 모다크릴은 할로겐 원소를 가진 비닐리덴 클로라이드($CH_2$=$CCl_2$)나 비닐 클로라이드($CH_2$=$CHCl$)의 공중합체이기 때문에 그 자체로 난연성을 가지지만, 이들 소재들은 난연성을 보다 더 향상시킨 제품으로 알려져 있다. 이 섬유들은 비행기 담요 등 침구류, 카펫이나 커튼과 같은 내장재, 잠옷, 어린이용 의류, 에이프런 그리고 장난감 소재 등으로 이용되고 있다. 모다크릴 고분자에 들어 있는 할로겐 원소가 연소 기체의 라디칼을 제거하여 소재의 열분해를 감소시키는 역할을 함과 동시에 불연성 탄화 잔류물의 생성량도 증가시킴으로써 난연성을 발휘한다. Kanecaron®을 폴리에스터 섬유와 혼용하면 폴리에스터의 LOI를 31까지 증가시킬 수 있고, 불의 전

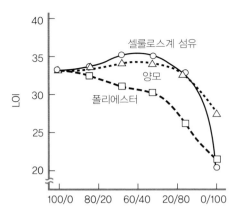

**그림 4-21** 난연 모다크릴 섬유(Kanecaron Protex-M®)의 혼방율에 따른 LOI값 변화

달과 화상을 유발시키는 용융된 폴리에스터의 점적(dripping)을 방지할 수 있어 난연성을 부여할 수 있다. 또한 이 모다크릴을 면이나 레이온과 같은 셀룰로스계 섬유와 혼방하여 사용하면 탄화잔류물의 생성이 더 증대되고 면/Kanecaron® 혼방제품의 LOI는 35까지 증가한다. 그림 4-21은 Kanecaron® 중에서도 가장 난연성이 높은 Protex-M®을 천연섬유에 혼방하였을 때의 LOI 변화를 보여주는 것으로서 50%까지 혼방이 가능하다고 알려져 있다. 그러나 이들 모다크릴 섬유들도 PVC와 마찬가지로 연소 중의 다이옥신 생성으로 규제가 강화되고 있어 그 사용량에는 제한이 따르고 있다.

한편, 내열성, 내화학성, 열차단성, 난연성을 모두 가지고 있어 소방복과 비행기 좌석에 많이 사용되는 고성능 난연 섬유로는 멜라민 열경화성 수지로 만든 BASF사의 Basofil®(그림 4-22), 아라미드계 고분자로 만든 듀폰사의 Nomex®와 Kevlar®, 폴리벤

**그림 4-22** BASF사의 난연섬유인 Basofi®로 만든 소방복

표 4-9 상용화 되어있는 난연 섬유

| 난연 섬유 | | 난연 구조 | 도입 방법* |
|---|---|---|---|
| 합성 섬유 | 폴리에스터 | 유기 인 함유 공단량체<br>• Trevira® CS (Trevira GmbH, 예전의 Heochst)<br>인 함유 첨가제<br>• Fidion® FR (Montefiber) | C<br><br>A |
| | 아크릴<br>(modacrylic) | 할로겐 함유 공단량체 (35-50%)/안티몬계 화합물<br>• Velicren® (Montefiber)<br>• Kanecaron® (Kaneka)<br>• Exlan NK® (Toyobo) | C |
| | 폴리프로필렌 | 브롬(Br)계 화합물 첨가제 | A |
| | 폴리할로알켄 | 폴리비닐클로라이드(PVC)<br>• Clevyl® (Rhone-Poulenc)<br>폴리비닐리덴클로라이드(PVDC)<br>• Saran® (Saran Corp.) | H<br><br>H |
| 고성능 내열 및 난연 섬유 | 아라미드 | 메타계 아라미드<br>• Nomex® (DuPont), Conex® (Teijin)<br>파라계 아라미드<br>• Kevlar® (DuPont), Twaron® (Enka) | Ar<br><br>Ar |
| | 아라미드-이미드 | • Kermel® (Rhone-Poulenc) | Ar |
| | 폴리벤지이미다졸 | • PBI® (Hoechst-Celanese) | Ar |
| | 멜라민 | • Basofil® (BASF) | H |

\* A: 섬유제조 공정에서 난연제 첨가; C: 공중합; H: 난연성 단독 중합체; Ar: 방향족 고분자

즈이미다졸 고성능 고분자로 만든 Heochst-Celanese사의 PBI®, 그리고 폴리아마이드-이미드로 만든 Rhone-Poulenc사의 Kermel® 이 있다.

표 4-9는 현재 사용되고 있는 난연 섬유를 정리한 것이다. 난연 섬유는 화학적 후처리법으로 만든 방염가공 섬유보다 세탁지속성이 우수하다.

## 4) 후처리법에 의한 방염가공섬유

### (1) 방염제

발수가공의 경우와 같이 가공제와 함께 가공방법도 일시적인 것과 비교적 내구성을 갖는 것으로 구분된다. 방염제로 사용되는 화합물은 대개 공통적으로 방염성을 갖는 원소들을 함유하고 있는데, 방염 기능을 가지는 원소들은 주기율표 상에서 III족의 붕소(B), V족의 질소(N), 인(P), 안티몬(Sb) 및 VII족의 할로겐 원소들이다. 이중에서 섬유의

방염제에 포함된 원자는 대부분 인(P)과 할로겐 원소인 브롬(Br)과 염소(Cl) 원자이다.

할로겐 원소를 포함하는 방염제는 할로겐 라디칼을 형성시켜 열분해에 의해 생기는 라디칼의 활성을 떨어뜨리는 라디칼 제거제 역할을 함으로써 열분해와 가연성 기체의 발생을 억제하여 연소의 확대를 방지하는 효과를 발휘한다. 반면에 인을 함유하는 방염제는 산소와 반응해서 오산화인 및 오르토(ortho)인산을 형성함으로써 탈수·탄화반응의 촉매로 작용하여 열분해과정에서 가연성 기체의 발생을 억제한다. 반응이 더 진행되어 폴리인산이 되면 섬유를 피복하여 산소와의 접촉을 차단하는 기능도 하게 된다.

## (2) 방염가공 방법

방염가공은 방염제를 섬유에 고착시켜 섬유제품이 타기 어렵게 하는 것으로, 그 가공방법으로는 고분자 원료인 단량체나 방사 원액의 원료 단계에서 방염제를 혼입하는 방법과 섬유로 만든 다음 방염제를 고착시키는 후처리 방법이 있다. 난연 섬유로서 앞 절에서 다루었던 원료 단계에서의 처리가공법은 대량생산을 위한 것으로 생산량이 적을 때에는 무리이다. 이런 점에서 후처리 방법이 융통성이 있어 일반적으로 사용되는 방법인데, 방염가공이라 함은 보통 이 방법을 말한다.

가장 바람직한 후처리법은 기존의 후가공 장비와 코팅 장비를 이용해서 적정 비용으로 요구되는 방염성을 얻는 것이다. 후처리에 따른 문제점은 조제의 섬유 내부로의 침투, 반복된 세탁에 의한 안정성, 섬유 표면의 물성 변화 등이다. 그림 4-23은 섬유제품에 응용되는 네 가지 기본적인 방염공정을 도식화한 것이다. 각각의 공정은 아래에서 설명하

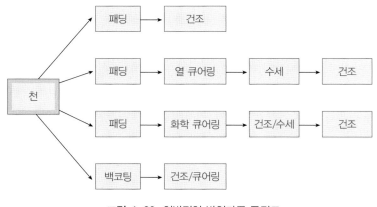

그림 4-23 일반적인 방염가공 공정도

는 면제품, 양모제품 그리고 합성섬유제품에 사용되는 방염가공의 한 가지 이상의 예에서 실제 응용되고 있다.

공정 A는 가장 단순한 패드-건조 방법으로서 인산암모늄과 같은 비내구성, 수용성 가공에 주로 사용된다. 공정 B는 방추가공과 같은 열경화 가공으로서 인산아마이드계에 주로 이용된다. 공정 C는 섬유 내부에 침투시킨 방염제를 암모니아 기체로 중합-경화시키는 THPC계에 적용된다. 이 경우 세척하기 전에 산화 고정시키는 단계가 필요하다. 공정 D는 이면 코팅 방식으로서 비난연성 천의 뒷면에 방염제가 함유된 수지를 코팅하는 방식을 의미한다. 이 공정은 뒷면에 방염성을 부여하는 동시에 앞면의 심미성을 그대로 유지한다. 이때 뒷면의 방염제가 비상시에 전체 소재에 전달되어야 하기 때문에 기체 상태로 방염성을 발휘하는 안티몬-브롬(또는 다른 할로겐)계(예로서, 표 4-10~12의 Myflam® 또는 Flacavon®)에 사용된다. 안티몬-브롬계 방염제는 셀룰로스계 섬유에 주로 사용되는 인이나 질소를 함유하는 방염제와 달리 수지 접착제(바인더)에 혼합되어 이면 코팅법으로 소재 표면에 도포된다. 섬유 소재에는 DBDPO(decabromodiphenyl oxide)가 많이 사용된다. 수지접착제로는 아크릴계 공중합체, 에틸렌-비닐아세테이트 공중합체가 사용되는데 이들은 불연성 탄화잔류물을 형성하는 성질을 지녀 열가소성 합성섬유에 적합하다. 난연 조성물에서 수지가 차지하는 함량은 60~70%(w/w) 정도이다. 이들 수지접착제는 소수성과 낮은 유리전이온도를 가진 것을 선택하여야 하는데, 이는 난연제의 내구성을 높이고 섬유 기재의 유연성과 태의 손상을 최소화해야 하기 때문이다. 이면 코팅에는 나이프 코팅법이 사용되며, 난연제 조성물은 페이스트나 거품 상태로 사용된다. 이 방법은 특히 앞면의 외관이 중요한 가구용이나 드레이프용 소재에 많이 이용된다.

## (3) 셀룰로스계 섬유의 방염가공

면이나 레이온과 같은 셀룰로스계 섬유는 다른 섬유에 비해 불에 타기 쉬워서 방염성이 요구되는 섬유이다. 셀룰로스계 섬유의 방염가공에는 일시적으로 방염성을 부여하는 방법과 반복 세탁을 해도 방염성을 유지하는 내구성 방염가공 방법이 있다.

① 일시적 방염가공  일시적으로 방염성을 갖게 하기 위해서는 방염제 수용액에 셀룰로스 제품을 패드-건조 방식으로 가공한다. 이들은 방염성은 뛰어나지만 세탁을 하면 효

력이 떨어진다. 방염 원리로 다음과 같은 방법들이 사용된다.

- **섬유 표면에 피막을 만드는 방법** : 가연성 기체가 밖으로 나오지 않게 하거나 공기가 들어오지 않도록 하여 연소하는 것을 막아 주는 방법으로 붕소 유도체로 붕산, 붕사, 인산암모늄염, 인산, 요소 등을 사용하는 경우
- **섬유의 표면을 단열성이 있는 재료로 덮어 섬유의 열분해를 방해하는 방법** : 산화철, 산화납, 산화주석, 안티몬염, 사염화티탄을 사용하는 경우
- **불꽃을 만나 불연성 기체를 내는 가공제를 사용하는 방법** : 탄산암모늄, 염화마그네슘을 사용하는 경우

ⓐ **내구성 방염가공**　셀룰로스 섬유에 사용되는 내구성 방염제로는 THPC(tetrakis hydroxymethyl phosphonium chloride), THPOH(tetrakis hydroxymethyl phosphonium hydroxide), THPS(tetrakis hydroxymethyl phosphonium sulphate),

표 4-10 면제품에 사용되는 방염제

| 형 태 | | 지속성 | 구조/조성 |
|---|---|---|---|
| 염(salt) | ammonium polyphosphate | (n 값에 따라) 비지속성 또는 반지속성 | $HO-\overset{\overset{O}{\|\|}}{\underset{\underset{NH_4}{\|}}{P}}-O-H$ ]$_n$ |
| | diammonium phosphate | 비지속성 | $(NH_4)_2HPO_4$ |
| Organo-phosphorus | Cellulose 반응형 (Methylolated phosphoramide) | 50회 세탁 이상의 지속성 | $(CH_3O)_2P(=O)CH_2CH_2CONHCH_2OH$ (예) Pyrovotex® CP (Ciba) Antiblaze® TFR 1 (Albright & Wilson) Aflammit® KWB (Thor) |
| | polymeric tetrakis (hydroxy methylol) phosphonium salt condensate | 50회 세탁 이상의 지속성 | THPC-urea-NH$_3$ condensates (예) Proban® CC (Albright & Wilson) Aflammit® P (Thor) |
| (back) coating | chlorinated paraffin wax | 반지속성 | $C_nH_{(2n-m+2)}-Cl_m$ (예) Flacavon® FK (Schill & Seilacher) |
| | antimony/halogen (aliphatic or aromatic bromine-containing species) | 준지속성에서 지속성까지 | $Sb_2O_3$ (or $Sb_2O_5$) + decabromodiphenyl oxide or hexabromocyclododecane + acrylic resin (예) Myflam® (Mydrin) Flacavon® F12 (Schill & Seilacher) |

인산염, 인산아마이드, 인산비닐유도체, APO(tris-1-aziridinyl phosphine oxide) 등과 같은 반응성 유기 인화합물이 있다. 이들 방염제는 수지가공제와 병용하여 셀룰로스 섬유의 하이드록시기와 가교결합을 하는데 촉감 저하, 물성 저하 및 내세탁성 등의 문제점을 나타낸다. Albright & Wilson사(영국)의 Proban® 가공, Ciba-Geigy사(스위스)의 Pyrovotex® 가공 등이 대표적인 형태이다. Proban 가공을 예로 들면, Proban® 고분자는 인과 질소의 화합물로 불과 접촉하면 인과 질소로 분해되면서 인은 탈수작용을 갖는 5산화인($P_2O_5$)으로 산화된다. 또한 셀룰로스 섬유가 탈수되고 오산화인은 폴리인산(sodium polyphosphate) 구조로 바뀌면 섬유 표면에 피막이 형성되어 공기를 차단하는 작용을 한다. 이 단계에 이르러 불꽃이 제거되면 더 이상의 연소는 진행되지 않는다.

표 4-10는 면제품에 상용되는 방염제를 정리한 것이다.

## (4) 단백질계 섬유의 방염가공

양모섬유는 LOI 값이 25 정도로 면이나 폴리에스터보다 방염성이 우수하다. 양모섬유의 연소에 의하여 발생하는 연기의 양은 비교적 적으나 HCl, NOx와 같은 유독 기체를 발생한다. 또한 선진국의 유아 및 어린이용 방염 규격인 LOI 27~28까지 도달하기 위하여 방염 처리가 필요하다. 표 4-11은 양모 및 양모 혼방제품에 사용되는 방염제에 대한 내구성 수준을 요약한 것이다.

표 4-11 양모 및 양모 혼방 제품에 사용되는 비내구성 및 준내구성 방염제

| 제조 회사 | 상표명 | 난 연 제 | 내구성 |
|---|---|---|---|
| Albright & Wilson | Antiblaze® FSD<br>Antiblaze® RD1<br>Antiblaze® LR3<br>Antiblaze® LR4 | 인산 암모늄 (APP) + 브롬화 암모늄<br>인산 암모늄 염<br>APP 분말 (30% w/w P)-코팅용<br>APP 분말 (27% w/w P)-코팅용 | 드라이클리닝<br>-<br>드라이클리닝<br>드라이클리닝 |
| Ciba | Flovan® BU<br>Floban® CGN | 할로겐화(브롬화) 무기물(암모늄)<br>인산 암모늄 | 드라이클리닝<br>- |
| Thor | Flammentin® ASN<br>Flammentin® HM<br>Flammentin® KRE<br>Flammentin® MCFC | 인산 암모늄 (APP or DAP)<br>(인산) 암모늄 염-30% 양모 혼방까지 사용 가능<br>유기 인과 인-질소 화합물<br>가교실리콘 + 인-질소 화합물 | 드라이클리닝<br>드라이클리닝<br><br>40℃ 물 침지,<br>드라이클리닝 |
| Schill & Seilacher | Flacavon® RENU | 유기 인 및 질소 함유 화합물 | 드라이클리닝 |

## (5) 합성섬유의 방염가공

합성섬유의 방염성 부가는 앞의 난연섬유에서 설명한 것과 같이 대부분 섬유제조 과정에서 공중합하거나 방사 시 방염제를 첨가하는 방법으로 이루어지고, 일부는 후처리가공으로 행해지고 있다. 첨가제를 사용할 때 중요한 것은 섬유 내의 분산성 또는 열에 대한 안정성이다. 폴리에스터나 나일론에 첨가되는 방염제는 폴리에스터 방사온도인 250~300°C에서 열안정성을 가져야 하고 고분자 용·융체의 분해나 점도에 영향을 주지 않아야 한다. 방사과정에 첨가하는 방염제로는 할로겐을 기본으로 한 유도체 화합물, 인 유도체 화합물 등이 있다. 아크릴 섬유는 열에 쉽게 녹으며 검은 구슬을 생성하면서 탄다. 아크릴 섬유는 방염성 단량체를 사용하여 방염성을 얻을 수 있는데, 모다크릴이 상품화된 형태이다. 그밖에 방사 시 첨가하는 조제 혹은 후처리가공 조제로서 비수용성 유기인 유도체 화합물, 할로겐 화합물 등이 있다.

표 4-12는 합성섬유제품에 사용되는 대표적 내구성 방염제를 정리한 것이다.

**표 4-12** 합성섬유 제품에 사용되는 대표적 내구성 방염제

| 제조회사 | 상표명 | 화 학 조 성 |
|---|---|---|
| Albright & Wilson | Antiblaze® N/NT | <br>주용도: 폴리에스터<br>부용도: 나일론, 폴리프로필렌 |
| Thor | Aflammit® RE<br>Aflammit® NY | 폴리에스터용<br>나일론용<br>  유기 질소 및 황 화합물과 반응성 가교 화합물 |
| Schill & Seilacher | Flacavon® AM<br>Flacavon® AZ<br>Flacavon® H12/10<br>Flacavon H14/587 | 나일론 용, 유기 질소 및 황 화합물<br>폴리에스터용, 유기 인 화합물<br>유기 인 및 질소 화합물<br>폴리에스터/면 혼방용, 산화안티몬 + 브롬 화합물 |

## 5) 방염성의 평가

방염섬유의 수요는 생활환경의 개선에 따라 그 수요가 점점 커지고 있으며 그 용도 또한

점차 확대되어 우리가 인식하지 못하는 제품들도 그 성능이 요구되는 경우가 많다. 이에 따라 각 용도별 제품에 따른 방염성의 평가 방법이 있는데, 대표적인 방법으로 섬유의 연소에 필요한 산소의 분율을 의미하는 한계산소지수(LOI)와 850°C에서 남아 있는 탄화잔류물의 중량 %를 표시하는 CR(char residue) 등이 주로 이용된다. CR은 고온에서 분해시킬 때 생기는 가연성 물질의 양과 관계가 있다. LOI는 일정한 유량의 산소와 질소의 혼합기체 분위기에서 재료의 위쪽에 불을 붙였을 때, 꺼지지 않고 최소한의 불꽃을 유지하면서 3분 동안 연소되는데 필요한 혼합기체 중의 최소 산소함량을 의미하는 것으로 다음과 같이 정의된다.

$$LOI = \frac{V(O_2)}{V(O_2) + V(N_2)} \times 100$$

이때 $V(O_2)$와 $V(N_2)$는 각각 산소와 질소의 부피분율이다. 일반적으로 LOI는 27 이상이면 난연성으로 분류하나 조건 및 용도, 지역에 따라 다소의 차이가 있다.

의류용의 얇은 천의 방염성 평가에는 연소시험법, 45도 방화도 시험법, 후프법 등이 사용된다.

- **연소시험법**(visual timing test) : 수직으로 걸린 직물에 전파되는 불꽃의 속도를 측정하는 방법이다.

- **45° 방화도 시험법** : 35×25 cm의 시편을 제작하여 수세 5회, 드라이클리닝 5회를 거쳐 건조한 후, 점화원과 45° 경사의 방향으로 놓은 멕켈 버너(Meckel burner)를 이용하여 연소시킨 다음, 불꽃(화염)의 잔류 시간(3초 이내), 불꽃 소멸 후 타 들어가는 시간(5초 이내), 탄화 면적($30cm^2$ 이내), 탄화 길이(20cm 이내)로 방화도를 판단한다.

- **후프법**(hoop test) : 시료 직물을 반원틀에 걸어 놓고 불꽃의 전파속도를 측정하는 방법이다.

이들 방법들은 모든 직물에 적합하지 않으며 각각 장단점을 지닌다. 예를 들어 연소시험법은 연소성이 큰 직물에는 적합하지 않으나 연소속도가 늦은 직물시험에는 적합하다. 45° 방화도 시험법 및 후프법은 타는 동안에 늘어지는 직물에는 적합하지 않다.

# 4. 인체 보호성

과학기술의 가속적인 발전과 함께 각종 신소재가 출현하여 인류의 활동 영역도 지구표
면에서 우주공간과 해저로 확대되었다. 그러나 산업화과정에서 발생한 환경오염, 이상
기후, 자원 고갈, 전자파 장해 등은 인류의 생활환경과 생존에 위협을 가하고 있다. 이
처럼 삶의 형태가 크게 달라지면서 의복의 기능도 미적·사회적 기능과 함께 물리적 기
능이 중요하게 부각되고 있다. 특히 일상복뿐만 아니라 특수 환경에서 착용하는 기능성
의류나 스포츠 의류 등에 물리적 기능이 중요하게 취급되면서 인체를 보호하는 기능성
소재를 생산하기 위한 가공의 필요성이 증대되고 있다.

## 1) 항미생물가공

소비자들의 청결성과 쾌적성에 대한 요구가 커지면서 의복을 비롯한 섬유제품에 이러한
기능이 등장하게 되었다. 특히 거주공간이 단열, 밀폐되면서 곰팡이나 각종 세균들이 쉽
게 생육할 수 있는 환경으로 변화하였다. 벽지나 카펫에 곰팡이나 세균이 증식하면 섬
유제품이 손상되고 변색과 악취가 발생하며, 아토피성 피부염, 알레르기, 천식 등과 같은
각종 질병을 유발시킨다. 이러한 환경중의 유해 미생물의 제어는 섬유 분야에서 매우 중
요한 과제로 부각되고 있다. 최근 의료용 섬유, 주택용 섬유 및 공업용 섬유에 이르는 다
양한 분야에서 등장한 항미생물성 섬유 소재는 매년 약 10% 이상의 신장률을 보이고
있다.

면이나 레이온 소재에 안전성이 탁월한 청색 동, 황화동 및 은이 이온 결합된 제품으
로 항균과 소취 기능이 뛰어난 항균직물 및 부직포 소재가 개발되었다. 이를 이용한 항
균제품으로서 거즈 손수건, 망사 행주, 어린이용 타올, 직물 행주, 간이 부직포 행주, 좌
변기 커버, 슬리퍼, 마스크 등이 있다.

천연염료, 황토, 참숯 성분을 첨가하여 미생물의 증식 억제와 원적외선 효과를 부여하
고 피부 혈류량과 피부 온도를 높여 혈액순환 촉진과 피부 보습 효과를 부여하는 제품
도 개발되었다. 또한 내의에 여름철 땀냄새 방지기능을 갖는 항균처리 제품이 인기를 끌
고 있으며 알레르기성 피부를 위해 봉제선을 바깥으로 설계하고 키토산 성분을 함유시

킨 기능성 속옷이 출현하였다. 이밖에도 일상생활에서 많이 사용되는 운동복이나 타월, 카펫, 수세미, 침대 매트리스 등에도 항균가공을 적용한 제품들이 개발되었다.

이처럼 섬유제품에 미생물 증식을 억제하는 처리를 하여 악취 발생과 그 밖의 섬유제품의 손상이나 인체의 질병 유발을 방지하는 것을 항미생물 가공(antimicobial finish) 또는 항균가공이라 한다. 엄밀하게 세균(박테리아)을 죽이거나 세균에 저항성을 갖게 하는 경우를 항균가공이라 하고 세균뿐만 아니라 진균(곰팡이)까지를 죽이거나 이에 대한 저항성을 갖는 경우를 항미생물 가공으로 구분하기도 한다.

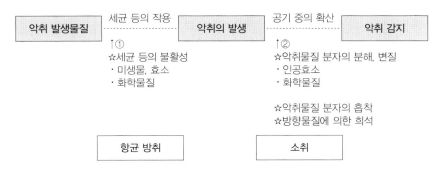

그림 4-24 악취발생 및 감지과정, K. Takiwaki, 染色工業, 42(9) 150(1998)

## (1) 미생물의 종류와 특성

항균가공 시 중요한 미생물은 주로 세균류와 곰팡이류(진균류)라고 할 수 있는데, 이들 미생물의 세포는 세균이 갖는 원핵세포(prokaryote)와 곰팡이류가 가지는 진핵세포(eukaryote)로 분류된다. 세균의 원핵세포는 그다지 조직화되어 있지 않은 세포로 수 $\mu$m 전후의 크기를 가지며 일반적으로 건조한 환경, 자외선, 산에 약하다. 세균의 증식에는 약알칼리성 pH, 20~40°C의 온도, 그리고 높은 함수량이 최적 조건으로 알려져 있다.

반면 곰팡이는 진핵의 단세포(포자)-다세포(균사)의 고등미생물로서 동물이나 식물에도 속하지 않는 세균과는 전혀 다른 미생물이다. 종류에 따라 크기가 다양하고 일반적으로 건조한 환경, 자외선과 산에 강한 것이 특징이다. 섬유제품에 있어서 곰팡이는 pH에 그다지 큰 영향을 받지는 않으나 약산성, 20~30°C의 온도, 65% 상대습도에서 가장 잘 증식한다.

그림 4-25 미생물의 분류

땀이나 얼룩과 같은 오염원이 섬유제품에 부착되면 그것을 영양원으로 하여 미생물들이 쉽게 번식하는데 의복재료의 조성이나 인체에 착용되는 부위에 따라서 증식 정도는 다소 차이가 나기도 한다.

## (2) 미생물의 작용

① 인체에 미치는 영향  의복과 피부에 기생하는 각종 유해 미생물들은 생육이 가능한 환경 하에서 단시간 내에 증식하여 섬유의 강도를 저하시키고, 착색이나 악취발생 등을 야기할 뿐만 아니라 인체에 각종 질병을 유발하기도 한다. 특히 사회문제로 확대되어 매스컴에서 빈번히 보도되었던 MRSA(Methicillin-Resistant *Staphylococcus Aureus*, 내성 황색포도상구균)에 의한 병원내 감염은 항생제조차 듣지 않는 슈퍼박테리아가 사람의 피부에 난 상처를 뚫고 연조직과 뼈에 침입하여 치명적인 폐렴과 균혈증(菌血症, 피를 썩게 만드는 병)을 일으키는 것으로 알려져 있다.

② 섬유 물성의 저하  섬유를 오염, 변색시키고 강도를 저하시키는 작용은 주로 *Chaetomium globosum*과 같은 특정한 미생물들에 의해 발생하는데, 이러한 미생물들은 우리의 생활환경에서 보편적으로 존재한다. 미생물에 의한 섬유제품의 착색 및 강도 저하는 섬유의 종류나 섬유에 묻은 오염물의 종류, 그리고 번식하는 미생물의 종류에 따라 다소 다르게 나타난다. 예를 들어 섬유에 묻은 오염물질에 단백질이나 설탕이 함유된

경우, 미생물들은 이를 유용한 양분으로 하여 보다 빠르게 번식한다. 따라서 오염된 섬유제품을 그대로 방치하면 시간이 지나면서 오염물질이 화학적으로 분해되고 산화, 중합되는 과정을 거쳐 섬유와 결합을 형성한다. 이렇게 오염물질이 섬유와 단단히 결합하게 되면 세탁으로도 제거가 불가능하며 미생물 번식에 적합한 생육조건을 형성한다.

③ **착색**　미생물, 특히 곰팡이류가 섬유에 번식하면 오염물질을 분해한 분해물이나 곰팡이의 대사산물에 의해 섬유제품이 변색 또는 착색한다. 곰팡이는 종류에 따라 각기 독특한 산성 색소물질(acidic pigments)인 대사물질을 분비하며 그 결과 섬유에 착색되는 색깔이 다르게 나타난다. 이러한 곰팡이 번식에 따른 착색은 일반적인 세탁으로는 제거가 불가능하며 산화나 환원에 의한 표백 과정을 거쳐야 한다. 이때 표백방법은 섬유의 종류나 착색의 종류에 따라서 주의 깊게 선택해야 한다.

④ **악취 발생**　*Staphylococcus aureus*, *Escherichia coli*, *Proteus vulgaris* 등과 같은 미생물들은 의복에 묻은 오염물질을 저분자 형태의 지방산이나 휘발성 물질들로 분해하면서 악취를 발생시킨다. 특히 유기물질로 구성된 신체 분비물이나 음식물 오염은 악취 발생의 주요한 원인이 되는데 이들 성분은 아세트산, 프로피온산, 부티르산, 발레르산, 카프로산 등 산성물질이거나 지방산, 트리메틸아민, 암모니아, 알데히드, 설파이드, 머캅탄 등이다.

인체의 피부에서 발생하는 분비물은 대개 땀이나 피지의 형태로 분비되는데 땀은 주로 에크린선(eccrine glands)이라는 곳에서 분비되고 특히 청소년기에는 아포크린선(apocrine glands)에서도 다량 분비된다. 에크린선에서 분비되는 땀은 발 냄새, 그리고 아포크린선에서 분비되는 땀은 겨드랑이 냄새의 원인이 된다. 이러한 땀의 성분은 소변을 약 1/10~1/100로 희석한 것과 유사하며 99%가 물이고 약 0.3~0.8%의 고형 물질로 이루어진다. 약산성(pH 3.8~6.4)을 띠는 초기에 분비되는 땀에서는 세균이 번식할 수 없으나, 시간이 경과하여 산도가 높아지면 세균이 번식할 수 있는 생육조건으로 변하게 된다.

피지는 손상된 진피의 지방분비선(oil gland)이 피부 밖으로 분비되는 것인데 인체에서 분비되는 때나 그 밖의 먼지와 혼합·유화하여 섬유에 단단히 고착됨으로써 제거하기 힘든 오염을 형성한다. 분비 초기 상태의 피지는 약산성(pH 4.5~6.0)으로 세균의 생육을 억제하는 효과가 있으나 신속히 제거하지 않고 방치하면 pH가 상승하여 미생물

생육에 좋은 양분으로 작용한다.

## (3) 항균 가공제의 종류

항균방취의 분야가 확대되고 과학기술이 발전하면서 최근 다양한 항균방취제가 개발된 바 있다. 항균가공제 중 가장 일반적으로 사용되고 있는 것은 금속 또는 금속을 함유하고 있는 무기물 입자, 제4급 암모늄염 및 유기실리콘 제4급 암모늄염이다. 그러나 일부 방향족 할로겐 화합물들은 그 안전성에 문제가 있어 현재에는 사용하지 않는 것들도 있다. 최근에는 키틴 및 키토산과 같은 천연 항균제가 폭넓게 사용되고 있다. 다만 섬유소재에 사용되는 항균제는 다음과 같이 단순히 항균능력만이 아닌 안전성을 비롯한 몇 가지 요구사항을 만족해야 한다.

- 미생물에 대한 살균력이 클 것
- 인체에 무해할 것
- 내세탁성이 좋을 것
- 재료에 손상을 주지 않으며 외관을 해치지 않을 것
- 처리방법이 간단하고 가공비가 저렴할 것
- 무색. 무취이며 식별이 용이할 것
- 가능하면 정상 피부에 존재하는 미생물의 균형을 깨지 않을 것

① **무기금속계**　무기금속계 항균방취제로 대표적인 것으로는 그림 4-26 구조를 갖는 항균성 제올라이트가 대표적이며 은−산화티타늄, 은-아연-실리카, 은−규산칼슘, 은−실리카겔 등이 있다.

$$x\mathrm{M}_{2/n}\mathrm{O} \cdot \mathrm{Al}_2\mathrm{O}_3 \cdot y\mathrm{SiO}_2 \cdot z\mathrm{H}_2\mathrm{O}$$

x, y : 금속산화물, silica의 계수, z : 결정수의 계수, n : 금속의 원자가,
M : 통상 1~3종의 금속, M의 일부 혹은 전부가 Ag, Cu, Zn 이온으로 치환되어 있음.

**그림 4-26** 항균성 제올라이트의 조성

항균성 제올라이트는 천연 및 합성 제올라이트에 이온교환 기능을 이용하여 은(Ag)과 같은 금속을 이온결합(금속 치환량 1~2% 정도)시킨 제올라이트이며, 폴리에스터나 나일론 섬유 등의 방사원액에 1% 정도 혼합시켜 방사하면 항균성이 부여된 항균섬유를

제조할 수 있다. 이들은 은 및 아연 이온이 서서히 용출하여 세균의 세포 속으로 확산되면서 세포내 단백질의 구조를 파괴하고 대사장해를 일으킨다. 무기금속계는 무기물로 구성되어 있으므로 독성이 매우 적고 열안정성이 높기 때문에 합성섬유에 쉽게 혼합할 수 있다. 또한 수지를 사용한 가공은 폴리에스터, 아세테이트, 나일론, 폴리프로필렌 섬유 등에 사용되고 있으며 전 의류 분야로 확대되어가고 있다.

② 유기금속계  금속염을 포함한 유기금속계 항균제는 금속산화물, 금속티오시아나이드, 금속염화물 등의 형태로 사용된다. 은, 구리, 아연, 납, 주석, 알루미늄, 철 등이 사용되며 특히 은(Ag)은 항균작용이 매우 우수하여 가장 많이 사용되고 있는 금속이다. 유기금속계 항균가공제로는 그림 4-27과 같은 은, 구리, 아연 등을 함유한 유기화합물이 있다.

은 설퍼네이트는 희박한 질산은 용액에 설퍼네이트기를 가지는 폴리에스터 직물을 침지하고 교반하면서 끓이면 폴리에스터 섬유의 술퍼네이트 잔기($SO_3-$)에 은 이온이 결합한다.

섬유 속에 구리화합물을 미세하게 분산시킨 도전성 황화구리를 함유한 셀룰로스, 양모의 시스틴 결합이나 폴리펩티드 결합에 구리나 아연을 화학결합시킨 항균제 등이 있으며 그림 4-27에 나타낸 바와 같은 착화합물의 형태로 적용한다. 이는 섬유로부터 용출된 구리 이온이 미생물의 세포막을 파괴하고, 통과하여 세포내 효소의 -SH기와 결합함으로써 효소활성을 저하시키고 대사기능을 방해하여 생육을 억제시키거나 사멸시킨다.

10, 10′-oxybisphenoxcrsine과 같은 항균제는 열 안정성이 높아 300°C에서도 견디며 알칼리와 일광에도 안정하고 항균효과가 커서 플라스틱, 부직포를 비롯하여 의류용에 사용되고 있다.

이밖에 두 가지 또는 그 이상의 금속을 동시에 사용하는 경우도 있다. 예를 들면 은과 구리를 동시에 사용하면 구리가 은의 항균작용을 방해하는 물질의 기능을 감소시킴으로써 은 이온의 항균성을 유지시키는 역할을 한다.

$$\left[OOC-\bigcirc-COOCH_2CH_2\right]_nOOC- \quad -\bigcirc-COOCH_2CH_2- \\ \hspace{9cm} SO_3^-\ Ag^+$$

은설퍼네이트

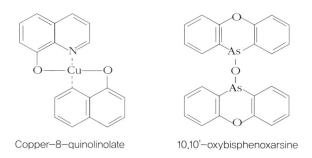

폴리아크릴로니트릴 황화구리 착화합물

Copper-8-quinolinolate      10,10'-oxybisphenoxarsine

그림 4-27 유기금속계 항균가공제

③ 유기실리콘 제4급 암모늄염계     그림 4-28에 나타낸 다우 코닝사의 DC 5700 [3-(trimethoxysilyl)propyl octadecyl dimethyl ammonium chloride]은 대표적인 유기실리콘계 제4급 암모늄염 항균제이다. 이 항균제를 나일론이나 폴리에스터 등의 섬유에 침지나 패딩 처리와 같은 후가공법으로 가공하면 항균제의 트리메톡시기가 섬유 표면의 −OH기와 반응하여 공유결합을 하고 유기 실리콘이 그라프트 중합하면서 섬유 표면에 엷은 막을 형성하게 된다.

이 항균제는 EPF(미국환경청)에서 실시한 독성시험결과 급성독성 $LD_{50}$이 12.27g/kg (경구투여, 쥐), 토끼에 의한 피부자극성은 나타나지 않았고, 송어에 대해 어독성(魚毒性) $TL_{50}$이 56mg/l로 나타났으며, 아급성 독성(亞急性毒性), 변이원성, 최기형성(催奇形性), 점막자극성 시험 및 양말착용 시험에 있어서도 안전성이 확인되었다.

이 제품의 항균 메커니즘은 비용출형으로 섬유 표면에 부착된 제4급 암모늄염의 암모늄 분자의 양이온에 미생물이 부착되면 미생물의 세포 표면의 음이온 부위를 정전기적으로 흡착하여 세포 표층을 물리화학적으로 파괴하여 세포 내용물을 누설시킴으로써 사멸시킨다.

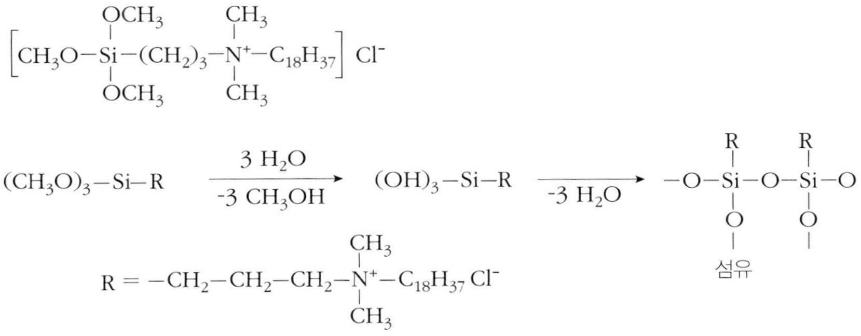

$$\left[ CH_3O-\underset{\underset{OCH_3}{|}}{\overset{\overset{OCH_3}{|}}{Si}}-(CH_2)_3-\underset{\underset{CH_3}{|}}{\overset{\overset{CH_3}{|}}{N^+}}-C_{18}H_{37} \right] Cl^-$$

$$(CH_3O)_3-Si-R \xrightarrow[-3\ CH_3OH]{3\ H_2O} (OH)_3-Si-R \xrightarrow[-3\ H_2O]{} -O-\underset{\underset{섬유}{\overset{|}{O}}}{\overset{\overset{R}{|}}{Si}}-O-\underset{\overset{|}{O}}{\overset{\overset{R}{|}}{Si}}-O-$$

$$R = -CH_2-CH_2-CH_2-\underset{\underset{CH_3}{|}}{\overset{\overset{CH_3}{|}}{N^+}}-C_{18}H_{37}\ Cl^-$$

**그림 4-28** octadecyl dimethyl(3-trimethoxysilylpropyl)ammonium chloride를 이용한 Biosil 가공

④ **제4급 암모늄염계**　제4급 암모늄염 화합물은 암모늄 양이온이 통상적으로 음전하를 띠고 있는 세균의 세포벽을 끌어당겨 물리적으로 파괴시키는 방식으로 균을 사멸시킨다. 이중 cetyldimethyl benzyl ammonium chloride, polyoxyethylene trimethyl ammonium chloride나 octadecyl ammonium acetate 등과 같이 섬유와 화학결합이 불가능한 구조는 침지하여 섬유제품에 흡착처리를 한다. 그러나 이러한 제4급 암모늄염은 세탁과정에 서서히 탈리하는 한계를 갖고 있다. 따라서 반응성 수지로 섬유 표면에 고착시키는 후가공법을 사용하여 주로 폴리에스터 100% 섬유에 항균성을 부여하는데 이용된다. 최근 섬유로부터 용출되지 않도록 화학적으로 개량한 제4급 암모늄염을 원사 혼입법으로 섬유 내에 주입시켜 항균성을 부여한 제품도 출현하였다.

　본래 용수처리제로 개발된 물질로서 강한 살균력과 흡착력을 가지고 있는 폴리메틸

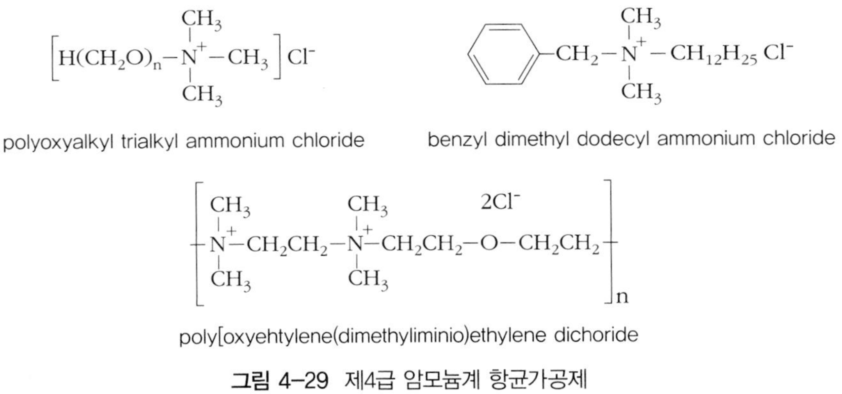

$$\left[ H(CH_2O)_n-\underset{\underset{CH_3}{|}}{\overset{\overset{CH_3}{|}}{N^+}}-CH_3 \right] Cl^-$$

polyoxyalkyl trialkyl ammonium chloride

$$\bigcirc\!\!-CH_2-\underset{\underset{CH_3}{|}}{\overset{\overset{CH_3}{|}}{N^+}}-CH_{12}H_{25}\ Cl^-$$

benzyl dimethyl dodecyl ammonium chloride

$$\left[ -\underset{\underset{CH_3}{|}}{\overset{\overset{CH_3}{|}}{N^+}}-CH_2CH_2-\underset{\underset{CH_3}{|}}{\overset{\overset{CH_3}{|}}{N^+}}-CH_2CH_2-O-CH_2CH_2- \right]_n \quad 2Cl^-$$

poly[oxyehtylene(dimethyliminio)ethylene dichoride

**그림 4-29** 제4급 암모늄계 항균가공제

렌 암모늄염 및 폴리옥시알킬렌 암모늄염과 같은 양이온염도 섬유의 항미생물 가공제로서 사용되고 있다.

ⓔ **구아니딘계**    ICI사의 polyhexamethylene biguanide hydrochloride 등이 대표적인 항균제로 그림 4-30에 1,1-hexamethylene bis[5-(4-chlorophenyl)biguanide]digluconate의 구조를 나타내었다. 주로 나일론 섬유 등의 방사원액에 혼합되어 방사하여 섬유에 항균성을 부여하는데 제4급 암모늄염과 마찬가지로 세포 라이소자임(lysozyme)의 작용을 방해하여 세포 표층구조를 변성 또는 파괴하는 것으로 세균에 대해서는 높은 살균활성을 나타내지만 진균에 대해서는 효과가 비교적 미미하다.

이 항균제는 급성독성 $LD_{50}$이 1,000~2,000mg/kg(경구투여, 쥐)으로 비교적 독성이 낮고, 안정성이 높은 편이다. 또한 섬유에 대한 흡착력이 매우 강해 패드-드라이법으로도 섬유에 쉽게 가공할 수 있으며 세탁내구성이 우수하고, 열안정성도 우수하나 광내구성(光耐久性)은 조금 떨어지는 편이다.

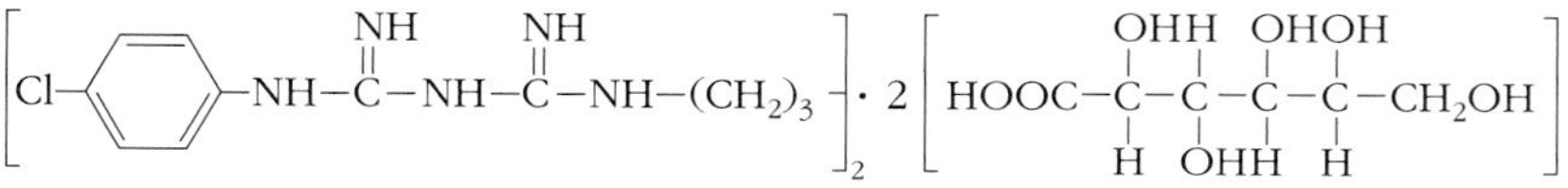

$$\left[ Cl{-}\bigcirc{-}NH{-}\underset{\underset{NH}{\|}}{C}{-}NH{-}\underset{\underset{NH}{\|}}{C}{-}NH{-}(CH_2)_3 \right]_2 \cdot 2 \left[ HOOC{-}\underset{\underset{H}{|}}{\overset{\overset{OH}{|}}{C}}{-}\underset{\underset{OH}{|}}{\overset{\overset{H}{|}}{C}}{-}\underset{\underset{H}{|}}{\overset{\overset{OH}{|}}{C}}{-}\underset{\underset{H}{|}}{\overset{\overset{OH}{|}}{C}}{-}CH_2OH \right]$$

**그림 4-30**  1,1-hexamethylene bis[5-(4-chlorophenyl)biguanide]digluconate

ⓕ **페놀계**    메틸이소프로필 페놀계는 열, 광, 알칼리에 매우 안정한 화합물로 세균, 진균류에 대해 폭넓은 항균 스펙트럼을 갖고 있으며 독성이 매우 적다. OPP(o-phenyl phenol) 및 그 나트륨염은 과실(귤이나 포도 등)의 방미제인데 독성이 적고, 높은 항균활성을 가지고 있어 섬유용으로도 사용되고 있다. PCMX는 화학적으로나 물리적으로 안정성이 매우 높고 약제로서 세균, 곰팡이, 효모에 대하여 폭넓은 항균 스펙트럼을 갖고 있다. 이들 페놀계의 항균 메커니즘은 페놀과 거의 같으며 세포벽과 효소계를 파괴한다. 다음 그림 4-31과 같은 화학구조의 것들이 섬유용으로 사용되고 있다.

ⓖ **지방산 에스터계**    대부분의 비이온 계면활성제는 항균작용을 갖지 않는다. 그러나 글리세롤의 모노지방산 에스터 중에서 미리스트산, 팔미트산 및 스테아르산의 에스터기는 항균작용을 나타낸다(그림 4-32). 이들은 식품첨가물로도 사용되고 있는 독성이 매우

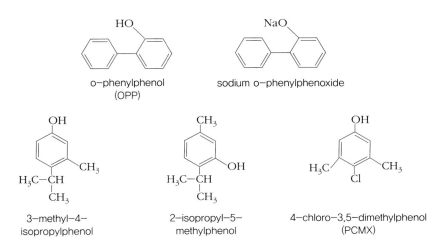

o-phenylphenol
(OPP)

sodium o-phenylphenoxide

3-methyl-4-
isopropylphenol

2-isopropyl-5-
methylphenol

4-chloro-3,5-dimethylphenol
(PCMX)

**그림 4-31** 여러 가지 페놀계 항균제의 화학구조

적은 약제로서 강한 계면활성을 나타낸다. 미생물에 대한 작용은 정균적(靜菌的)이지만 고농도에서는 살균적 작용을 하여 미생물의 세포막 기능을 저해한다. 섬유가공에는 침지법을 적용한다.

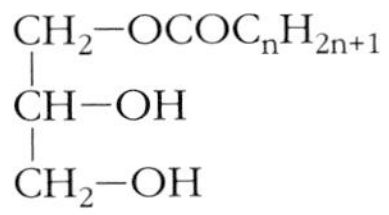

$CH_2-OCOC_nH_{2n+1}$
$CH-OH$
$CH_2-OH$

n=13, glycerol myristate
n=15, glycerol palmitate
n=17, glycerol stearate

**그림 4-32** 지방산 모노글리세라이드

⑧ **아닐리드계**   아닐리드계에 속하는 3,4,4′-trichlorocarbanilide는 주로 비누, 샴푸, 치약 등에 살균·방부, 방취효과를 주기 위하여 개발된 약제이다(그림 4-33). 세균에 살균효과를 나타내며 특히 양성 세균에 효과가 높다. 독성이 적기 때문에 의류용 섬유제품

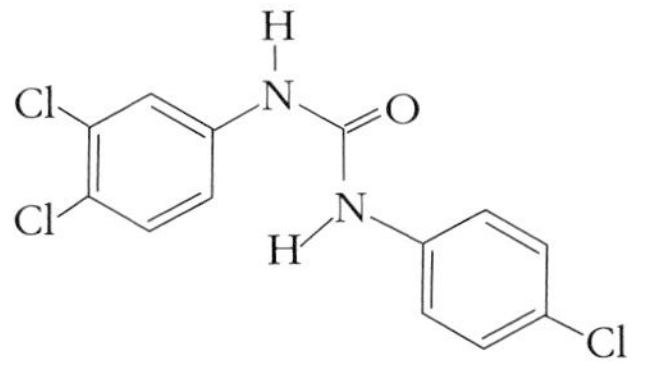

**그림 4-33** 3,4,4′-trichlorocarbanilide

및 항미생물 가공 섬유제품에도 사용된다.

ⓐ **천연물계**　최근 천연물계 항균제로 가공한 항균방취 제품이 증가하고 있다. 게나 새우 등 갑각류의 껍질성분인 키토산이나 아미노 배당체 항생물질의 일종인 아미노글루코사이드 등이 그것이다.

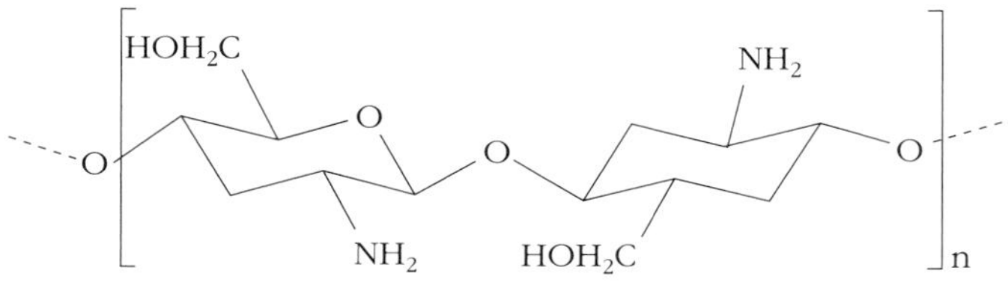

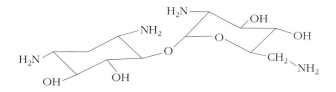

그림 4-34　키토산의 화학구조

　키토산은 게, 새우 등 갑각류의 외피를 형성하고 있는 키틴을 진한 알칼리로 탈아세틸화하여 얻어지는 아미노기를 갖는 다당으로 셀룰로스의 C-2 위치의 하이드록시기가 아미노기로 치환된 (1,4)-2-amino-2-deoxy-$\beta$-D-glucan의 화학구조를 갖는다(그림 4-34). 키토산은 다수의 세균류, 진균류에 대해서 항균성, 항곰팡이성을 갖는다. 키토산은 아미노기를 갖는 양이온성 고분자이므로 미생물의 세포벽을 구성하는 시알루론산과 인지질 등의 음전하를 끌어당겨, 미생물의 자유도를 떨어뜨려 생육저해를 일으킨다. 또한 키토산이 저분자일 때는 미생물의 세포내로 침입하여 유전자 DNA로부터 RNA로의 전사(轉寫)를 저해함으로써 미생물의 생육을 억제하는 것으로 알려져 있다. 키토산의 섬유소재에의 적용은 직접 방사하거나 혼입 방사하여 블렌드 섬유를 제조하는 방법, 다관능성 이소시아네이트 화합물을 가교제로 사용하여 섬유제품에 결합시키는 가공방법 등이 보고되고 있다.

그림 4-35　아미노글루코사이드의 화학구조

한편 아미노글루코사이드는 세포 리포좀의 부단위(subunit) 30S에 작용하여 mRNA의 코드와 tRNA의 안티코드의 상호작용을 모두 저해하며, 특이 단백질을 합성하여 미생물을 사멸시킨다(그림 4-35). 그 밖의 항균제로는 전부터 사용되어 온 각종 약용식물을 이용한 천연염색 등이 있다.

## (4) 항균 메커니즘

① 용출형 항균가공제 　용출형(elution type) 항균가공제는 살균작용(bacteriocidal or fungicidal action) 또는 정균(靜菌)작용(bacteriostatic or fungistatic action)에 필요한 충분한 항균가공제를 특정 조건하에서 일정한 속도로 유리하여 지속적인 항미생물 효과를 부여한다. 이렇게 용출된 항미생물 약제는 미생물의 세포 내에 침입하여 미생물의 재생산능력을 파괴함으로써, DNA에 영향을 주거나 또는 미생물의 세포내 효소의 대사기능과 호흡기능을 마비시켜 미생물의 번식을 억제한다.

PVA 섬유를 항미생물 가공제인 5-nitrofurylacrolein으로 아세탈화시킨 항균 섬유소재인 레틸란(Letilan)은 수분에 의해서 서서히 유리된 니트로화합물이 지속적인 항미생물성을 나타낸다(그림 4-36). 또한 그림 4-37은 Permox가 처리된 섬유로부터 아연과 과산화물(peroxide)이 서서히 용출되는 것을 보여준다.

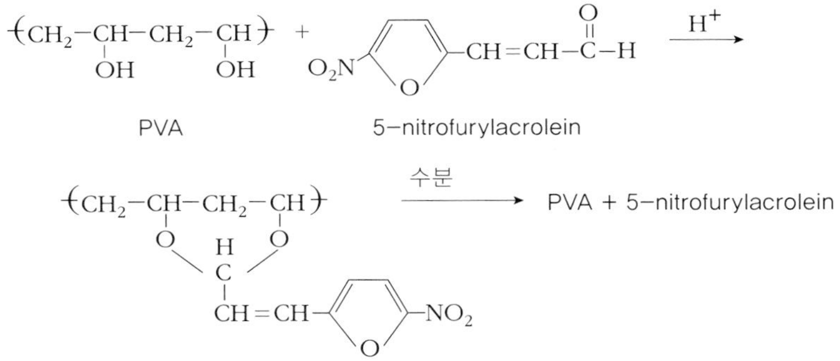

그림 4-36 레틸란 섬유

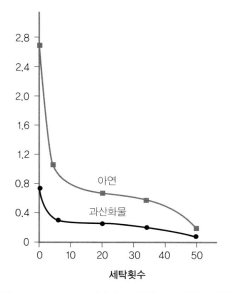

그림 4-37 Permox 처리 후 과산화물과 아연 유지율

② 비용출형 항균가공제　비용출형(nonelution type) 항균가공제는 유기실리콘 제4급 암
모늄염의 경우와 같이 세균의 세포벽을 파괴하여 호흡기능을 정지시킨다. 세균은 용액
또는 공기 중에서 항상 파도와 같이 움직이고 있으나 항균제에 접촉되면 이 움직임이 멎

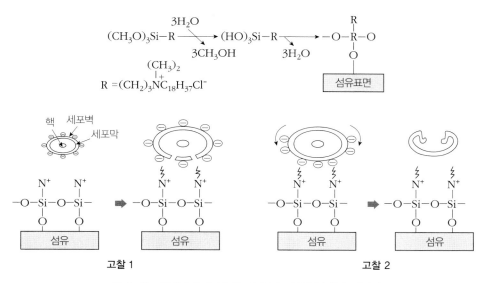

그림 4-38 실리콘계 제4급 암모늄염과 비용출형 항균 메커니즘

고 세포벽이 파괴된다. 이 경우 항균제가 섬유 밖으로 용출되지 않으므로 세포 내에 침입하지 않아 내성균이 출연하지 않으며 섬유만 보호하는 방어형으로 내구성도 좋다.

## (5) 항균방취가공 기술

항균방취제를 섬유에 정착시켜 항균방취 섬유를 제조하는 방법에는 고분자 단계에서 항균방취제를 적용하는 원사개질 가공법과 염색가공 단계에서 적용하는 후처리 가공법이 있다. 이중 후처리 가공법으로 제조한 제품이 전체의 70% 이상을 차지하고 있다.

① **원사개질 가공법** 항균성 금속이나 금속화합물의 미세 분말을 중합단계나 칩 제조공정 및 용융 또는 방사단계에서 혼입하여 제조하는 가공법이다. 예를 들면 합성섬유의 제조단계에서 제올라이트의 골격에 은(Ag)과 같은 성분이 이온결합으로 함유된 것을 용융방사가 가능한 폴리에스터나 나일론 중합체 속에 혼입방사하는 방법이다. 일반적으로는 용융 방사 시에 항균제를 고농도로 함유하고 있는 마스터 칩을 방사 직전에 주입하여 제조한다. 혼입량은 사용하는 금속의 종류에 따라 다르지만 대략 0.1~2% 정도이며, 많은 경우 0.5% 수준이다.

항균제 혼입과정에 열분해가 발생하지 않도록 용융방사에서는 내열성이 우수한 무기화합물이 주로 사용되지만, 습식방사에는 무기계 화합물에 덧붙여 유기화합물도 사용할 수 있다. 예를 들면 아세테이트 섬유를 제조할 때 3,4,4-trichlorocarbanilide를 아세톤 방사욕에 0.5~1% 첨가하여 방사하는 것이다. 다른 방법으로는 큐프라를 제조할 때 응고, 재생공정에서 섬유 내부에 구리화합물을 미분산시켜 구리에 의한 항균성을 부여한다. 또한 아크릴을 습식방사하면서 방사액이 겔 상태로 고화하면 trichlorocarbanilide 유화액을 부가하고 연신하여 항균제를 섬유 내부에 분산시킨다. 이때 항균제 함유량이 1.2%이라면 0.9% 만이 섬유 내부에 분산되는 것으로 보고되고 있다.

항균가공 제품의 항균 성능은 섬유 내부의 금속 이온을 섬유 표면으로 이동시키거나, 섬유 표면에 금속 이온을 보다 많이 노출시킴으로써 향상시킬 수 있다. 전형적 방법으로서 가소제를 사용하여 금속이온을 이동시키는 방법, 방전 공정의 발열 및 에칭에 의해 섬유 표면으로 이동 및 노출을 증가시키는 방법, 폴리에스터의 경우 알칼리 감량가공에 의해 섬유 표면에 많이 노출시키는 방법 등이 있다.

② **후처리 가공법**　후처리 가공법으로 스프레이법, 침지법, 패딩법, 코팅법, 적층법, 날염법 등 여러 가지 방법이 있으며, 침지법과 패딩법이 가장 널리 사용된다. 일반적으로는 염색가공 공정 중 최종단계에서 직물에 처리하지만 실을 제조하는 공정에서 처리하기도 한다. 세탁내구성을 향상시키기 위해 수지로 항균제를 섬유상에 고정하는 방법이 보편적이다.

　예를 들면 미세한 분말 키토산을 제4급 암모늄염화하여 이를 피막 형성능이 있는 수지와 혼합한다. 이것을 나일론 섬유와 같은 직물의 표면에 패딩법, 스프레이법 및 코팅법 중의 어느 한가지 방법을 사용하여 부착시키는데, 보통 130~180°C에서 0.5~3분간 열처리한다. 섬유 및 항균제의 종류에 따라 열처리가 필요하거나 필요하지 않을 수 있다. 유기실리콘 제4급 암모늄염의 경우와 셀룰로스계 섬유 및 반응성기를 가지고 있는 기타 섬유는 일반적으로 열처리를 필요로 하지 않는다.

　금속이온을 항균제로 사용하는 경우는 다양한 방법을 사용한다. 즉, 제올라이트 및 항균성 금속염을 유기 알콕시실란 유도체에 분산시켜 제조한 용액으로 코팅시키는 방법, 페놀성 킬레이트 수지에 항균성 금속이온을 접착시켜 제조한 화합물로 코팅시키는 방법, 수용성 은 화합물을 설포네이트기를 함유하고 있는 수지와 반응시켜 은설포네이트 형태로 섬유에 부착시키는 방법, 양모섬유를 킬레이트 및 머캅토 화합물 수용액에 침지한 후에 금속이온으로 처리하는 방법, 양모섬유를 금속분말이 분산된 우레탄 프리폴리머 용액 속에 침지시키고, 촉매를 처리하는 방법 등이 있다.

　반응성기를 가지고 있는 양모섬유 및 셀룰로스 섬유에 대해서는 가교결합 및 공유결합이 적용되기도 한다. 가교결합제로서 폴리이소시아네이트 화합물을 사용하여 키틴, 키토산 및 그들의 유도체를 결합시키는 방법이 있으며, 유기실리콘계 제4급 암모늄염을 면섬유 표면의 하이드록시기와 트리메톡시기와의 공유결합으로 항균방취제를 섬유에 고정시키는 방법이 있다. 즉, 침지에 의한 흡진법이나 패딩으로 면직물의 표면에 유기실리콘계 제4급 암모늄염을 처리하고, 80~120°C에서 건조하여, 물이나 메탄올을 제거하면, 항균 방취제가 수중에 분산하여 트리메톡시기가 분해되고, 그림 4-39와 같이 섬유 표면과 산소원자가 공유결합을 형성하여 섬유 표면에 항균 방취제가 강하게 고정된다. 합성섬유에는 특정한 반응기가 없어 항균제, 수지 및 실란 커플링제 등을 사용하며, 전형적 방법으로 패드, 건조, 큐어링하는 방법을 적용한다.

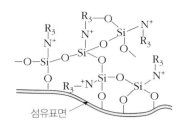

그림 4-39 유기실리콘계 제4급 암모늄염의 결합 모형

표 4-13 섬유 제품의 항미생물 가공방법과 항균작용

| 구 분 | | 폴리에스터 필름 |
|---|---|---|
| 원사개량가공법 | 용융방사(나일론, 폴리에스터): 섬유중합체 중합단계, 칩 제조 공정, 용융 또는 방사 단계에서 항미생물 가공제를 혼입하여 제조 | 섬유 표면상의 항미생물 가공제와 일부 용출한 항미생물 가공제 성분이 항균작용을 함 |
| | 건식방사(아세테이트): 방사욕에 항균제 첨가<br>습식방사(큐프라암모늄 레이온): 응고, 재생 공정에서 구리화합물을 미분산<br>습식방사(아크릴): 겔팽윤 상태에 첨가 | 위와 같음 |
| 후처리가공법 | 항미생물 가공제를 섬유 표면에 흡착 고정시키는 방법 | 섬유 표면으로부터 용출한 항미생물 가공제가 항균작용을 함 |
| | 항미생물 가공제와 반응성 수지를 병용하여 섬유 표면에 열고정시키는 방법 | 위와 같음 |
| | 유기실리콘계 제4급 암모늄염의 트리알콕시실릴기와 섬유 표면상의 −OH와 탈알코올 반응시켜 고정화시키거나 기타 고정화 항미생물 가공제를 사용 고정화시키는 방법 | 항미생물 가공제의 활성부분이 세포 표면과 접촉한 상태로 항균작용을 함(고정화 항미생물 가공제, 비용출형) |

## (6) 항미생물성 평가

항균방취가공 섬유제품의 안전성에 관한 시험은 미국의 경우 FIFRA (Federal Insecticide, Fungicide & Rodenticide Act)에 의거 EPA (Environmental Protection Agency: 환경보호청)에서 안전성 검사를 하고 있다. 한편, 일본은 1989년 'Association of Antibacterial Treatments for Textiles, Japan'에 의해 「SEK」 (섬유제품위생협의회)를 발족하여, 항균가공제품의 항균효과, 내구성, 안전성, 가공제품의 분석방법을 확립하고 표시를 통일하였다. 구체적으로 '위생가공'이라는 명칭도 '항균·방취 가공'이라는 용어로 바꾸었고, 일정의 기준치에 도달한 제품에 대해서는 'SEK 승인번호'를

그림 4-40 "SEK" 마크

표 4-14 항균과 관련된 시험인증과 제공하는 국가공인 시험기관

| 기관명 | 기관약어 | 인증로고 | 주요 인증 내용 |
|---|---|---|---|
| 한국원적외선 응용평가센터 | KICM (한국건자재시험연구원) | | 원적외선 관련 품질 보증 (원적외선 방사율, 항균, 방곰팡이, 탈취, 적외선 열화상, 음이온 측정) |
| 한국소비과학 연구센타 | FITI (한국원사직물시험연구원) | | 위생가공 (항균방취, 자외선 차단, 전자파 차폐, 대전방지) |
| 한국화학시험 연구원 | KOTRIC (한국화학시험연구원) | | 안전 (안전, 항균, 살균) |

부여하는 제도를 확립하였다. 일본의 안정성 검사는 EPA의 시험 외에 피부의 패치시험 (patch test)과 착용시험 등을 실시하고 있는 것이 특징이다.

한국에서는 한국원사직물검사소가 공인하는 SF(sanitized finishing) 마크를 발급하고 있다. 1994년 초에 시행된 이 제도는 KS K 0691, KS K 0692, KS K 0693 시험법에 따라 직물의 항균성 및 항진균성, 내세탁성 및 안전성 시험을 하고 일정 기준을 통과한 제품에 대하여 제품의 가공효과, 내구성 및 안전성 등을 보증하는 것이다. 이와 별도로 한국건자재시험연구원 원적외선 응용평가센터에서 발급하는 원 마크, 한국화학시험연구원에서 발급하는 S 마크 등이 항균성을 보증하는 인증 로고로 공인되고 있다.

섬유제품의 항미생물 가공은 눈에 보이지 않는 가공이어서 식별이 불가능한 것은 물론 가공효과를 평가하는데 있어서도 많은 어려움이 있다. 일반적으로 항미생물 가공처리를 한 섬유제품의 효과는 항균(세균), 방미(곰팡이), 방취의 세 분야로 이루어져 있으며, 평가방법의 적용은 섬유의 종류, 가공목적, 가공제의 종류, 가공제품의 용도와 직물

표 4-15 항균방취 가공의 주목적과 시험균과의 관계

| 가공 목적 | 예방항목 | 시험균 |
|---|---|---|
| 섬유 자체 보호 | 섬유 제품의 착색, 변색 및 열화방지 보관중 섬유 제품을 미생물로부터 보호 | Aspergillus niger, Chaetomium globosum, Myrothecium verrucaria, Penicillium Citrinum |
| 착용자 보호 | 전염성 질환의 예방, 양말이나 속옷의 악취방지, 양말의 무좀균 번식방지, 유아의 기저귀발진 방비, 환자와 고령자의 피부 보호, 원내 감염의 방지 | Staphylococcus aureus, Trichophyton mentagrophytes, Escherichia coli, Proteus vulgaris, Proto vulgaria |

표면 특성에 따라 달라진다.

항미생물 가공제에 따라 항균 메커니즘이 다르고 내구성, 안정성, 가공성 및 평가시험 방법도 달라진다. 또한 사용목적에 따라 시험균의 종류도 서로 다르기 때문에 획일적으로 비교·평가하기가 매우 어렵다. 특히 현재 주로 이용되고 있는 시험방법은 실제 균을 배양시켜 균의 생육 억제력을 시험하는 것으로서 일반 화학분석과는 달리 재현성 문제, 편차 요인의 복잡성 등의 문제점이 뒤따른다.

섬유제품의 항미생물 가공의 주목적과 검사하는 시험균은 표 4-15와 같이 섬유재료 자체의 보호와 착용자의 보호로 크게 나누어지는데, 최근에는 세균 오염으로부터 인체를 보호하기 위한 가공에 주안점을 두고 있다.

현재 사용되고 있는 항균력 시험법은 표 4-16과 같이 항세균 시험과 항미 시험으로 대별된다. 항세균 시험은 다시 종균의 저지대를 측정하는 Halo법과 생균수를 계측하는 균수감소법으로 세분된다. 균수감소법에는 시험포를 소량의 균액배지(菌液培地)에 습윤 상태를 유지하면서 시험하는 침지법과 시험포를 다량의 배양액 중에서 흔들면서 시험하는 진탕법(shake flask method)이 있다.

Halo법은 세균을 접종한 한천배지(寒天培地) 위에 시험편을 놓고 배양하면 가공포에서 항미생물 가공제의 용출로 인하여 가공포 주위에 세균저지대(무균지대)가 형성되며 이것의 발생유무, 크기로써 항균성을 평가하는 방법으로 가장 간단하고 널리 쓰이는 방법 중의 하나이다. 그러나 이 방법은 용출형에는 적합하나 비용출형에는 적합하지가 않다.

균수감소법은 정량적 시험법으로 침지법은 시료 위에 일정수의 세균을 접종하여 습윤상태에서 배양시킨 후 시험편에 잔존하는 세균수를 측정하여 세균감소율을 측정하는 것이다. 이 방법도 균과 시험편과의 접촉이 원활하지 못하기 때문에 접촉에 의하여 항균 효과를 나타내는 비용출형에는 적합하지 않다.

진탕법은 다우 코닝사가 침지법을 수정·개발한 방법으로 비용출형에 널리 쓰인다. 즉, 일정수의 균이 함유된 균액에 시험편을 넣고 일정시간 교반기에서 진탕 배양시킨 후 균 수를 세어 세균감소율을 측정하는 방법이다. 이 방법은 용출형에는 희석관계로 부적합한 경우가 많아 비용출형에 적합하다. 이 밖에 미생물에 노출된 시료의 강도 저하를 측정함으로써 간접적으로 항균력을 시험하기도 한다.

표 4-16 항미생물 가공제품의 항균력 시험법

| | | 항균력 시험법 | 평가 | 비고 |
|---|---|---|---|---|
| 항세균시험 | Halo 법 | KS K 0392–1984 | 정성 | 용출형 |
| | | AATCC Test Method 90(Agar Plate Method) | 정성 | |
| | | 개량 AATCC Test Method 90(스프레이법) | 정성 | |
| | | 개량 AATCC Test Method 90(비색법) | 정량 | |
| | | Petrocci법 | 정성 | |
| | | JIS L 1902–1990 | 정성 | |
| | 균수 감소법 | 침지법 | KS K 0693–1984 | 정량 | 용출형 |
| | | | AATCC Test Method 100–1981 | 정량 | |
| | | | 개량 AATCC Test Method 100 | 정량 | |
| | | | 세균생육억제 시험법 | 정량 | |
| | | | 개량 세균생육억제 시험법 | 정량 | |
| | | | Latlief법 | | |
| | | | Isquith법 | | |
| | | | Maiors Test | 반정량 | |
| | | | New Agar Plate Method | 정량 | |
| | | 진탕법 | Shake Flask 법 | 정량 | 비용출형 |
| | | | 개량 Shake Flask 법 | 정량 | |
| | 기타 | Quint test | 정성 | 용출형 |
| | | Streak Method–AATCC 147 | 정성 | |
| 항미시험 | JIS Z 2911(곰팡이 저항성 시험법) | | 정성 | |
| | AATCC Test Method 30(토양매립법) | | 정성 | |
| | AATCC Test Method 90 | | 정성 | |
| | Streak Method(平行畵線試驗) | | 정성 | |
| | Humidity–jar Test | | 정성 | |
| | 진균에 대한 생육 억제 시험법 | | 정성 | |
| | 진균에 대한 생육 저지효력 평가법 | | 반정량 | |
| | 진균에 대한 정량적 평가법 | | 반정량 | |
| | 백선균(白蘚菌) 생육 저지효력 시험법 | | 정량 | |

## 2) 자외선 차단가공

산업화 과정에 방출된 할로겐 화합물 및 프레온 가스가 오존층을 파괴하면서 많은 양의 자외선이 지표에 도달하여 인간의 피부뿐만 아니라 생태계에 적지 않은 영향을 끼치고 있다. 일반적으로 오존량이 절반으로 감소하면 지구에 도달하는 자외선의 양은 2배로 증가한다. 자외선은 살균, 소독작용 및 비타민 D 합성을 위해 생명체에 필수적이지만 과다할 경우 색소침착, 피부노화, 피부암 발생, 백내장의 증가, 면역기능 저하 등의 피해를 준다. 따라서 자외선의 피해로부터 인체를 보호하기 위한 각종 제품과 가공법이 개발되고 있다. 이 중 자외선 차단섬유는 자외선으로부터 피부를 보호하고 의복 내부 온도 상승을 방지해 쾌적한 느낌을 제공하는 소재로 운동복, 신사복, 블라우스, 셔츠 등 의류에서 파라솔, 커튼, 모자 등 잡화에 이르기까지 다양하게 사용되고 있다.

## (1) 자외선의 유형과 작용

일상생활 속에서 자외선의 주요 공급원은 태양이지만 오존, 수증기, 탄산가스 등의 흡수를 받으면서 지구에 도달하고 있다. 한국에서는 연중 5~8월, 낮 10~15시에 일사량이 가장 높다. 일광은 자외선 6.1%, 가시광선 51.8%, 적외선 42.1%로 구성되는데, 자외선은 다시 파장 영역에 따라 UV-A(장파장 자외선), UV-B(중파장 자외선), UV-C(단파장 자외선)로 나뉜다. 자외선은 각질층에서 60~80% 그리고 유속층에서 6~18%가 흡수되며 진피 내에 침투하는 것은 10~20% 정도이다. 이에 비해 가시광선과 근적외선은 피하 조직까지 도달한다.

① **자외선 C**(UV-C/200~290mm)　자외선 중 인체에 가장 유해한 것으로 알려진 단파장의 UV-C는 세포와 세균을 파괴하는 힘이 매우 강하나 파장이 짧아 침투력이 미약해 오존층과 성층권에서 대부분 흡수되므로 생물학적으로 큰 의미는 없다. 다만 환경오염으로 인해 오존층이 손상되면 파괴력이 강한 UV-C가 지상까지 도달, 피부 노화는 물론 피부암을 유발시킬 여지가 있다. 성층권에 도달한 프레온은 강력한 자외선에 의하여 분해되면서 염소원자를 방출하는데 이 염소원자는 오존과 연쇄적인 반응을 진행한다.

$$CCl_2F_2 \quad \longrightarrow \quad \cdot CClF_2 + Cl$$
$$CCl_3F \quad \longrightarrow \quad \cdot CCl_2F + Cl$$
$$Cl + O_3 \quad \longrightarrow \quad \cdot ClO + IO_2$$
$$ClO + O \quad \longrightarrow \quad \cdot Cl + O_2$$

② **자외선 B**(UV-B/290~320mm)　자외선 중 인체에 가장 영향을 많이 미치는 성분인 UV-B는 피부의 핵산, 단백질 등의 합성을 억제시키고 화상을 입히며 새로운 색소를 만들어 색소침착을 일으킨다. 또한 비타민 D를 합성하지만 면역기능을 저하시켜 세균 감염 및 암을 유발한다. 그러나 유리를 통과하지 못하므로 실내에서는 안전하며 10시에서 오후 3시까지 외출을 삼가면 영향을 적게 받을 수 있다.

③ **자외선 A**(UV-A/320~400mm)　　　UV-A의 에너지 강도는 UV-B의 1/1000에 불과하나 지구 상에 도달하는 양은 UV-B의 100배에 달하며, UV-B와 마찬가지로 피부홍반(sunburn)과 색소침착(suntan)을 유발시켜 피부에 손상을 주기 때문에 인체에 미치는 영향을 간과할 수 없다. 또한 UV-A는 침투력이 좋아 유리를 투과하므로 건물 및 승용차 내부를 통과하여 대부분의 광 알레르기성 피부 질환과 함께 장시간 노출에 따라 피부노화는 물론 피부암과 백내장 등을 유발할 수 있다.

표 4-17 자외선 유형과 작용

| 단파장 자외선 UV-C 180~290 mm | 중파장 자외선 UV-B 290~320 mm | 장파장 자외선 UV-A 320~400 mm |
|---|---|---|
| 290 mm 이하는 지상에 도달하지 않는다. | 빨갛게 된다. 일광피부 장해 수포가 생긴다. | 색이 검게 변한다. 기미와 주름의 원인 노화 촉진 |

## (2) 자외선 차단제와 차단 원리

섬유에 자외선을 흡수 또는 반사하는 소재를 부여하고 자외선 투과를 억제하도록 하는 가공으로 각종 유기화합물과 천연 무기물질 등이 이용 가능하다. 자외선 차단가공제로는 자외선 흡수제와 산란제로 크게 분류할 수 있으며 다음과 같은 조건을 만족시켜야 한다.

- 인체에 유해한 과도의 UV-A, UV-B를 효과적으로 차단하여야 한다.
- 일광에 장시간 노출되어도 그 효과가 손실되지 않아야 한다.
- 반복 세탁과 드라이클리닝에 의해서도 그 효과가 유지되어야 한다.
- 직물의 물성, 촉감과 색상변화를 가져오지 않아야 한다.
- 피부 장해에 대한 안정성이 있으며 환경을 오염시키지 않아야 한다.
- 자외선에 의해 착색되지 않아야 한다.
- 열안정성, 광안정성, 화학적 안정성이 우수하고 광촉매 작용이 없어야 한다.
- 용해성, 유화성 및 용액에서의 안정성이 좋아야 한다.

① **자외선 흡수제**　　　자외선 흡수제는 UV-B 영역의 자외선을 흡수하는 유기화합물로 대부분 벤젠고리를 가지고 있는 방향족 물질이다. 이들의 자외선 차단 메커니즘은 유기화

합물이 공명구조를 이루면서 흡수한 자외선 에너지를 열이나 에너지가 약한 장파장의 빛으로 변환 방출하여 본래의 구조로 되돌아가는 과정이다. 대표적인 자외선 흡수제인 2-hydroxybenzophenone의 광 에너지 흡수과정은 그림 4-41과 같다.

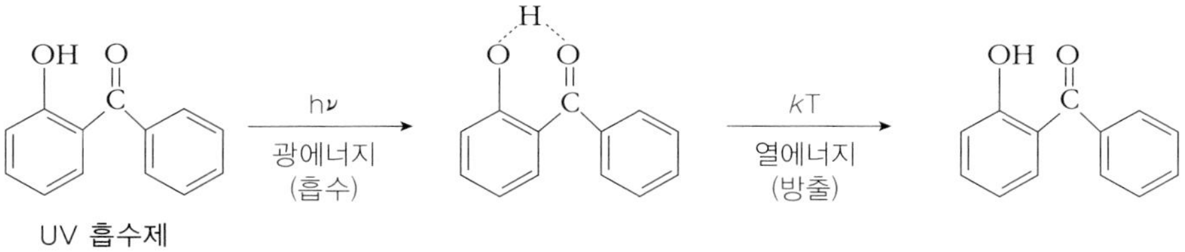

그림 4-41  2-hydroxybenzophenone의 자외선 흡수작용

현재 이용되는 자외선 흡수제로 금속이온 화합물, 살리실산계, 벤조페논계, 벤조트리아졸계 및 시아노아크릴계 등이 있다. 표 4-18은 여러 가지 자외선 흡수제의 구조 및 흡수 파장을 나타낸 것이다.

표 4-18  자외선 흡수제의 기본 구조 및 흡수 파장

| 자외선 흡수제 | 구 조 식 | 흡수 파장 |
|---|---|---|
| Salicylate | 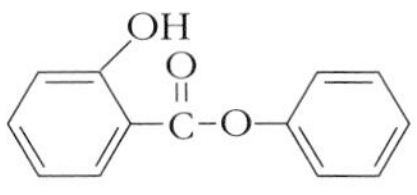 | 290~330nm |
| Benzotriazole | 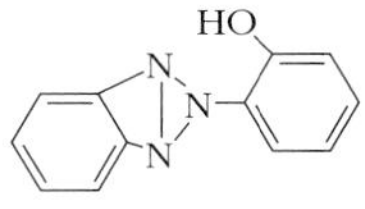 | 270~380nm |
| Cyanoacrylate | 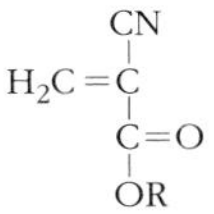 | 270~350nm |
| Benzophenone | 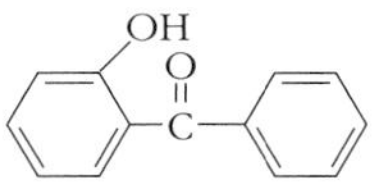 | 270~380nm |

이 중에서 금속이온 화합물은 킬레이트 착체를 섬유상에 고착시키는 것이 중요하며 금속이온이 가진 특유의 색깔은 적용범위가 제한된다. 살리실산계 화합물에 속하는 phenylsalicylate나 p-t-butylphenylsalicylate 등은 융점이 낮고 승화성이 강하며, 흡수

영역대가 치우쳐 있어 섬유 제품에 이용 가능성은 낮다.

벤조페논계 화합물은 대단히 고가여서 거의 이용되지 않으나 반응이 가능한 −OH기가 있어 이온 결합능이 있는 섬유에 이용 가능성이 크다. 대표적인 것으로 2-(2′-hydroxy-5′-methylphenyl)benzortriazole, 2-(2′-hydroxy-3′-t-butyl-5′-methylphenyl)-5-chlorobenzortriazole 등이 있다. 벤조트리아졸계 화합물은 자체로는 반응기가 거의 없지만 자외선 차단 상품에 필요한 근자외선 영역을 최대 흡수 영역으로 가지고 있어 효과적으로 섬유 표면에 흡착시키는 것이 관건이다.

② **자외선 산란제**   자외선 산란제는 색을 갖지 않는 초미립자 형태의 무기화합물로 섬유에 도입하면 입사된 자외선을 산란·반사시켜 투과량을 감소시킨다. 섬유와 입자와의 계면 굴절률의 차이가 클수록 광선의 반사가 커지기 때문에 굴절률이 크고 입자의 지름이 작은 분말일수록 효과적이다. 알려진 것들은 타이타늄, 아연, 납, 안티몬, 지르코늄 등의 금속산화물의 분말인데 다량 첨가하더라도 섬유의 색상에 영향을 주지 않고 차폐성이 높은 산화타이타늄과 산화아연이 주로 사용되고 있다. 그림 4−42의 분광반사곡선을 보면 산화아연의 흡수대는 375nm이고 산화타이타늄은 360~370nm로 이들 파장보다 장파장의 빛은 대부분 반사시키고 이들 파장 보다 단파장의 빛은 흡수하는 성질을 띤다. 이들은 입사광의 파장에 따라 흡수 또는 반사효과로 자외선을 차단시키기 때문에 자외

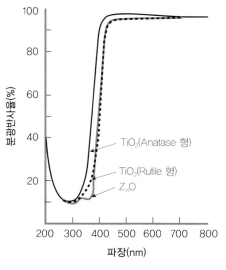

그림 4−42  자외선 산란제의 분광반사곡선

선뿐만 아니라 가시광선의 투과율도 저하시킨다.

이러한 자외선 산란제는 첨가량이 증가할수록 자외선 투과량이 감소하는데 약 5% 이상에서 투과성이 0이 된다. 그러나 첨가량이 많으면 생산과정에서 필터가 막히거나 실이 절단되기 쉬우며 가이드 등의 마모를 촉진시키므로 요구 성능과 공정성을 고려해서 첨가량을 결정해야 한다.

## (3) 가공법

섬유에 가공제를 부여하는 방법으로서 방사 시 원사 내부에 혼입, 염색단계에서 흡진 처리, 가공단계에서 바인더 수지와 함께 침지 및 코팅 처리 등이 있다.

① **원사혼입법**  중합체의 제조공정 중 또는 용융, 용해 시 방사원액에 혼입하는 방법이다. 섬유에는 광과 열에 대한 안정성과 내구성이 우수한 산화티타늄이 주로 사용된다.

일반적으로 입자가 미세하면 비표면적이 증가하여 자외선 흡수성 및 산란성이 증가할 뿐만 아니라 혼입량을 증가시킬 수 있으며, 가는 섬유로 방사할 수 있고 고속방사에도 유리하다. 그러나 입자의 열응집과 가용화 혹은 섬유의 착색 등을 유발시키기 쉽다. 자외선 흡수성이 높은 세라믹을 다량 함유한 섬유는 광조사에 의해 물성 저하가 일어나지만 의류로 사용하는 데는 크게 문제되지 않는다.

② **후가공법**  자외선 흡수제 또는 산란제를 직물 상태에서 염색 전후 또는 동시에 침지·흡착시키거나 바인더 수지를 사용하여 섬유 표면 또는 내부에 고착시키는 방법이다. 폴리에스터와 같은 합성섬유의 경우 고온에서 흡착시킬 수 있어서 염색 시 병행하는데 분산염료와 같이 자외선 흡수제를 고온의 용액에 분산시켜 처리한다. 일반적으로 벤조트리아졸계의 흡수제를 주로 사용하며 광범위한 파장을 흡수하기 위해서 여러 흡수제를 혼합하기도 한다. 면이나 레이온의 경우에는 바인더를 이용하여 고착시키는데 이때 섬유의 태를 변화시키지 않도록 바인더의 종류와 농도를 적절히 조절해야 한다.

③ **자외선 차단성 평가**  가공 후 자외선 차단 성능은 분광광도계를 사용하여 파장 280～400nm 범위에서 얻은 평균 투과율이나 착용한 다음 피부에 홍반 현상을 일으키는 자외선 조사량으로 평가한다.

## 3) 전자파 차단 가공

19세기말 전자파의 존재가 알려진 후 1세기 이상이 지난 현재 전자파의 이용 기술은 눈부신 발전을 거듭해 왔다. 방송, 통신 분야 뿐 아니라 제어, 계측, 전력, 의료 등 광범위한 분야에서 전자파가 이용되기에 이르렀고, 최근에는 반도체 기술의 발달로 첨단 전자 및 컴퓨터 산업에 눈부신 발전을 가져와 전자파의 이용이 급격히 증가하였다. 이에 따라 수많은 전기, 전자기기들이 생활의 필수 요소가 되어 이들이 없는 삶은 상상할 수조차 없게 되었다. 그러나 전자장비에서 발생하는 많은 전자파는 우리 생활에 직접 또는 간접적으로 바람직하지 않은 영향을 미쳐 수질오염, 대기오염 등과 더불어 환경공해가 되고 있다. 특히 인체의 면역을 저하시켜 세포로부터 칼슘 유실을 초래하며, 임신 초기의 유산과 이상 출산, 피로, 불면, 두통 등의 문제를 야기하고 있다. 이에 컴퓨터 등 전자기기를 많이 사용하는 환경에서 전자파로부터 인체를 보호하기 위한 전자파 차단 가공이 등장하게 되었다.

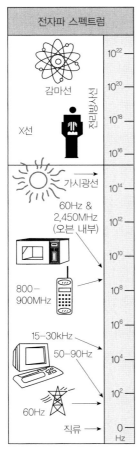

그림 4-53 전자파의 범위와 발생원

### (1) 전자파와 전자파 장해

전자파는 전기의 사용으로 발생하는 전계(電界)와 자계(磁界)의 합성파로서 우리 주변에 사용 중인 전기장치에서 방출된다. 전자파는 주파수에 따라 0Hz인 직류부터 Hz인 감마선에 이르기까지 광범위한 주파수 영역을 포함하는데 이는 다시 극저주파(ELF: Extremely Low Frequency, 0~1KHz), 초저주파(VLF: Very Low Frequency, 1~500KHz), 라디오파(RF: Radio Frequency, 0.5~300MHz) 및 마이크로파(MF: microwave frequency, 0.3~300GHz)로 분류된다.

전자파는 주파수뿐만 아니라 세기, 파형 등에 따라 무한한 종류와 형태를 갖는데 다음 그림 4-43은 주파수에 따른 분류를 보여주고 있다. 가정에서 사용하는 전자레인지나 휴대폰 등은 모두 마이크로파 범위의 전자파를 사용하

표 4-19  전파법 제47조 제1항의 규정에 의한 전자파 인체 보호 기준

| 주파수 범위 | 전기장 강도(V/m) | 자기장강도 (A/m) | 자속밀도 (µT) | 전력밀도 (W/㎡) |
|---|---|---|---|---|
| 1Hz 이하 | – | $3.2 \times 10^4$ | $4 \times 10^4$ | |
| 1~8Hz | 10,000 | $3.2 \times 10^4/f^2$ | $4 \times 10^4/f^2$ | |
| 8~25Hz | 10,000 | 4,000/f | 5,000/f | |
| 0.025~0.8kHz | 250/f | 4/f | 5/f | |
| 0.8~3kHz | 250/f | 5 | 6.25 | |
| 3~150kHz | 87 | 5 | 6.25 | |
| 0.15~1kHz | 87 | 0.73/f | 0.92/f | |
| 1~10MHz | $87/f^{1/2}$ | 0.73/f | 0.92/f | |
| 10~400MHz | 28 | 0.073 | 0.092 | 2 |
| 400~2,000MHz | $1.375f^{1/2}$ | $0.0037f^{1/2}$ | $0.0046f^{1/2}$ | f/200 |
| 2~300GHz | 61 | 0.16 | 0.20 | 10 |

는데 이들 전자파는 뇌세포의 온도를 높이는 문제를 일으킨다. 특히 자외선 보다 파장
이 더 짧은 X선 및 감마선 등은 에너지가 매우 강해 인체를 투과하며 세포에 이상을 일
으켜 유전인자의 변화를 가져올 수 있다.

전자파 장해(EMI, electromagnetic interference)는 1930년대에 라디오 방송과 무선
통신에서 라디오파의 간섭현상으로 인하여 발생한 '전파 잡음'이 시발점이었다. 그러나
이제는 전자파 잡음이 사업기기에 오동작을 일으켜 산업재해를 유발하고 인체 건강을
해치는 수준에 이르렀다.

전자파 장해 또는 잡음은 국가적 차원의 문제로 유럽, 미국, 일본과 같은 선진국 정부
는 전기, 전파기기에 대하여 전자파 장해 관련 특별 규제를 실시하고 있다. 우리나라도
1989년 전파관리법에 전자파 장해 검정 시행의 법적 근거를 마련한 후, 1990년 전자파
장해 검정 규칙을 제정하고 세부 품목을 고시하여 EMI 규제에 대한 골격을 갖추었다.
그와 함께 날로 심각해지는 전자파 문제에 대응하기 위하여 한국표준연구원, 한국전파
연구원, 전자통신연구원을 비롯한 관련 연구소들과 산업체에서 전자파 차폐 개발과 차
폐성능 평가기술 개발에 관하여 다각적인 연구가 진행 중이다.

현재 전자파에 대한 안전기준은 나라마다 상이하며 전자파 복사가 인체에 미치는 유
해 여부마저도 논란의 대상이다. 또한 현재의 규제 기준은 열적 효과를 기본으로 하는
상한 권고치이며, 이 수준 이하에서 전자파에 장시간 노출되었을 때 누적되는 전자파에

의한 인체의 영향은 알려져 있지 않다. 이처럼 전자파에 대한 위험이 규명되지 않은 상태에서 전자파 차단 방호복의 개발은 인체보호 차원의 최소한의 대책이라고 할 수 있다.

## (2) 전자파 차단 원리

전자파 차단은 두 개의 전자 영역 사이에 전도성 재료를 삽입하여 한 면에 속한 전자가 다른 면에 도달하는 것을 방지하는 것이다. 차단효과는 재료 표면에서의 반사 손실, 재료 내부에서의 흡수 손실, 반사에 의해서 결정된다.

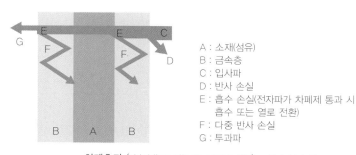

A : 소재(섬유)
B : 금속층
C : 입사파
D : 반사 손실
E : 흡수 손실(전자파가 차폐제 통과 시 흡수 또는 열로 전환)
F : 다중 반사 손실
G : 투과파

차폐효과 (shielding effectiveness, SE) = D + E + F

**그림 4-44** 전자파 차폐 원리

## (3) 전자파 차폐제와 가공법

### ① 전자파 차폐제

전자파 차폐재료는 크게 전도성 손실제(은, 니켈, 그라파이트, 탄소 섬유), 유전 손실 전파 흡수제($Ba_2Ti_9O_{10}$, $NaTiO_3$, $PbTiO_3$), 및 자성 손실 전파 흡수제(Fe, Ni-Zn Ferrite)가 있다. 이들은 금속 또는 금속산화물로서 섬유가공으로의 적용은 이들의 입자 크기와 용해성 및 분산성에 따라 결정된다. 이를테면 섬유 내부로 차폐 재료가 침투하지 않을 경우에는 접착제로 수용성 우레탄 수지, 실리콘 수지 등을 이용하여 금속차폐제를 섬유 표면에 부착시킨다.

전자파 흡수제의 성능은 전자파를 어떻게 효율적으로 감소시키는가에 달려 있으며, 손실재료로는 저항 손실을 이용한 탄소고무, 탄소함침 우레탄 재료, 자기 손실을 이용한 페라이트 타일, 고무 페라이트 재료, 저항 손실 재료와 자기 손실 재료를 조합시킨 페라이트 및 탄소계 다층형 재료가 실용화되고 있다. 최근 전자기기의 소형화, 경량화와 저렴화에 부응하여 종전의 금속 차폐제 대신 고분자 복합재료에 관한 연구가 활발히 이루어지면서 섬유에의 응용가능성을 보여주었다.

표 4-20은 현재까지 알려진 전계 및 자계의 차단성능을 지닌 물질이다. 이 중에서 전도성이 큰 금속은 ELF나 VLF의 전계 및 초고주파의 차폐물질로 적당하고, 투과율 (permeability)이 높은 것은 자계를 차폐하는데 효과적이다.

표 4-20 전자파 차폐제

| 금속 | 전도율($\sigma$) | 투자율 ($\mu$, ≤10kHz) | 금속 | 전도율($\sigma$) | 투자율 ($\mu$, ≤10kHz) |
|---|---|---|---|---|---|
| 은 | 1,064 | 1 | Supermalloy | 0.023 | 100,000 |
| 구리 | 1.00 | 1 | 78 Permalloy | 0.108 | 8,000 |
| 금 | 0.70 | 1 | 철 | 0.17 | 5,000 |
| 크롬 | 0.664 | 1 | Conetic AA | 0.031 | 20,000 |
| 알루미늄 | 0.531 | 1 | Mumetal | 0.0289 | 20,000 |
| 황동 91% | 0.47 | 1 | 45 Permalloy | 0.0384 | 4,000 |
| 아연 | 0.305 | 1 | 규소강판 | 0.0384 | 1,500 |
| 주석 | 0.151 | 1 | Sinimax | 0.0192 | 3,000 |

② **전자파 차폐 가공방법**   전자지파 차폐방법은 크게 고유차폐와 2차 차폐로 나눌 수 있다. 고유차폐법이란 고분자 기질에 상당량의 전도성 충전재를 혼합시키는 방법이며, 2차 차폐법이란 기질 표면에 Al, Co, Ag, Cu, Ni, Zn, Fe 또는 흑연이나 도전성 입자를 코팅하는 방법이다. 이 중 전도성 코팅과 무전해 도금은 섬유제품의 가공에 쉽게 응용이 가능하다.

■ **원사 혼입**

중합체 제조공정 또는 방사과정에 방사원액에 탄소나 금속산화물과 같은 전도성 물질을 혼입하는 방법이다. 표 4-21에 나타낸 대표적인 전도성 물질의 전도도는 전도성 충전재의 전도도와 형태(aspect ratio) 및 함유율에 의해 좌우된다. 카본블랙의 경우 5~50%, 금속산화물의 경우 10~85% 내외를 전도성 물질로 혼합한다.

그림 4-45  원사 혼입법으로 제조된 전자파 차폐 제품

표 4-21 전도성 충전재

| | | |
|---|---|---|
| **탄소함유 재료** | 카본블랙 | Channel black, Acetylene black, Thermal black, Furnace black, Lamp black |
| | 탄소섬유 | PAN based, Pitch based |
| | 그래파이트 | Natural, Artificial |
| | 금속 분말 | Silver, Copper, Nickel, Alloy |
| **금속함유 재료** | 금속 플레이크 | Silver, Aluminum |
| | 금속 산화물 | Tin(IV) oxide, Zinc oxide, Antimony oxide |
| | 금속 화합물 | Copper iodide, Copper sulfide, Zinc sulfide |
| | 무기입자 | Titanium oxide, Alumina, Magnesium oxide, Glass, Potassium titanate |

■ **전도성 코팅**

전도성 코팅방법은 폴리아마이드, 폴리에스터, 폴리올레핀, 아크릴 및 우레탄 수지 등과 같은 유연성, 내구성, 내화학성이 우수한 바인더에 전도성 충전재인 니켈, 구리, 은 또는 탄소 분말을 혼합하여 직물이나 실 표면에 도포하는 방법으로 처리한 시료의 차폐 효과는 20~70dB 정도이다. 전도성 코팅에 의한 금속-고분자 복합재료는 첨가된 금속 충전재의 부피분율에 따라 전도도가 달라지는 한계치(percolation point)를 갖는다. 한계치는 원사 혼입의 경우와 마찬가지로 입자의 크기 및 구조, 충전재−기질의 상호작용, 공정 방식에 따라 영향을 받는다. 일반적으로 비표면적이 커지면 한계치에 도달에 필요한 충전재의 양은 감소하며 충전재의 양이 동일할 때 유전율도 커진다.

코팅액은 수지와 전도성 충전재 및 계면활성제와 경화제를 호모 믹서로 균일하게 혼합하여 준비한다. 직물에 길이와 폭 방향으로 장력을 주어 프레임에 팽팽하게 고정시키고 수지액이 일정한 두께로 도포가 이루어지도록 코터의 두께를 조절하여 고정시킨 다음 직물 위에 코팅액을 붓고 코팅 나이프로 직물에 밀착시켜 코팅한다. 코팅된 직물은 프레임에 고정된 상태로 스팀 또는 열처리한다.

■ **스퍼터링 및 진공 증착**

그림 4-46은 스퍼터링 장치인데 아르곤 기체를 포함하는 고진공 밀폐된 공간에서 발생한 플라스마가 음극에 있는 금속판을 치면 금속원자들이 방출되면서 섬유에 부착된다. 대부분의 금속(구리, 알루미늄, 니켈, 크롬, 은, 금, 백금 등) 및 금속산화물을 스퍼터링에 사용할 수 있다. 진공증착은 고도의 진공상태에서 금속이 가열되면서 발생시킨 금속증

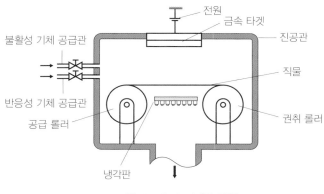

전원
금속 타겟
진공관
불활성 기체 공급관
직물
반응성 기체 공급관
권취 롤러
공급 롤러
냉각판

그림 4-46 스퍼터링 장치

기를 섬유에 부착시키는 방법으로서 상대적으로 융점이 낮은 알루미늄, 구리, 금 등이
이용된다.

■ 무전해 도금

무전해 도금은 부도체 표면에 금속층을 균일하게 형성할 수 있어 차폐효과가 크고 복잡
한 표면을 갖는 시료에도 응용이 가능하여 가장 효율적이고 안전한 차폐방법이다. 이 방
법은 여러 단계의 공정(수세-에칭-중화-촉매화-활성화-무전해 도금-항산화 처리)이
필요하다. 시료 표면의 불순물은 계면활성제를 포함하는 약알칼리성 용액으로 수세하
여 제거하고, 강산 또는 플라스마 처리에 의해 표면에 미세한 요철을 형성시킨다. 에칭
후 중화하고 부도체 표면에 금속 석출이 가능하도록 주석과 팔라듐염의 산성액으로 처
리하여 표면을 활성화시킨다. 이때 주석은 팔라듐이 섬유 표면에 부착되도록 촉매화에
이용된 후에 활성화 단계에서 제거되어 다음 단계에서 도금이 원활히 일어나도록 하는
역할을 한다.

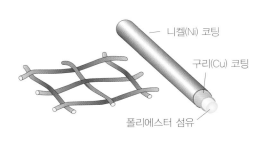

니켈(Ni) 코팅
구리(Cu) 코팅
폴리에스터 섬유

그림 4-47 무전해 도금법으로 제조된 제품

## 4) 축열보온가공

그 동안 체온 유지와 보온성 향상은 의류소재 개발에 있어 중요한 과제 중의 하나였다. 최근 개발된 축열보온가공 의류소재는 오랜 과제를 해결하면서 스포츠, 레저 분야에서 겨울철 활동의 폭을 한층 확대시켰다. 초기에는 극세섬유나 중공사 및 권축을 이용하여 공기층에 의한 단열효과에 의존하거나 금속코팅에 의한 복사방열을 차단하는 가공방법을 사용하였으나, 이후 인체로부터 나오는 원적외선을 반사하고 태양의 가시광선을 흡수해 원적외선으로 방출하여 의복 내부의 온도를 올리는 소재를 사용하는 축열보온가공으로 발전하였다.

### (1) 축열보온의 원리와 기능

최근의 원적외선 세라믹 의복소재는 인체에서 방사되는 원적외선 방사 에너지를 의복에 흡수시켜 의복의 온도를 상승시키고 인체–의복의 온도 구배를 낮추어 인체의 열손실을 줄여준다.

전자파 영역 중에서 파장이 0.75~1,000μm인 부분을 적외선이라 하는데 이는 다시 파장의 길이에 따라 근적외선, 중적외선, 원적외선으로 분류한다. 특히 4~15μm 사이의 파장을 갖는 원적외선의 일부는 인체에 여러 가지 유익한 작용을 하는 것으로 알려져 있다. 이 원적외선은 피부 속 약 40mm까지 일반 열보다 80배나 깊숙이 침투하며, 인체 세포를 구성하는 수분과 단백질 분자를 1분에 2,000번 이상 진동하도록 하여 세포조직

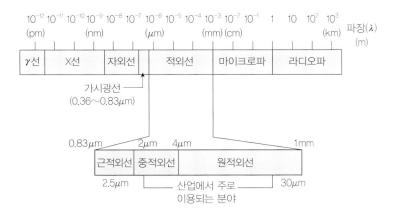

그림 4-48 적외선 영역이 표기된 빛 스펙트럼

- 같은 종류의 화합물에서는 분자량이 클수록 냄새가 강하다.
- 아민류는 고농도이면 암모니아 냄새가, 저농도이면 생선 비린내가 난다.
- 일반적으로 물보다 에테르 등의 유기용매에 녹기 쉽다.

② **주요 취기 물질**　표 4-23에 주요 취기 물질을 관능기 별로 분류하고 각각의 예를 정리하였다.

표 4-23  취기 물질의 분류 및 예

| 분류 | 관능기 | 물질 예 | |
|------|--------|---------|---|
| 탄화수소류 | -C=C- | styrene | |
| 케톤류 | >C=O | methylethylketone | |
| 알데히드류 | -CHO | acrolein, propionaldehyde | |
| 알코올류 | -OH | butylalcohol, phenol, cresole | |
| 에테르류 | -O- | diphenylether | |
| 저급 지방산류 | -COOH | acetic acid, propionic acid | |
| 질소 화합물 | -NH2, >NH, >N-, -CN | ammonia, methylamine, diethylamine | |
| 유황 화합물 | -S-, -NCS | dimethylthioether, dimethylmercaptan | |
| 할로겐화물 | -X | hydrochloride, allylchloride | |

③ **취기 물질이 인체에 미치는 영향**　최근의 아로마테라피는 향기가 우리의 몸과 마음에 미치는 긍정적인 효과를 활용한 치료의 한 형태라 할 수 있다. 이와는 반대로 악취는 사람을 초조하게 하고, 불안하게 하여 혈압의 상승을 가져온다. 그러나 어느 정도 농도의 냄새가 문제가 되는지에 대하여는 개인차가 있어 판단하기 어렵다.

## (2) 소취

'소취'나 '탈취'는 일반적으로 명확히 구분되어 사용되고 있지는 않지만 섬유가공의 관점에서 명확하게 정의할 필요가 있다.

① **탈취**　이미 공기 중에 확산된 취기 물질을 활성탄이나 분자체(molecular sieve) 등의 다공성 물질의 세공에 물리적으로 흡착시켜 냄새를 제거하는 방법이다. 대부분의 냄새에 효과적이나 일단 흡착된 냄새가 다시 방출되어 역으로 악취의 원인이 될 수도 있다.

② 소취   이미 공기 중에 확산된 취기 물질을 산화반응이나 중화반응 등의 화학반응을 이용하여 화학적으로 변화시켜 냄새를 제거하는 방법이다. 화학변화를 수반하기 때문에 2차적인 악취원이 되지 않지만 특정한 종류의 취기물질에만 반응한다.

③ 방취   항균성 소재를 이용하여 미생물의 증가를 억제하는 것으로 미생물의 대사작용에 의해 부수적으로 생성되는 취기 물질의 발생을 방지하는 방법이다. 그러나 이미 발생하여 확산된 냄새에는 효과가 없다.

## (3) 소취 가공법

소취가공이란 소취성 물질을 섬유에 고착시키는 것으로 암모니아와 메틸머캡탄, 황화수소 등의 취기 물질을 화학적 혹은 물리적으로 흡착하거나 냄새가 나지 않는 다른 물질로 화학적으로 변화시키는 과정이다. 표 4-24에는 소취방법 및 각각의 장·단점을 정리하였다. 여기에서 소취제를 섬유상에 고정시키는 방법이 제조기술의 핵심이다. 소취섬유에 이용되는 화학반응은 다양하기 때문에 목적에 적합한 방식을 선택하여야 하며 한 가지 소취방법만으로는 모든 냄새를 제거할 수는 없다.

① 산화반응을 이용하는 방법   산화반응에 의해 악취 물질을 무취화하는 데는 오존이나 과망간산칼륨 등의 산화제가 유효하다고 알려져 있다. 그러나 산화제를 섬유 표면에 안정적으로 고정하는 것은 쉽지 않다. 현재 생체내의 산화효소와 화학구조가 유사한 금속 프탈로시아닌을 섬유 표면에 고정시키는 방법이 적용되고 있다. 또한 광촉매($TiO_2$ 등)에 의한 산화환원 반응을 이용한 제품도 개발되어 있다.

표 4-24  일반적인 소취 방법과 장단점

| 구분 | 소취 방법 | 장점 | 단점 |
|---|---|---|---|
| 화학적 소취 | 중화 방법(산, 알칼리)<br>부가 방법(에폭시, diene 화합물 등)<br>산화환원 방법(오존, 과산화수소 등) | 냄새의 재발생 없음 | 특정한 냄새에만 효과가 있고, 반응 기능의 수명이 있음 |
| 물리적 소취 | 흡착(활성탄소, 제올라이트, 산화아연 등) | 유지·관리가 용이함 | 흡착 수명이 있음 |
| 생물학적 소취 | 미생물, 효소(활성오니 등) | 경비절약 | 온도·pH 관리 필요 |
| 감각적 소취 | 방향제(산림, 감귤 계통, 기타) | 안정성 | 속임수 소취, 강한 냄새에는 효과 없음 |

② **중화반응을 이용하는 방법**　산성과 알칼리성의 물질을 함께 섞으면 상호간의 성질이 없어지는 현상이 중화반응이다. 특히 취기의 경우에는 이 반응이 암모니아에 적용된다. 아민류나 암모니아 등의 소취에는 유기산과 식물 추출물 등이 자주 사용된다. 중화반응형 소취섬유의 제조방법은 크게 3가지로 나눌 수 있다.

- 카복시산기, 설폰산기 및 아미노기 등을 섬유 구조에 도입하는 방식
- 중화계 소취제를 혼입하는 방식
- 소취제를 침지 처리하거나 바인더를 사용하여 섬유상에 고정시키는 방식

③ **흡수를 이용하는 방법**　흡수를 이용하는 것에 대해서는 잘 알려져 있지 않으나, 폴리프로필렌 등의 섬유는 기름성분을 잘 흡수하는 것으로 알려져 있다. 따라서 기름 냄새나 기름에 흡수되기 쉬운 취기를 제거하는 데는 폴리프로필렌 등의 소수성 섬유가 유용하다.

④ **흡착을 이용하는 방법**　활성탄이나 제올라이트 등의 다공성 흡착제를 섬유 중에 혼입하여 제조된 소취섬유이다. 한편, 패딩법 등의 가공방식에 의해 세라믹계 흡착제를 섬유상에 고정하는 방법도 있다.

⑤ **항균작용을 이용하는 방법**　항균성 섬유에 대해서는 항균제를 후가공하는 경우와 혼입하는 경우가 알려져 있지만, 항균제로 구리이온 등의 금속이온을 사용한 형태의 항균성 섬유는 방취기능뿐 아니라 소취기능도 겸비한다.

⑥ **감각적 소취를 이용하는 방법**　방향제인 식물 추출물을 혼입하거나 후가공에 의해 제조된 소취섬유로 중화반응과 마스킹 효과를 갖도록 한다. 그림 4–57은 향료의 화학반응에 의한 소취 메커니즘을 나타낸 것이다. 향료는 보다 강한 냄새로 악취를 희석시키는 것이 아니라 화학반응을 일으켜 소취한다. 소취제와 마스킹제를 시클로덱스트린 등으로 마이크로캡슐화하여 향의 발산을 조절할 수도 있으며, 최근에는 스타킹 등에 적용한 방향섬유가 개발되어 있다.

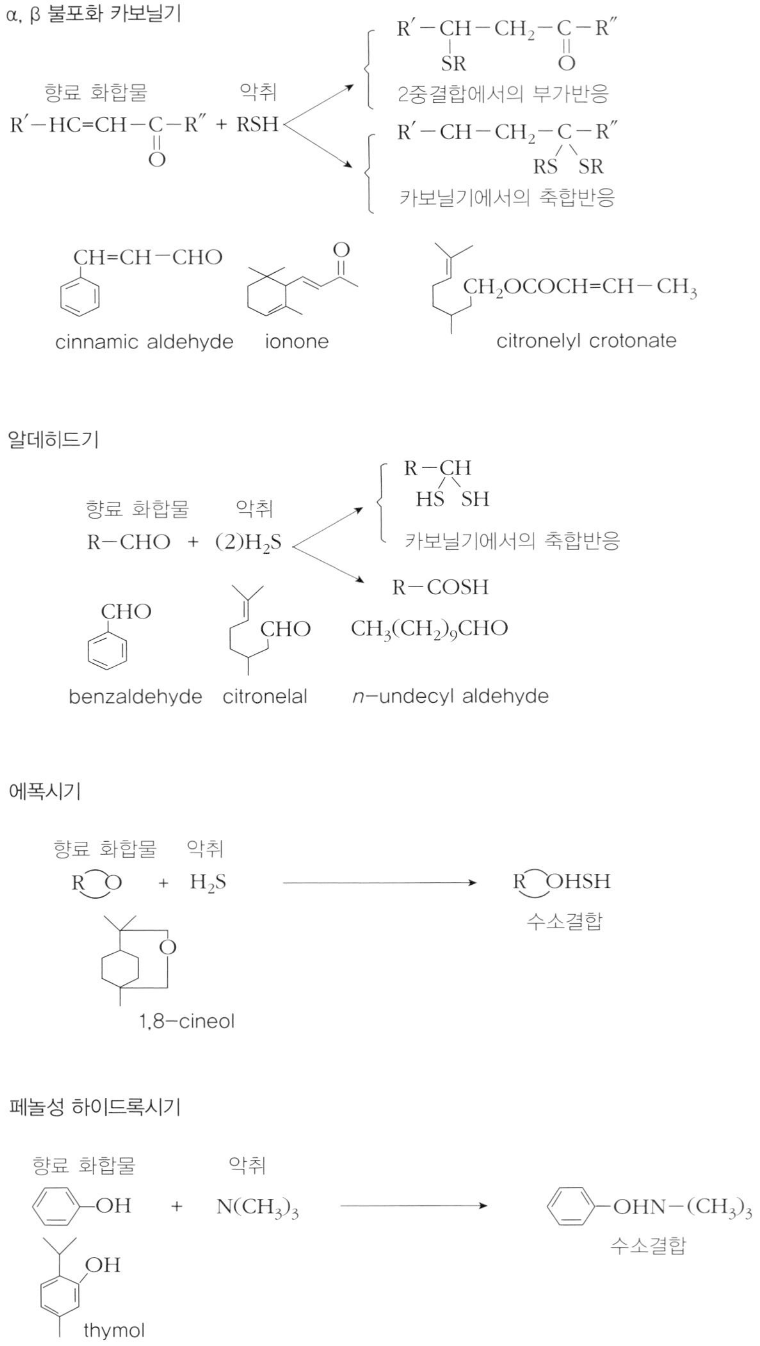
α, β 불포화 카보닐기
향료 화합물
악취
R′−HC=CH−C−R″ + RSH
O
R′−CH−CH₂−C−R″
SR
O
2중결합에서의 부가반응
R′−CH−CH₂−C−R″
RS SR
카보닐기에서의 축합반응
CH=CH−CHO
cinnamic aldehyde
ionone
CH₂OCOCH=CH−CH₃
citronelyl crotonate
알데히드기
향료 화합물
악취
R−CHO + (2)H₂S
R−CH
HS SH
카보닐기에서의 축합반응
R−COSH
CHO
benzaldehyde
CHO
citronelal
CH₃(CH₂)₉CHO
n−undecyl aldehyde
에폭시기
향료 화합물
악취
R O + H₂S
R OHSH
수소결합
O
1,8−cineol
페놀성 하이드록시기
향료 화합물
악취
−OH + N(CH₃)₃
−OHN−(CH₃)₃
수소결합
OH
thymol

**그림 4-58** 향료의 화학 반응에 의한 소취 메커니즘

## ⑷ 소취섬유의 응용

소취섬유는 의류용, 비의류용, 산업용 등에 다음과 같이 다양하게 응용되고 있다. 그림 4-58는 일상생활에 사용되는 소취제품의 예를 나타낸 것이다.

- **필터류** : 에어컨디셔너, 공기청정기, 청소기, 냉장고 등
- **침구류** : 방석, 모포, 이불, 베개, 침대 매트리스 등
- **인테리어용 소재** : 커튼, 카펫, 벽지, 매트류 등
- **화장실용 소재** : 좌변기 커버, 매트, 슬리퍼 등
- **위생용품** : 세탁물용 용기 등
- **주방용품** : 냉장고용 소취제 등
- **생활잡화** : 스포츠백 등
- **의류** : 잠옷, 스포츠웨어, 양말, 제화, 유니폼 등
- **차량용품** : 시트 커버, 쿠션 등

그림 4-59  소취 제품의 예

기타 공업적인 비중이 적은 기능화로서 착용성에 관련한 항필링가공, 안전성의 한 형태인 방충가공을 여기에서 다룬다.


# 6. 기타 기능성

## 1) 항필링가공

필링(pilling)은 직물의 표면에 섬유나 다른 불순물이 엉켜 필(pill)이라고 하는 작은 볼과 같이 엉키는 현상을 말한다. 필은 흔히 섬유제품이 마찰하는 과정에 발생한다.

합성섬유 제품에서 일반적으로 관찰되는 필의 발생은 단계적인 과정이다. 방적사에서 빠져나온 섬유가 제품 표면으로 이동하고 서로 또는 오염물질과 엉켜 구형을 나타낸다. 필은 일정 크기가 될 때까지 커지며 그 상태로 오래 존재하거나 마찰에 의해 제거된다. 파단강도가 큰 합성섬유 제품에서 형성된 필은 마찰에 의해 제거되지 못하고 그 자리에 남게 된다. 필라멘트 사로 제조한 직물에서도 필은 발생한다. 먼저 마찰 응력에 의해 필라멘트의 절단이 발생하여 절단된 끝이 표면으로 쓸려 나와 필을 형성한다. 보통 이러한 필은 쉽게 제거되지 않는데 이는 섬유 다른 부분이 강한 필라멘트 사로서 직물 내부에 남아 있기 때문이다.

필의 발생을 억제하기 위해 기계적인 방법과 화학적인 방법이 사용된다. 일반적으로 사용하는 방법은 섬유 강도를 낮추는 것과 전모(shearing)가 있다.

### (1) 기계적인 방법

필링은 표면을 평활하게 하는 전모, 솔질(brushing), 소모(singeing) 등의 기계적인 가공공정을 한 가지 혹은 두 가지 이상 병용하면 감소하거나 조절이 가능하다. 이 중 전모는 폴리에스터/면, 폴리에스터/모 혼방직물에 필수적인 과정인데 필의 발생을 억제하는 가장 좋은 방법으로 알려져 있다. 순수한 합성섬유나 혼방직물의 열고정에 의해서도 섬유가 표면으로 이동하는 경향이 줄어들어 필의 생성이 감소한다.

직물 구성은 필링을 억제하는 중요한 인자이다. 꼬임이나 파일수가 큰 실이 추천된다.

또한 방직이나 편직에 장식사를 사용하는 경우 필이 발생하더라도 전체 섬유구조의 일부처럼 드러나지 않도록 하는 효과를 얻을 수 있다. 보다 적극적인 방법으로서, 분자량을 낮추어주면 섬유의 강도가 줄어들고 섬유 표면에서 발생한 필이 쉽게 제거되어 결과적으로 필의 생성을 억제하는 효과를 나타낸다. 강한 섬유와 약한 섬유를 혼방하면 필의 발생이 두드러진다. 따라서 천연섬유와 혼방하는 합성섬유의 경우는 필의 발생이 적은 낮은 강도를 갖는 섬유를 사용해야 한다.

## (2) 화학적인 방법

수지가공은 일반적으로 방적사 내 섬유의 상호 부착력을 강화하여 필링을 감소시킨다. 양모나 양모/합성섬유 혼방직물의 방축가공 또한 섬유 이동을 억제하기 때문에 필의 발생을 줄인다.

화학적인 가공의 형태로서, 폴리에스터의 알칼리 가수분해(감량가공)는 광택의 감소, 친수성 및 염색성의 개선과 함께 필의 발생을 저하시키는 복합적인 가공효과를 나타낸다. 이는 가수분해로 인하여 분자량과 함께 강도가 저하하여 필이 형성되더라도 쉽게 탈락하기 때문이다. 필의 발생과 표면마찰이 연관된 점에 착안하여 유연제를 사용하는 경우도 있으나 항상 효과적인 것은 아니다.

## 2) 방충가공

섬유제품에 기생하는 해충은 여러 종류가 있으나 대개 천연섬유에 기생하며, 특히 양모섬유에는 충해가 가장 심하다. 충해가 가장 심한 시기는 유충시기이며 3~11월 중 온도와 습도가 높은 6~10월 사이가 가장 심하다. 이러한 충해를 없애기 위해서 섬유자체에 화학처리를 하여 방충 및 살충효과를 내는 가공을 방충가공이라 한다. 주로 사용되는 가공제는 Mitin FF(Ciba Corp.)(그림 4-59), Eulan U33, Edolan ETS(Bayer), Lanoc 등 비휘발성 약제로서 설폰산기($-SO_3H$)를 가지는 방향족 화합물의 할로겐 유도체가 주성분이다. 이들 가공제는 가공품 중량에 대해 약 0.5% 정도 처리하면 거의 영구적인 방충성을 부여할 수 있다. 공업적으로 중요한 이 가공제는 무색염료이므로 산성용액으로 양

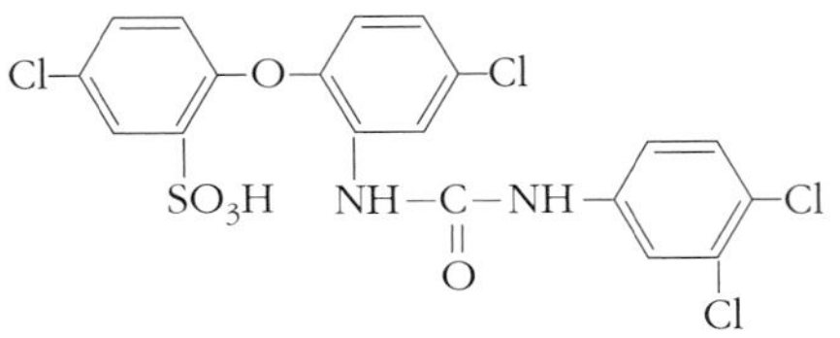

그림 4-60  Mitin FF

모에 비등 처리하면 산성염료와 같이 양모에 흡수되어 조염결합에 의해 고착되며 세탁, 드라이클리닝, 프레싱 및 일광에 내구성이 있다.

 가공제가 지녀야 할 요건은 해충에는 독성이 있지만 처리 농도 수준에서 사람에게는 독성이 없어야 한다는 점이다. 미국에서는 염소계 탄화수소 살충제의 사용을 제한하고 오직 Mitin FF와 Edolan ETS 만이 EPA 등록되어 있어 가정에서나 공업적으로 사용할 수 있는 가공제는 매우 제한적이다. 이에 염소계 탄화수소를 대체하여 유기 인산염 살충제인 Resmethin(Fairfield American Co.)이 사용되기도 한다. 이 밖에 양모섬유의 디설파이드 결합에 존재하는 황 원자 사이에 다른 가교구조를 도입하여 해충의 소화액에 있는 효소에 의해 쉽게 절단되지 않도록 하는 방법이 있다(그림 4-61).

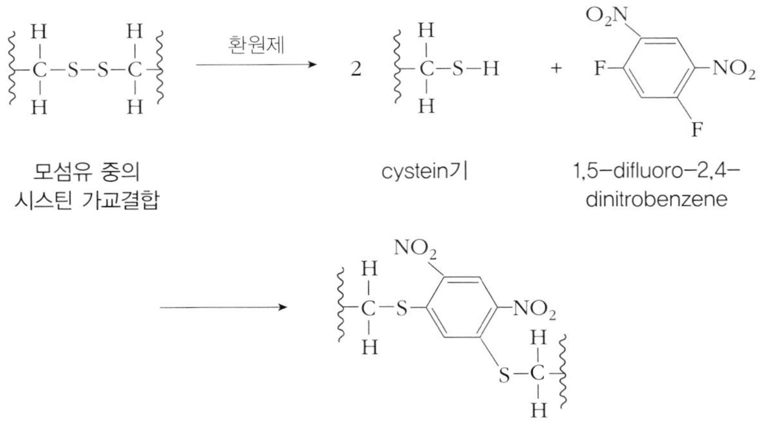

그림 4-61  양모의 디설파이드 결합의 개질 예

CHAPTER

# 05

# 다양한 성능
# 부여를 위한 기능화

1. 표면구조의 균일화
2. 복합 성능

# 다양한 성능
# 부여를 위한 기능화

제5장은 기능성 섬유가공 중 형태안정성, 심미성, 착용성, 안전성과 구분되는 코팅, 라미네이팅, 마이크로캡슐 가공, 플라즈마 가공, 셀룰로스의 전처리 등의 내용을 포함한다. 이들 가공은 최근 도입되어 빠르게 변화하고 있는데 여기에서는 크게 표면구조의 균일화와 복합성능으로 분류하여 요약한다.

## 1. 표면구조의 균일화

섬유표면에 국한하여 균일하게 처리하는 가공은 다시 코팅(coating)과 라미네이팅(laminating)으로 구분할 수 있는데 이와 관련하여 다양한 공정들이 개발된 바 있다.

### 1) 습식 코팅과 건식 코팅

코팅은 천에 수지를 도포함으로써 표면에 피막을 형성시키는 공정으로 직물이나 편성물의 표면과 이면 또는 양면에 사용 목적에 적합한 물질을 도포하여 방수성, 방풍성, 촉감과 외관 특성 및 특수기능을 구현할 목적으로 사용되고 있다. 외관이나 기능과 같은 가공결과는 섬유 기재(substrate), 코팅제, 부착량, 코팅 방법 등 여러 가지 요소에 의해 결정된다. 코팅 제품은 일종의 복합체로서 서로 다른 성질을 지닌 섬유 제품과 코팅 물질이 결합하여 최대한의 유용한 특성을 나타낼 수 있어야 한다. 또한 코팅 방식을 선택하려면 다음과 같은 요소를 고려하여야 한다.

- 섬유 기재의 성질
- 수지의 형태 및 코팅액의 점도
- 최종 제품 및 코팅의 정밀도
- 코팅 방식의 경제성

## (1) 건식 코팅

건식 코팅은 유기용제와 물을 사용하여 용해 또는 분산된 수지, 에멀션, 분산제 등을 섬유 기재에 도포하여, 열·바람에 의하여 용매를 기화시키거나, 연속 고형 피막에 의하여 섬유의 표면을 코팅하는 방법이다. 그 외에 미리 가열에 의하여 가소화 혹은 유동화된 고분자 화합물을 냉각하여 막을 형성시키는 방법도 건식법에 포함된다. 그러므로 대부분의 코팅된 원단은 이들 방법에 의하여 제조된다. 건식 코팅은 얇은 피막을 형성할 수 있으며, 안료와 각종 첨가물의 혼합이 용이하기 때문에 기능 부여와 표면 변화가 있는 제품을 얻을 수 있다. 이 방법은 타르 피치(tar pitch)로 처리된 우산지 생산에 이용된 것으로 그 역사가 가장 오래되었다.

## (2) 습식 코팅

습식 코팅은 물과 친화성이 있는 알코올과 디메틸포름아마이드(DMF) 등의 유기용제에 코팅제(수지)를 완전히 용해시킨 코팅액을 사용하는 방식이다. 구체적으로 이를 섬유 표면에 도포한 후 다량의 물에 침지시킴으로써 용제를 용출시켜 균일한 다공질 피막을 형성시킨다(물에 침지시켜 수지를 용해시키고 있는 용제의 용해성을 변화시켜 수지를 응고시킴). 습식 코팅은 건식에 비하여 역사가 짧지만 다공질 피막을 형성시킬 수 있는 장점을 지닌다. 건식 코팅으로도 다공질 피막을 제조할 수도 있으나, 우레탄 등을 사용한 습식 코팅 가공은 천연 피혁에 가까운 독특한 다공층 구조에 의해 발현되는 촉감과 투습 기능에 의해 독자적인 영역을 확보해 왔다. 이러한 습식 코팅 방식은 현재에도 여전히 각광을 받고 있으나, 건식 코팅법도 수지 개발, 가공법의 개량 그리고 습식의 장점을 포함하는 형태로 발전하고 있어 그 차이는 점점 줄어들고 있다.

### (3) 코팅 방법

코팅에 사용하는 방법으로 습식 코팅은 주로 knife over roll coater 방식이 적용되고, 건식 코팅은 다양한 방식을 적용하는데 몇 가지로 정리하면 다음과 같다.

① **나이프 코팅**(knife coating)  가장 간단하여 많이 사용되는 코팅 방식으로 코팅 물질을 나이프(knife)나 블레이드(blade)에 의해 도포해 주는 방법으로 코팅의 두께는 나이프와 직물간의 거리로 조절된다. 나이프 코팅법은 연속적으로 공급되는 직물을 코팅 나이프 아래에서 지지해 주는 물체에 따라 그림 5-1과 같이 knife over roll, knife over

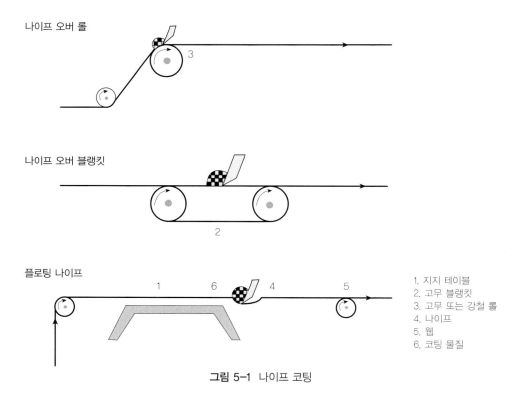

나이프 오버 롤

나이프 오버 블랭킷

플로팅 나이프

1. 지지 테이블
2. 고무 블랭킷
3. 고무 또는 강철 롤
4. 나이프
5. 웹
6. 코팅 물질

**그림 5-1** 나이프 코팅

blanket, floating knife 등의 방법이 있다.

knife over roll은 가장 광범위하게 적용되는 방법으로 코팅 수지의 양은 아래 면의 롤러와 나이프 사이의 간격으로 조절된다. 코팅의 질은 나이프의 각도, 나이프의 형태, 웹(web) 통과 속도, 수지의 유동 특성 등에 의해 좌우된다. 코팅 두께는 0.1inch 정도이고 습식 코팅의 경우는 0.002~0.02inch의 두께 범위에 적용된다.

knife over blanket, knife over table 등도 유사한 방법으로 이동되는 직물이 고무 blanket이나 테이블로 지지된 상태에서 코팅 수지가 적용되는 방법이다. floating knife 의 방법은 주로 직물에 충전재를 코팅할 때 사용되는 방법으로, 코팅 수지는 나이프 뒷면에서 직접 팬 위를 이동하는 직물에 적용된다. 코팅 액의 점도가 10,000cps 또는 그 이상인 경우에 주로 사용되나 그 이하인 경우도 가능하며 코팅되는 양은 웹의 장력, 나이프의 두께 및 각도, 처진 직물의 양에 의해 좌우된다.

② **롤 코팅**(roll coating)　　롤 코팅은 그림 5-2에서와 같이 두 개의 롤이 수직으로 배열되어 있어 웹의 접근각도를 변화시킴으로써 한면 또는 양면의 코팅이 가능하다.

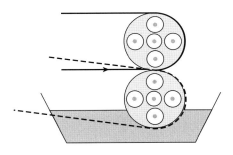

그림 5-2  롤 코팅

③ **리버스 롤 코팅**(reverse roll coating)　　코팅 물질의 점도와 코팅 두께의 광범위한 조절은 리버스 롤 코팅의 디자인에 의해 가능하다. 그림 5-3의 (a)는 nip-fed reverse roll coater로서 코팅팬 내의 물질이 직물에 공급되게 된다. 코팅팬을 사용하므로 여과에 의해 코팅 물질의 조성이 일정하게 조절되며 재순환이 가능하고 공기의 제거, 가열 및 냉각, 점도의 안정화가 가능해진다. 또한, 롤의 배치가 소량의 코팅제를 즉각적으로 적용시킬 수 있도록 되어있다. 이 장치는 두개의 롤에 의해 정확한 코팅양이 측정되고 코팅 물

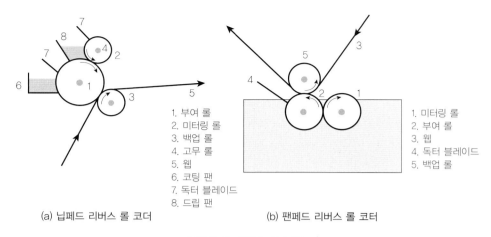

1. 부여 롤
2. 미터링 롤
3. 백업 롤
4. 고무 롤
5. 웹
6. 코팅 팬
7. 독터 블레이드
8. 드립 팬

1. 미터링 롤
2. 부여 롤
3. 웹
4. 독터 블레이드
5. 백업 롤

(a) 닙페드 리버스 롤 코더          (b) 팬페드 리버스 롤 코터

그림 5-3  리버스 롤 코팅

질이 아래를 주위에 통과하는 웹에 적용되게 된다. 500,000cps 정도의 점도를 갖는 물질에 주로 사용되며 코팅의 두께는 미터링 롤과 코팅 롤 사이의 간격과 직물의 통과 속도에 의해 좌우된다.

리버스 롤 코팅방법의 변형은 매우 다양한데 그림 5-3(b)은 그 한 종류인 pan-fed (Levelon) reverse roll을 나타내고 있다. 코팅 수지가 코팅 롤에 의해 웹에 도포된 후 미터링 롤과 rubber backing roll을 통과하면 과량의 수지는 제거되고 평활한 표면처리가 된다. 특히, 이 경우는 코팅된 직물의 전체 두께가 일정하게 조절되므로 표면이 불균일하거나 입자 등의 불순물이 있는 직물에는 좋은 효과를 얻기 어려우므로 적용하지 않는 것이 좋다. backing roll의 표면이 고무와 같이 탄성이 있는 물질로 이루어진 경우는 nip의 압력 조절에 의한 코팅 두께의 조절이 가능하다. nip의 압력이 크고 롤의 회전속도가 빠를수록 제거되는 코팅제의 양은 증가하며 코팅의 두께는 0.0005~0.02inch로 광범위하다.

일반적으로 reverse roll 코팅은 코팅액의 점도, 코팅의 두께, 코팅 물질의 조성 등 광범위한 변화에 적절히 조절 응용될 수 있으므로 널리 사용되는 방법이다.

④ **침지 코팅**(dip coating)   코팅 두께의 정확한 조절이 필요하지 않은 경우나 불규칙한 표면을 갖는 직물은 코팅액에 침지하는 방법을 적용한다. 침지 코팅법은 표면에만 코팅하는 방식과는 달리 가공액이 직물 내부까지 침투하여 직물에 대한 가공제의 비율이 증가

하며 표면의 물성도 개선할 수 있으나 직물의 표면에 역효과를 초래할 수도 있다. 침지하는 경우에는 침투제의 비율, 직물의 흡수성 표면에 고착되는 침투제의 양 등을 고려해야 한다. 적용방법은 직물을 침지·압착하거나 패딩 방법이 주로 사용되고 있으며(그림 5-4), 침지시키기 전에 미리 습윤제를 처리하여 직물 사이의 기포를 제거한 후 처리하면 가공제의 침투가 훨씬 용이해지고 기포 발생도 감소하게 된다.

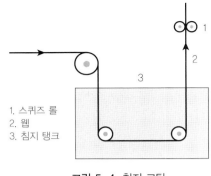

1. 스퀴즈 롤
2. 웹
3. 침지 탱크

그림 5-4 침지 코팅

많은 경우 침지 코팅을 선택하는데 일정 시간 동안 침지한 후 여러 개의 롤러를 통과하며, 직물 표면에 고착되는 수지의 양, 통과 직물의 양을 조절하기 위해서는 측정 롤러가 사용되기도 한다.

⑤ **전사 코팅**(transfer coating)　이 코팅 방식은 연속 공정으로 이루어지는데, 그림 5-5에서와 같이 코팅액이 doctor blade에 의해 실리콘 release paper에 도포된다. 준비된 release paper는 접착성 수지로 다시 도포된 다음, 즉시 라미네이팅 롤을 통과하면서 적당한 섬유 기재와 접착한 다음, 코팅된 섬유 기재와 release paper는 마지막 단계에서 분리된다.

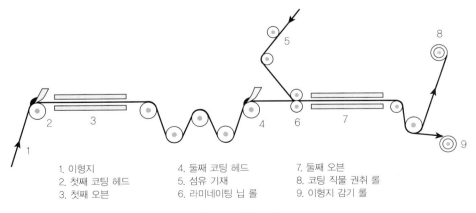

1. 이형지
2. 첫째 코팅 헤드
3. 첫째 오븐
4. 둘째 코팅 헤드
5. 섬유 기재
6. 라미네이팅 닙 롤
7. 둘째 오븐
8. 코팅 직물 권취 롤
9. 이형지 감기 롤

그림 5-5 전사 코팅

ⓖ **회전 스크린 코팅**(rotary screen coating)　　이 방식은 불균일한 표면을 갖는 직물의 균일한 코팅에 적용하기에 적합하다. 그림 5-6에서와 같이 rotary screen이 코팅 조성액을 직물에 분배하게 되는데, 조성액은 안정한 거품 혹은 페이스트 형태가 가능하며, doctor blade에 의해 코팅 두께가 정밀하게 조절된다.

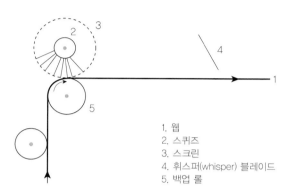

1. 웹
2. 스퀴즈
3. 스크린
4. 휘스퍼(whisper) 블레이드
5. 백업 롤

**그림 5-6** 회전 스크린 코팅

ⓖ **캘린더 코팅**(calender coating)　　대부분의 코팅 물질은 열에 의해 유연해지는 성질이 있으므로 가열된 금속 캘린더 롤 사이에서 용융, 압착하여 쉬트(sheet)상으로 코팅에 적용된다. 캘린더 코팅은 코팅 물질이 용융 상태로 적용되므로 비닐 가소제나 열가소성 수지

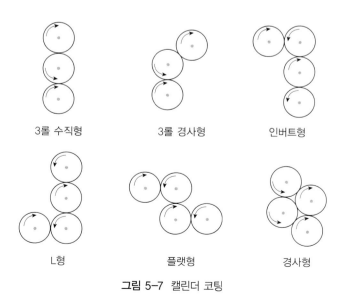

3롤 수직형　　　　3롤 경사형　　　　인버트형

L형　　　　　　　플랫형　　　　　　경사형

**그림 5-7** 캘린더 코팅

를 직물에 코팅하는데 주로 사용되고 있다.

이 방법은 그림 5-7에 나타낸 바와 같이 4개의 롤러가 L-형 또는 Z-형 배열을 가지고 있어, 한 쌍의 롤러 사이의 용융 수지가 얇은 필름 형태로 나와 인접한 다음 쌍의 롤러로 옮겨지면서 직물에 이동되며 두껍게 코팅하는데 주로 이용된다. 일반적으로 캘린더 코팅시의 흡착성을 증진시키기 위해 캘린더 코팅을 하기 전에 직물에 전처리 코팅을 해주기도 한다. 전처리를 해주면 코팅 약제의 결합력을 높여주며 코팅 nip에서 코팅 약제의 침투를 최소화할 수 있다.

### ⑧ 핫멜트 코팅(hot-melt coating)

#### ■ 압출 코팅(extrusion coating)

비닐이나 폴리에틸렌과 같은 열가소성 물질을 코팅제로 사용하는 경우 적용하는 방법으로 그림 5-8에서와 같이 용융 상태의 플라스틱이 압력에 의해 flax extrusion die를 통해 필름상으로 직물에 코팅된다.

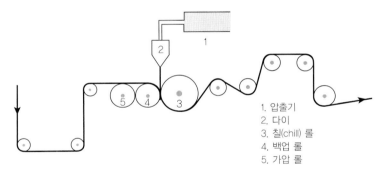

1. 압출기
2. 다이
3. 칠(chill) 롤
4. 백업 롤
5. 가압 롤

그림 5-8 압출 코팅

#### ■ 분말 코팅(dry powder coating)

분말 코팅에는 scatter coating과 dot coating의 2종류가 있다. 이들은 용융 가능한 고분자 분말을 코팅하는데 사용된다. 적용 가능한 고분자에는 폴리에틸렌, 폴리아마이드, 폴리에스터 등이 있다. 그림 5-9의 (a) scatter coating에서는 $20 \sim 200 \mu m$ 정도의 분말이 이동하는 직물에 균일하게 처리되고 오븐을 통과하면서 용융되어 캘린더링을 거친다. 그림 5-9의 (b) dot coating에서는 고분자 분말의 융점에 가까운 표면 온도를 가지는 가열된 직물이 분말로 덮여 있는 engraved roller와 접촉함으로써 코팅되는 방식이다.

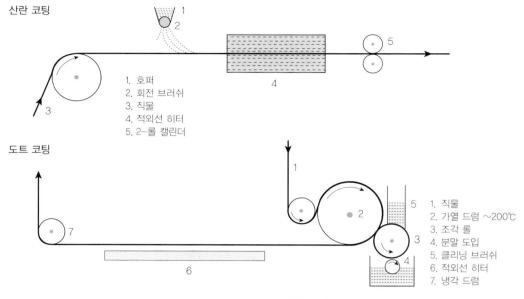

산란 코팅

1. 호퍼
2. 회전 브러쉬
3. 직물
4. 적외선 히터
5. 2-롤 캘린더

도트 코팅

1. 직물
2. 가열 드럼 ~200℃
3. 조각 롤
4. 분말 도입
5. 클리닝 브러쉬
6. 적외선 히터
7. 냉각 드럼

그림 5-9 분말 코팅

■ **분사 코팅(spray coating)**

분사 코팅법은 코팅액의 점도가 낮은 경우 코팅액을 스프레이 노즐을 통해 분사하는 방법으로 직물 표면에 불규칙하거나 요철이 있는 경우도 코팅 수지가 균일하게 분포될 수있다. 그림 5-10은 분사 코팅법을 나타낸 것으로 코팅액을 분사하는 노즐의 장치 및 형태에 따라 압력분사(airless spray), 공기분사(air spray), 혼합분사(multiple spray) 등이있다.

압력 분사는 코팅액이 매우 높은 압력에 의해 노즐로 공급되며 공기의 분산에 의해직물에 코팅되는 방식이며, 공기 분사의 노즐은 코팅액의 공기의 압력을 충돌시켜 코팅

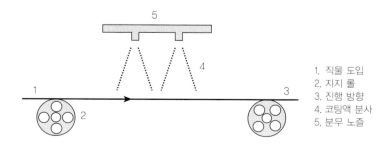

1. 직물 도입
2. 지지 롤
3. 진행 방향
4. 코팅액 분사
5. 분무 노즐

그림 5-10 분사 코팅

액을 작은 방울의 형태로 퍼뜨려 직물에 적용하는 방식이다. 또한 적용할 코팅 물질이 두 종류 이상인 경우는 각 물질의 성질에 따라 내부 혼합이나 외부 혼합에 의해 혼합분 사 방식을 사용한다.

분사 코팅 방식은 주로 직물의 한 면에만 적용시키므로 침지법보다 더욱 소량의 수지 가 사용되며 증발시키기 위한 물이나 용매의 양도 많이 감소되므로 에너지 및 수지절약 을 위하여 산업계에서 널리 사용되고 있다.

■ **거품 코팅(foam coating)**

거품 코팅은 습식 공정 후의 건조 과정에서 물을 가열 증발시키기 위해 소모되는 에너 지를 절약하기 위한 방법으로 그 연구가 활발히 진행되었으며, 거품에 의한 부피 증가로 가공 약제가 개개 섬유 표면에 널리 분포되어 확산을 용이하게 하는 이점이 있다. 그 외 에도 물의 절약, 폐수 발생량 감소, 가공액의 절약, 생산성 향상 등의 이점이 있어 광범위 한 응용이 크게 기대되는 분야이다. 거품 코팅시의 고려 사항으로는 직물의 구조, 조성, 무게, 전처리 및 거품 자체의 성질 즉 점도, 반감기, 파열도, 파열 거품의 흡수성 등으로 이러한 모든 요소들을 변화시킴으로써 적절한 가공 조건을 선택할 수 있다.

■ **기타 코팅방법**

- engraved-roll coating
- 커튼 코팅(curtain coating)
- 캐스트 코팅(cast coating)
- inverted rod coating
- 에어 나이프 코팅(air-knife coating)

## 2) 라미네이팅 가공

라미네이팅 가공은 직물이나 니트 생지에 폴리우레탄이나 고무 등의 얇은 쉬트를 접착 시키는 가공을 말한다. 접착 방법에는 접착제를 사용하는 방법과 열을 이용하여 접착시 키는 방법이 있다. 모든 형태의 직물에 적용할 수 있다는 장점이 있으며, 얇은 쉬트를 매 개로 직물에 여러 가지 소재를 결합시켜 기능성 소재에 요구되는 방풍성, 투습방수성, 내구성이 있는 가벼운 직물을 제조할 수 있다. 라미네이팅 소재는 코팅보다 단가가 비싸지만 더 우수한 성능을 부여하며 고성능 스포츠-레저용으로 활용된다.

## (1) 비저블 라미네이팅(visible laminating)

준비된 필름을 접착제로 기초직물의 겉면에 접착하거나 필름이 약간 용융되도록 가열 접착한다. 이때 날염을 부분적으로 응용하거나 엠보스할 수도 있다. 이러한 기술들은 매우 다양하게 이용되는데 폴리아마이드나 폴리에스터 직물을 금속성의 직물로 만들기 위해 타이타늄, 플래티늄이나 강철을 라미네이팅하는 예가 있다. 직물의 드레이프성이 근본적으로 변화되지 않도록 하기 위해 금속층은 매우 얇게 해야 한다. 새로운 라미네이팅 기법에 의해 삼차원적 영상이 있는 홀로그래픽한 직물을 만들며 강한 흥미를 불러일으키는 심미감을 창출해 낼 수 있다.

오늘날 빛을 굴절시키거나 빛을 반사시키는 라미네이팅 소재가 상당히 많이 사용되고 있는데 이것들은 개인의 안전을 위한 직물로 또는 패션용으로 사용된다. 루핑(roofing), 샤워 커튼, 드레이퍼리(drapery) 병원용 침대보, 호스, 식탁보, 우산, 실내 장식용, 방수용 의류, 장화, 권투용 장갑, 유사 피혁 코트, 재킷, 스포츠 의류 등에 사용되고 있다.

## (2) 인비저블 라미네이팅(invisible laminating)

라미네이팅에 의해 제조된 투습방수 소재의 대표적인 것으로 미국 고어(Gore)사의 Gore-Tex와 독일 악조(Akzo)사의 Sympatex를 들 수 있다. Gore-Tex는 미세기공 방법을 사용하고, Sympatex는 기공이 없는 친수성막 방법을 사용한다. 일반적으로 미세기공의 얇은 막은 친수성의 얇은 막보다 투습방수성은 우수하지만 내구성은 떨어진다.

① **미세기공 라미네이팅**(microporous laminating)　투습방수성 얇은 막을 사용한 최초의 라미네이팅 소재는 1958년 W. L. Gore(미국)에 의한 Gore-Tex로서 당초 우주비행에 사용할 목적으로 디자인되었다. 얇은 막은 폴리테트라플루오로에틸렌(PTFE, 상품명 Teflon) 소재로 만들어지는데, 물방울보다 20,000배 작고 수증기 분자보다 700배 큰 미세기공이 있어서 땀은 밖으로 배출되고 외부로부터의 물의 침투는 방지된다. Gore-Tex의 표면은 성능이 손실되지 않고 거의 모든 직물과 접착될 수 있으며, 다른 직물들 사이에 보이지 않게 끼워 넣을 수도 있다. 빗속을 걷는 조건에서부터 북극을 탐험하는 경우까지 다양한 기후조건들에 적합한 여러 가지 다른 층으로 구성된 소재를 만든다.

Gore-Tex 의복이 완벽한 방수성을 유지하기 위해서는 의복 구성이 중요하다. 특히 솔기를 튼튼하게 하기 위해 세탁이나 드라이클리닝에 내구적인 솔기 봉합 테이프(seam-sealing tape)로 특수 열융착(hot-melt) 접착제를 사용하여 솔기 처리를 한다. 완성된 의복은 아주 적은 양의 물이 누출되어도 정확한 위치를 알아낼 수 있는 전기 센서기가 부착된 'Gore Rain Simulator'를 사용하여 검사한 후 출하된다.

Gore-Tex는 방호복, 스포츠웨어, 군복, 경찰복으로 널리 이용되고 또한 투습방수성의 얇은 막이 모든 세균들을 막기 때문에 수술복인 신발, 장갑, 모자, 가방, 텐트, 액세서리 등에 이용된다. Gore-Tex 의류를 세탁할 때 액체 세제를 사용하면 세제가 표면에 잔류하여 방수기능이 떨어지므로 가루 세제를 사용하고 40°C의 온수로 세탁할 것을 권고하고 있다. 의복으로 사용할 경우 찢김이나 마모에 의하여 물이 침투할 수 있으므로 유의하여야 한다.

② **친수 라미네이팅**(hydrophilic laminating) Sympatex는 폴리에스터/폴리에테르의 친수성 라미네이트로 기공이 없으며 독일의 고성능 의복 시장을 이끌고 있다. 친수성 막의 바깥층이 양전하를 띠고 있어서 음전하의 물분자를 끌어당겨 밖으로 배출시킨다. 가장 작은 물방울조차 통과할 수 없으며 아주 조밀해서 거센 바람이 불어도 착용자가 조금도 추위를 느끼지 못한다. 먼지나 기름에 의해 막힐 수 있는 기공이 없기 때문에 친수성 막은 투습방수성을 오랫동안 유지한다. 미세기공 라미네이트 직물은 늘이면 기공이 변형되어 무릎이나 팔꿈치 부분으로 바람이나 비가 침투하는 반면, 이것은 늘어나도 성능을 잃지 않는 장점이 있다. 탄성이 좋아 넓은 범위의 직물에 라미네이팅할 수 있으므로 스포츠웨어나 활동복에 응용된다. 접착제를 사용하여 안감, 부직포나 가벼운 편직물에 라미네이트할 수 있으나, 외관과 촉감에 영향이 없도록 패션직물의 겉면에는 처리하지 않는다.

눈에 보이지 않는 라미네이트는 단지 고성능 의복에서만 사용되는 것이 아니고 프린팅 등과 병용하여 패션 소재에도 이용된다.

③ **폼 라미네이팅**(foam laminating) 폼(foam)은 탄성이 있는 물질에 공기가 연속상 혹은 분산상으로 포함된 것으로 고무와 폴리우레탄이 대표적인 소재이다. 단열재, 완충재, 가구 충전재, 카펫 기포, 밑깔개, 베개폼, 의류와 가정용품 직물의 라미네이팅 폼 등으로 이용되고 있다.

폴리우레탄 폼은 매우 단단한 것부터 탄성이 큰 것까지 광범위하게 제조할 수 있고 구멍의 크기를 조절할 수 있다. 폴리우레탄 폼과 직물, 편성물, 부직포 등을 접착시켜 이용하면 보온성, 드레이프성, 경량감 등이 우수하여 의류용 소재로 적당하다. 폼 라미네이팅 제품은 여성용 의류, 외의용, 스포츠용, 아동용 외의, 체형을 갖추기 위한 속옷류, 자동차 인테리어 소재, 카펫의 이면포 등으로 이용되고 있다.

화학제품과 폼제를 적당히 혼합하여 폼이 형성된 후 200~300야드 길이의 덩어리로 잘라서 원하는 두께의 조각으로 만들 수 있다. 이때 의복형으로 성형을 하거나 봉제가 불필요한 의복 아이템을 개발할 수도 있을 것이다.

## 3) 코팅 및 라미네이팅용 고분자

코팅 및 라미네이팅용 고분자 물질에는 천연 고분자에서 합성 고분자에 이르기까지 여러 종류의 화합물이 사용되고 있으며 피막(코팅막)의 성질이 코팅 제품의 외관과 촉감 그리고 기능의 대부분을 결정하기 때문에 대단히 중요한 요소가 되고 있다.

현재 섬유가공에서 가장 많이 사용되고 있는 것은 아크릴 수지, 염화비닐 수지, 폴리우레탄 수지, 폴리에틸렌, 천연 및 합성 고무 등의 열가소성 수지가 주체이며, 주요 코팅 형성 고분자 물질의 장단점을 표 5-1에 정리하였다.

표 5-1 주요 코팅 형성 고분자 물질의 특성

| 코팅 형성 물질 | 장 점 | 단 점 |
|---|---|---|
| 아크릴 수지 | 내광성, 내노화성, 점착력, 내용제성 등이 우수 | 유연한 것은 점착성을 남기는 경향이 있음 |
| 염화비닐 수지 | 난연성, 내약품성이 우수하며, 가소화에 의한 조절이 용이 | 온도에 따른 유연성의 변화가 큼. 가소제가 빠져나갈 우려가 있음 |
| 폴리우레탄 수지 | 피막강도, 내마모성, 내굴곡성이 우수. 반응형은 특히 내용제성이 우수. 연속 미다공질 막이 가능하며, 유연성의 선택 범위가 넓음 | 내광성이 나쁜 종류가 있음 |
| 천연 고무 | 탄력성, 내수압이 우수 | 내용제성, 내유성, 내노화성, 내열성이 열악 |

## 4) 코팅 제품

코팅 제품은 사용 목적에 따라 요구되는 품질을 잘 파악하여 여기에 적합한 직물과 피막형성 물질을 조합하고, 동시에 코팅 가공 방식, 경제성 등을 고려하여 제품화하여야 한다. 표 5-2는 용도에 따른 주요 코팅 제품과 코팅 가공에 부여된 성질을 나타낸 것이다.

**표 5-2** 주요 코팅 제품

| 용도 분야 | 제품 | 코팅 가공에 부여된 성질 |
|---|---|---|
| 의류 | 레인코트 | 발수·방수성, 보온성 |
| | 인공피혁 | 발수·방수성, 가죽과 같은 외관 |
| | 방화복 | 난연, 내열, 단열성 |
| 잡화 | 테이블 보, 기저귀 커버 | 방수성, 방오성, 내후성 |
| | 비치 파라솔, 샤워 커튼 | 방수성, 가죽과 같은 외관 |
| | 구두, 가방, 케이스류 | 내마모성, 내굴곡성 |
| 농림 | 천막, 햇빛 가리개 | 방수성, 내수성 |
| 수산, 공업 | 송풍관, 수조, 야적 쉬트, 벨트류 | 표면평활성, 내마모성, 연마성 |
| 토목 건설 | 치수 용재, 양생 쉬트, 에어돔 | 내수성, 내후성 |
| 인테리어 | 벽장, 마루, 천장재 | 미관, 방열성, 방수성, 내마모성 |
| | 블라인드류 | 미관, 방수성, 차광성 |
| | 카펫 | 쿠션성 |
| 정보산업 | 타이프라이터 리본 | 방수성 |
| | 드레싱 포 | 투명성 |
| | 자기 테이프 | 자기기록성 |

# 2. 복합 성능

복합 성능 부여에 해당하는 가공으로는 마이크로캡슐 가공, 플라즈마 가공, 셀룰로스 전처리 가공 등이 있다. 예를 들어 마이크로캡슐은 방향가공, 카멜레온가공, 축열보온가공 등에 적용되며, 플라즈마는 친수화가공, 코팅가공 등에 쓰이는 핵심 개념이다. 또한 셀룰로스의 전처리(양이온화)는 염색과 가공 전반에 걸쳐 그 효과를 높이려는 목적으로 행해진다.

## 1) 마이크로캡슐 가공

### (1) 개 요

마이크로캡슐(microcapsule)이란 내부를 형성하는 액체 또는 고체의 활성물질(심물질, core material)을 외부를 형성하는 고분자물질(벽물질, wall material)로 둘러싼 형태로 지름이 수~수십 $\mu$m 크기를 가지는 초미세 입자를 지칭한다.

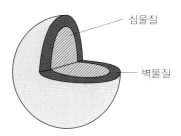

**그림 5-11** 마이크로캡슐의 구조

　마이크로캡슐의 개념은 1940년대에 약물의 전달을 조절하는 시스템을 뜻하는 DDS(drug delivery system)에서 도입되었고, 1950년대 미국의 NCR사가 감압복사지(pressure-sensitive recording paper, NCR paper)의 제조 과정에서 실용화되었다. 마이크로캡슐은 생각한 것은 아니고 발색제를 녹인 기름의 미립자를 보호하려는 시도 중에 우연히 개발되었다. 마이크로캡슐에 대한 연구는 미국을 비롯한 선진국에서 활발히 연구되어 마이크로캡슐의 생성기구와 내부 물질과 외부 물질의 종류에 따른 마이크로캡슐의 성질들이 이론적으로 밝혀졌다. 마이크로캡슐은 감압복사 이외에도 내용 물질의 외부로의 방출 속도를 조절함으로써 화장품, 의약품 등 섬유 및 생명과학에 이르기까지 그 응용 분야가 확대되어 가고 있다.

　마이크로캡슐은 반응성이 있거나 불안정한 물질을 안정화시키는 기술 중에서 최상위급에 속하는 기술로 불안정한 물질을 고분자 막으로 감싸서 마치 달걀과 같은 형태의

캡슐을 갖게 한다. 이 기술은 특정한 물질을 캡슐 형태로 감싸서 안정화시킴으로써 불안정한 물질을 장기간 유지시켜 주거나, 그 물질을 특정시간까지 보존하는 방법에 이용된다.

마이크로캡슐화 기술을 처음으로 섬유에 응용한 것은 1980년대로 일본에서 각종 기능성 물질을 내포하는 마이크로캡슐을 제조하고 이를 섬유가공에 이용하여 소위 기능성 섬유소재를 등장시킨 것이라 할 수 있다. 향기를 방출하는 방향섬유, 세균이나 곰팡이를 죽이는 방미·방균섬유, 온도 변화에 따라 가역적으로 색상이 변하는 감온변색섬유(thermochromic fiber), 빛에 따라 색상이 변하는 감광변색섬유(photochromic fiber) 등이 그 대표적이다. 이들 기능성 섬유는 최근 소비자들의 요구 성향이 다양해짐에 따라 섬유 산업의 소위 다품종 소량화 추세에 맞추어 하이패션(high fashion)은 물론 인테리어, 산업용에 이르기까지 새로운 섬유소재로 각광을 받고 있다.

## (2) 마이크로캡슐의 구성 및 제조방법

마이크로캡슐은 심물질(core material)과 벽물질(wall material)로 구성되며 심물질은 캡슐의 기능성을 발휘하는 물질로 향오일, 비타민, 항균제, 화장품제재, 영양제, 미생물, 약물(살충제), 천연 기능성 물질 등 다양하게 사용이 가능하다. 벽물질은 심물질을 둘러싸서 피막을 형성하여 외부 환경으로부터 보호하고 지속적인 성능을 발휘할 수 있도록 한다. 벽물질로는 보통 멜라민, 우레탄, 아크릴, 에폭시 등의 수지나 전분, 젤라틴, 키토산, 알긴산 등의 천연 고분자 등이 사용된다. 마이크로캡슐은 코아세르베이션(coacervation), 계면중합(interfacial polymerization), 용매중발법(solvent evaporation), 스프레이 코팅(spray coating), 분산중합(suspension polymerization), 유화중합(emulsion polymerization) 등의 여러 가지 방법에 의하여 제조된다. 마이크로캡슐을 제조할 때 교반속도, 온도, 유화제의 농도 등 다양한 인자들에 의하여 평균 입자크기 및 그 분포가 크게 변하기 때문에 이들 인자의 조절에 유의하여야 한다.

## (3) 마이크로캡슐의 기능 및 장점

적용하고자 하는 액체 또는 고체의 물질을 마이크로캡슐화(microencapsulation)하면 다음과 같은 기능을 부여할 수 있다.

- 물질의 방출속도 조절
- 원하는 물질을 원하는 고분자 물질에 외관의 변화 없이 감출 수 있음(디자인의 한계가 없음)
- 원하는 물질을 원하는 장소까지 이동시킬 수 있음(적용 소재의 한계가 없음)
- 기능성 물질의 산화 및 환원 방지
- 제조 공정에서의 손실 최소화
- 여러 분산매에 분산 가능
- 독성이나 자극성이 강한 물질, 손실되기 쉬운 물질 등의 취급용이
- 심물질과 벽물질에 따라 다양한 기능을 부여 가능

## (4) 마이크로캡슐 가공 방법

마이크로캡슐 가공은 방사단계 가공과 후가공 방식으로 크게 나눌 수 있다. 방사단계 가공은 기술적으로 많은 연구개발이 필요하지만 후가공법은 상대적으로 쉽게 적용할 수 있어서 기능성부여 가공으로써 기대되고 있다. 후가공법은 마이크로캡슐과 바인더를 일정 비율로 조합하여 가공액을 제조한 후, 원단에 패딩하고 큐어링하여 원단에 결합시키는 방식이다.

## (5) 섬유 제품에 적용되는 마이크로캡슐의 종류

① **향 마이크로캡슐**    향기를 방출하는 물질을 마이크로캡슐에 담아 섬유에 고착시키면 향을 장기간 동안 지속적으로 방출한다. 향 마이크로캡슐은 섬유(향기 나는 옷, 양말, 넥타이 등) 뿐만 아니라 종이(향기 나는 우표 등), 플라스틱(향기 나는 휴대폰 등), 페인트(향기 나는 페인트 등) 등 거의 모든 산업 분야의 제품에 적용이 가능하다.

② **감온변색 마이크로캡슐**(thermochromic microcapsule)    온도에 따라 가역적인 색 변화를 보이는 색소를 마이크로캡슐에 담아 섬유에 고착시키면 일정 온도 이상 올라가면 특정 색상이 다른 색상(무색 또는 바탕색)으로 변하며 다시 온도가 내려가면 특정 색상으로 되돌아가는 가역적 거동을 보이게 된다. 자세한 내용은 3.1.2.(3)의 카멜레온 가공을 참고하기 바란다.

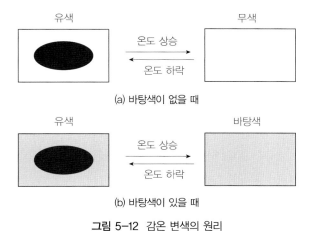

(a) 바탕색이 없을 때

(b) 바탕색이 있을 때

그림 5-12 감온 변색의 원리

③ **감광변색 마이크로캡슐**(photochromic microcapsule) 빛의 존재 유무에 따라 가역적인 색변화를 보이는 색소를 마이크로캡슐에 담아 섬유에 고착시키면 빛을 받으면 특정 색상이 다른 색상(무색 또는 바탕색)으로 변하며 빛이 사라지면 특정 색상으로 되돌아가는 가역적 거동을 보이게 된다.

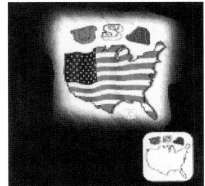

그림 5-13 감광 변색 제품

④ **축열 마이크로캡슐** 상전이 과정에서 열을 흡수하거나 방출하는 물질(phase change material, PCM)이 마이크로캡슐의 축열 기능을 담당한다. 예컨대 스키복에 적용하면 PCM은 스키를 타는 동안 운동으로 발생한 과잉의 열을 흡수 저장하여 체온의 상승을 막아주고 리프트를 타는 동안 마이크로캡슐에 저장된 열을 방출하여 체온의 저하를 막

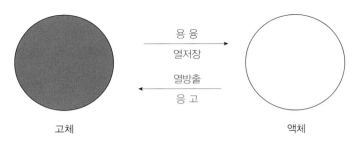

용융
열저장
열방출
응고

고체      액체

그림 5-14 축열 마이크로캡슐의 원리

아주어 추위로부터 인체를 보호하는 기능을 수행한다. 응용 제품으로는 운동화 및 등산화, 보온 내의, 기능성 군복, 점퍼, 스키복, 장갑, 자동차용 시트커버 등이 있다.

## 2) 플라즈마 가공

의류용 직물의 가공처리 기술이 다양해지고 기능성 직물의 사용량이 증가하면서 환경적으로 문제가 없는 환경친화적 처리공정에 대한 산업적·사회적 요구도 증가되어 왔다. 따라서 새롭고 혁신적인 생산기술이 요구되면서 등장한 하나의 직물 처리 기술이 플라즈마를 이용하는 방식이다. 플라즈마 기술은 환경친화적인 건식 처리방식으로서, 불활성 섬유고분자 물질의 표면조차도 쉽게 변화시킬 수 있으며 섬유가공에서 뿐만 아니라 코팅과 같은 섬유 기계의 최적화에서도 사용될 수 있다. 플라즈마가 물질의 표면 성질을 적절히 변화시킬 수 있다는 사실은 60여 년 전에 이미 알려졌으나, 시스템이 상업화된 것은 비교적 최근으로 앞으로 플라즈마 처리기술이 가지는 장점을 활용한 응용이 급격히 증가할 것으로 기대된다.

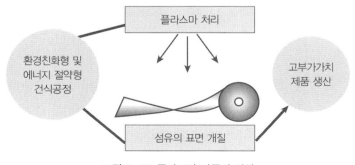

그림 5-15 플라즈마 가공의 의의

## (1) 플라즈마(plasma)의 정의

물질에는 기체, 액체, 고체의 3가지 상태가 있는데, 이 중 가장 낮은 에너지 상태는 고체이다. 이것이 열(에너지)을 받으면 물질의 온도가 올라가고 액체 상태를 거쳐 기체상태로 변화한다. 만약 기체에 에너지가 더 가해지면 상전이와는 다른 현상이 일어나게 되는데, 기체 입자의 운동에너지는 원자 궤도가 깨지는 극한 상태가 되고 따라서 라디칼, 전자, 양이온 등을 생성하게 된다. 이 때, 이온화된 입자들 즉 양과 음의 총 전하수는 거의 같아서 전체적으로는 전기적으로 중성을 띠는 상태가 된다. 이러한 상태의 혼합물을 플라즈마라고 한다. 플라즈마 상태를 고체, 액체, 기체 이외의 '물질의 제4의 상태'라고 한다. 이러한 플라즈마는 분자, 이온(바닥상태 및 여기상태의), 전자, 양자들로 이루어지며, 네온사인이나 형광등으로부터 시작하여 북극의 오로라, 태양의 상태, 핵 융합로 등이 플라즈마 상태이다. 물질의 상태에 따른 분류에 의하면, 우주의 99% 이상이 플라즈마 상태라고 볼 수 있다. 플라즈마 상태는 고체, 액체, 기체들에 비해 높은 에너지를 가지고 있어서 다양한 분야에서 응용되고 있다.

예컨대 산소 플라즈마는 그림 5-17에서 다양한 형태로 반응하는 것을 볼 수 있다. 플라즈마 영역(그림 5-18) 내에서는 각 성분의 이온화와 재결합 반응 속도가 균형을 이루어 정상상태에 도달한다. 플라즈마가 갖는 에너지에 따라 전리(이온화)도가 변하며, 큰 에너지를 갖는 경우 완전히 전리되어 플라즈마가 된다. 이온화는 높은 에너지 복사(UV, X-ray 등), 전장에 의한 충돌(주로 전자의 충돌), 열운동에 의한 충돌 등에 의해 일어난다.

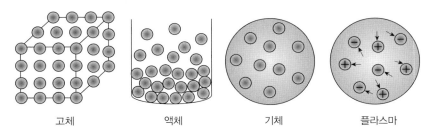

고체          액체          기체          플라스마

상변화 에너지 : 용융(고체 → 액체) 1~10kcal/mol
기화(액체 → 기체) 10~100kcal/mol
이온화 혹은 해리(기체 → 플라즈마) ~100, ~1000kcal/mol

그림 5-16 플라즈마 상태

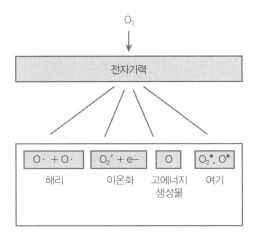

그림 5-17 산소 플라즈마의 발생

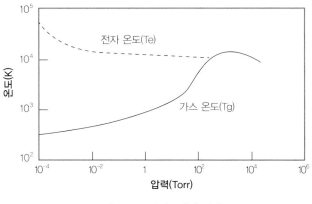

그림 5-18 플라즈마의 영역

## (2) 플라즈마의 종류

① **고온 플라즈마**(평형 플라즈마 또는 열 플라즈마)  고온 플라즈마(thermal plasma)는 주로 아크 방전에 의해 발생시킨 전자, 이온, 중성입자(원자 및 분자)로 구성되는 부분적으로 이온화된 기체로, 국소 열평형 상태를 유지하여 구성 입자가 수천에서 수만 도에 이른다(그림 5-19). 따라서 고온 플라즈마는 고온, 고열용량, 다량의 활성 입자를 포함하며 일반적으로 대기압 또는 고압에서 소재 공정이나 폐기물 처리 등 여러 산업분야에서 첨단기술로 활용되고 있다.

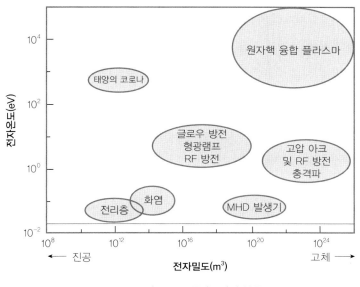

**그림 5-19** 플라즈마의 분류

ⓐ **저온 플라즈마**(비평형 플라즈마)　　저온 플라즈마란 산소와 같은 기체를 상온에서 수백 도까지의 비교적 저온 영역의 감압 상태(보통 2 torr 이하)에서 고주파 전기장(고전압)을 가하면 형성된다. 이때, 전자에너지는 높아도 기체 온도는 낮은 상태의 원자, 라디칼 등이 풍부하게 생성되고 이 라디칼의 반응은 매우 활성화되어 반응성이 풍부한 저온 플라즈마 상태가 된다. 이 플라즈마 분위기에서 개질하고 싶은 물질을 노출시키면 활성종이 발생하여 섬유 표면을 변화시키게 된다. 이와 같이 저온 플라즈마 반응은 활성화한 입자의 반응을 이용하여 섬유 표면의 개질 등을 행하는 것이고 섬유가공 방식으로서 다음과 같은 특징이 있다.

- 건식 공정이고. 따라서 환경오염, 공해가 적다. 또한 물을 사용하지 않기 때문에 에너지의 절감이 가능하다.
- 섬유 표면에서만 일어나는 표면층 반응이기 때문에 강도 및 벌크 성질을 변화시키지 않고 표면 처리가 가능하다.
- 반응 에너지가 크기 때문에 종래에는 할 수 없는 새로운 반응에 의한 표면개질 가공이라 할 수 있다.

③ **대기압 플라즈마**   과거의 저온 플라즈마 처리는 기대 효과가 우수했으나 진공 장치를 제작하고 조절하는 측면에서 한계가 있었다. 최근 이와 관련한 기술이 발전하면서 대기압에서 플라즈마 처리가 가능하게 되었다. 이처럼 소재 기술, 진공 제어, 소요 경비 등이 변화하면서 진공 플라즈마 가공은 다시 주목을 받고 있다.

④ **스퍼터링**(sputtering)   진공내의 음전극(target) 소재(현재 알루미늄, 금, 스테인리스, 타이타늄, 동 등)에 전계, 자계를 이용해서 고밀도의 플라즈마를 발생시킨 다음, 이온화된 기체 이온(예, 아르곤)이 전계에 충돌하고 그 에너지에 의해서 음전극 소재가 분자 또는 원자 상태로 튀어 나와 직물에 부착한다. 종래에 증착, 전기도금, 화학도금과 비교해서 운동에너지가 매우 높고, 초미립자(Å 단위)로서 직물표면에 부착한다.

　기존에 사용되었던 증착, 전기도금, 화학도금과 비교하면 스퍼터링의 운동에너지는 매우 높아, 초미립자(Å 단위)로서 직물표면에 부착한다. 스퍼터링에는 원자로부터 전자구름을 유리시키는데 충분한 에너지가 필요하지만 증착은 분자로부터 원자를 분리하는 정도 이하의 에너지로서 그 크기는 스퍼터링의 수백 분지 일에 불과하다.

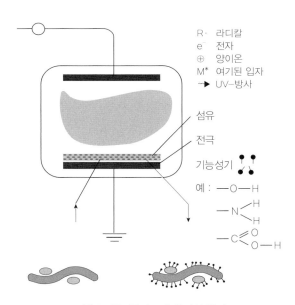

그림 5-20  플라즈마 처리의 원리도

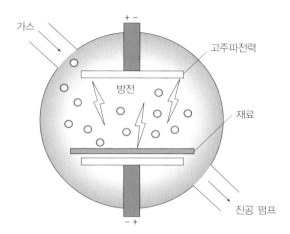

그림 5-21 플라즈마 장치의 개략도

## (3) 플라즈마 처리의 원리

플라즈마 상태는 사용되는 기체에 따라 자유전자, 라디칼, 이온 및 많은 활성 입자들로 구성되어 있다. 그림 5-20은 플라즈마 처리의 원리도, 그림 5-21은 플라즈마 장치의 개략도를 나타낸 것이다. 플라즈마 용기에 존재하는 여러 반응성 활성 물질은 처리되는 기질(직물)의 표면과 반응을 일으켜 표면 성질을 변화시킨다.

## (4) 플라즈마 처리의 기대효과

다음의 표 5-3과 그림 5-22은 각각 플라즈마 처리한 섬유에 대한 기대효과와 플라즈마 가공 시 처리조건을 나타낸 것이다.

표 5-3 플라즈마 처리한 섬유에 대한 기대효과

| 가공 | 기능성 효과 | 구체적 제품군 |
| --- | --- | --- |
| 표면조면화 | · 심생화–동일색 농담효과<br>· 표면친수화–표면적 증가, 친수성기 도입 | · 남녀정장<br>· 아랍 국가들에서의 히잡 등<br>· OHP 필름, 자동차의 Side mirror |
| 방축가공 | · 양모의 방축가공 | · 골프웨어<br>· 가정에서 세탁 가능한 소재 |
| 접착성 향상 가공 | · 섬유와의 접착성 향상<br>  – 친수화효과<br>· 고기능성, 고강력 접착 | · 산업 Tape |
| 표면중합<br>(Graft Polymerization) | · 표면에서의 친수성 효과<br>· 표면에서의 소수성 효과 | · 발수성 부여<br>· 편면발수기능 |

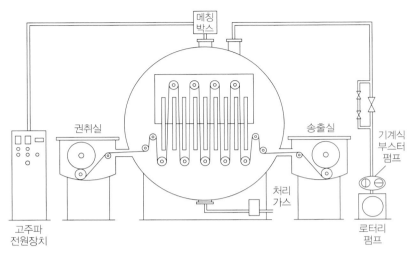

그림 5-22 플라즈마 장치의 개략도

## (5) 플라즈마 기술을 이용한 섬유 표면의 물리화학적 개질

폴리올레핀(PE, PP, EPDM, PTFE)과 같은 범용 고분자의 표면은 잉크, 접착제 등에 젖거나 고착되지 않을 만큼 비극성을 나타낸다. 플라즈마 기술은 이러한 표면을 화학적으로 변화시키는데 유용하게 사용될 수 있다. 사용되는 기체의 종류에 따라 하이드록시기(−OH)와 같은 산소함유 극성기, 혹은 −NH, $-NH_2$기와 같은 질소 함유 극성기 등이 표면에 형성될 수 있다. 이러한 표면개질 효과는 $1\sim10\,\mu m$의 표면층에만 국한되어 고분자의 기본 물성에는 영향을 주지 않는다(그림 5-23).

그 표면의 화학적 조성은 표면에서의 친수성기가 증가하여 친수화되며, 물리적으로는 표면에 요철이 형성된다.

또 플라즈마에 의하면 섬유표면에서 그래프트를 중합을 형성시킬 수 있다는 것이 알려져 있다. 이는 중합하고자 하는 모노머를 아르곤이나 질소와 함께 플라즈마 상태에 두면 표면에서 중합이 일어난다는 것을 의미한다(그림 5-24).

표 5-4 PET 섬유 표면의 XPS 분석결과

| Etching | | Relative peak area, % | | | |
|---|---|---|---|---|---|
| | | C1s | O1s | N1s | O1s/C1s |
| PET | Untreated | 71.3 | 28.7 | − | 40.2 |
| | 30min | 68.2 | 28.9 | 2.8 | 42.4 |

미처리                                        플라즈마처리

**그림 5-23** 플라즈마 처리한 PET 섬유의 전자현미경 사진

## 3) 셀룰로스의 전처리 가공: 양이온화(카티온화)

면섬유를 비롯한 셀룰로스계 섬유를 화학적으로 전처리(개질)함으로써 이온성기를 도입
하고자 하는 시도는 면섬유에 대한 직접염료 및 반응염료의 흡착성을 높이기 위하여 오

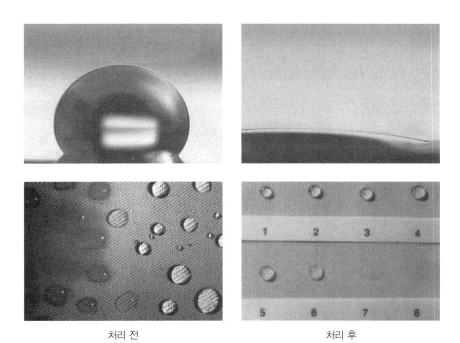

처리 전                                        처리 후

**그림 5-24** 플라즈마 처리에 의한 표면 성질의 변화

래 전부터 검토되어 왔다. 또한 최근에는 염색 현장에서 염료 및 조제를 함유하는 폐수 등에 의한 환경 문제가 대두되면서 염료 및 조제의 효율성을 높여 사용량을 줄이기 위한 방안의 하나로 카티온화가 모색되어 왔다. 일반적으로 셀룰로스계 섬유의 염색에 자주 사용하는 반응염료나 직접염료의 염색에는 많은 양의 염(salt)류가 사용되고 있다. 따라서 일반적으로 음이온성을 띠는 염료에 대한 셀룰로스의 직접성(substantivity, 매염하지 않아도 섬유에 직접 염착하는 성질)을 증진시킬 수 있다면 적은 양의 염류와 염료를 사용하고도 원하는 수준의 염색이 가능하게 된다. 이러한 관점에서 셀룰로스의 화학적 전처리를 통한 양이온성기의 도입은 환경 문제를 줄이면서 염색성을 향상시키고 효율성을 증진시키는 하나의 유용한 수단이 될 수 있다.

셀룰로스계 섬유에 화학적 전처리를 통해 음이온성기를 도입하였을 경우에는 셀룰로스 섬유가 카티온 염료에 의해 염색이 가능해지지만 일광 및 습윤견뢰도가 좋지 않기 때문에 실용성은 적다. 따라서 셀룰로스계 섬유의 염색성 향상을 위한 전처리는 주로 양이온화에 초점을 맞추어 이루어져 왔다.

## (1) 셀룰로스의 양이온화

화학적인 전처리에 의하여 셀룰로스를 양이온화시키는 방법에는 주로 질소를 함유하는 아민기나 암모늄기를 가지는 화합물을 사용하여 셀룰로스에 공유결합시키는 방식이 주류를 이룬다. 셀룰로스에 도입되는 반응에 의한 양이온성기의 형태학적 차이를 그림 5-25에 도식화하여 나타내었다. 직접 부가반응은 주로 셀룰로스의 글리시딜암모늄 유도체를 형성하여 이온성기가 셀룰로스에 견고하게 결합된다. 올리고머의 짝지음 반응 (coupling reaction)은 이온성기를 가지는 짧은 곁가지를 형성하며, 마지막으로 그라프

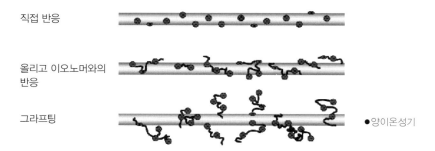

그림 5-25 셀룰로스에 도입되는 반응에 의한 양이온성기의 형태

트 반응은 이온성기를 다량 함유하는 비교적 긴 분자쇄를 형성한다.

아미노기를 셀룰로스에 도입하면 일부 양모와 같은 염색 거동을 나타낸다. 셀룰로스와는 달리 양모는 특히 산성 조건하에서 음이온성 염료에 대한 직접성을 갖는다. 아미노알킬 셀룰로스(aminoalkylcellulose)는 대부분의 면섬유용 염료(특히 직접염료)에 대한 향상된 염색성을 갖는다. 아미노알킬 셀룰로스는 또한 방염성, 항미생물성, 이온교환성 등의 유용한 성질도 가진다.

■ 에폭시 화합물과의 반응에 의한 양이온화

이 반응에서는 아민기가 에폭시 화합물과의 반응에 의하여 셀룰로스에 도입된다. 대표적인 예는 글리시딜트리알킬암모늄 클로라이드를 반응 약제로 사용하는 경우로 트리알킬암모늄클로라이드는 에피클로로하이드린과 제3급 아민과의 반응에 의하여 1단계 반응으로 형성된다(그림 5–26 참조). 이러한 에폭시 짝지음 반응에 의한 아민기의 도입은 주로 수산화나트륨 수용액을 촉매로 하는 조건에서 수행된다. 글리시딜트리알킬암모늄 클로라이드의 대표적인 형태인 글리시딜트리메틸암모늄 클로라이드(상품명: Glytac A)는

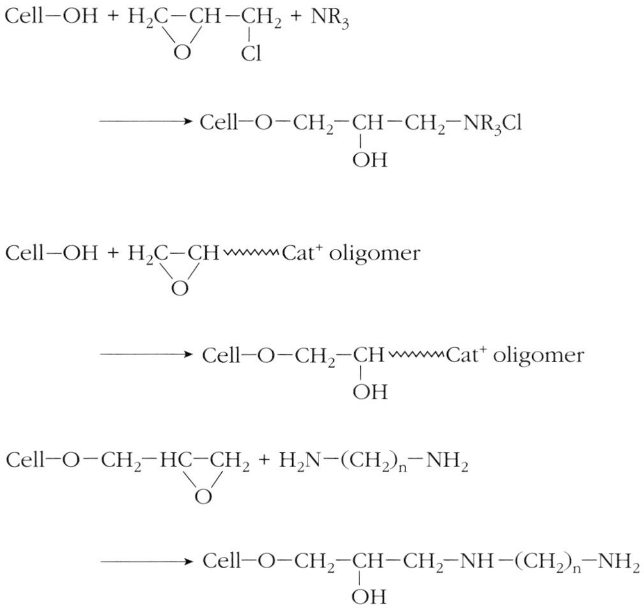

그림 5–26  에폭시 화합물과의 반응에 의한 셀룰로스의 양이온화

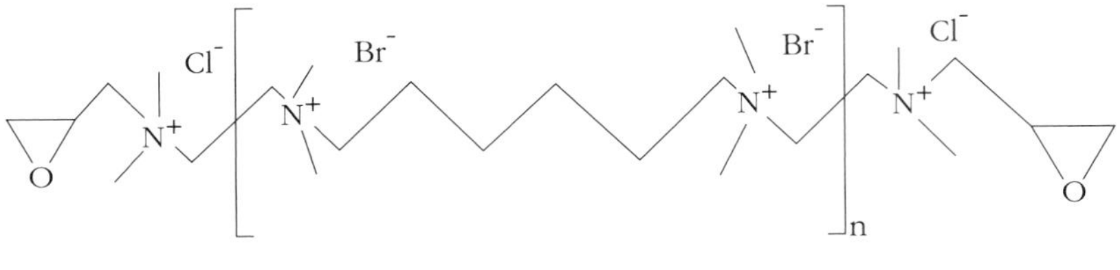

그림 5-27 셀룰로스 반응형 양이온성 에폭시 올리고머

셀룰로스의 반응염료 및 직접염료에 대한 염색성을 증진시킨다. 특히, Glytac A는 직접염료와 함께 사용이 가능하며 일반적인 염색보다 우수한 세탁견뢰도를 셀룰로스에 부여한다.

한편, 에폭시기를 가지는 양이온성의 올리고이오노머(그림 5-27)를 반응시제로 사용하여 셀룰로스를 양이온화시키는 반응도 알려져 있으며, 주로 펄프의 양이온화에 이용되고 있다. 이 반응은 짝지음 반응에 의해 셀룰로스 섬유에 많은 양의 양이온성기를 도입할 수 있다.

■ Michael 부가 반응에 의한 양이온화

이 반응에 관련된 가장 대표적인 화합물은 N-메틸롤아크릴아마이드(NMA) 및 그 유도체 화합물이다. NMA는 면직물의 DP 가공에 사용되는 가교제의 한 종류로 루이스산 촉매의 존재하에서 그림 5-28의 반응식과 같이 셀룰로스와 마이클(Michael) 부가 반응한다. 또한 도입된 말단 이중결합은 여러 종류의 아민 화합물과 반응하여 양이온화 셀룰로스 유도체를 제조할 수 있다.

■ 듀어러블 프레스 가공제(가교제)와 아민 화합물과의 혼용에 의한 양이온화

DMDHEU와 같은 면직물의 DP 가공제와 하이드록시알킬아민 화합물을 함께 사용하여 패드-건조-큐어링을 거치면 양이온성기를 셀룰로스에 도입할 수 있다(그림 5-29 참조). 처리된 직물은 직접염료에 대하여 우수한 직접성을 나타내며, 수세견뢰도 또한 우수하다. 한편, 최근에 면직물의 형태안정 가공에 사용되고 있는 4관능성 폴리카복시산 형태의 가교제인 부탄테트라카복시산을 하이드록시알킬아민 화합물과 혼용하여 처리한 면직물도 염색성이 우수하다고 보고되어 있다.

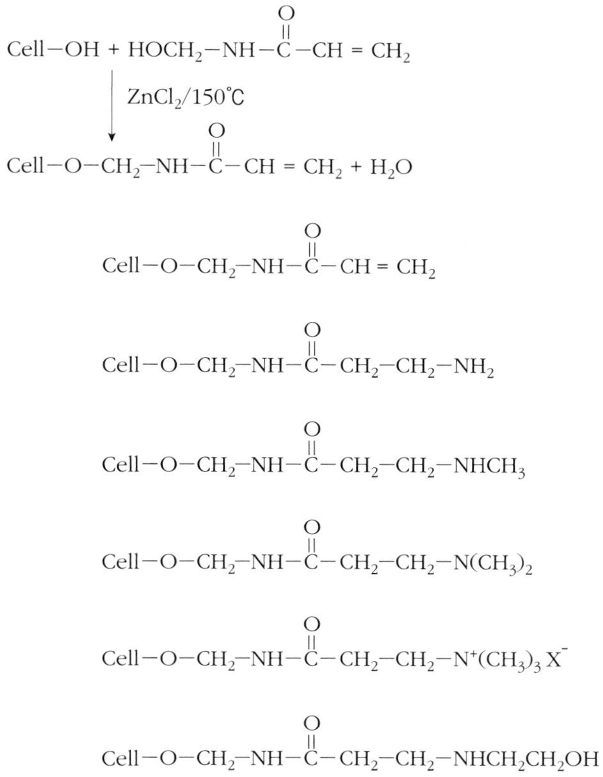

$$\text{Cell}-\text{OH} + \text{HOCH}_2-\text{NH}-\overset{\displaystyle O}{\overset{\|}{C}}-\text{CH}=\text{CH}_2$$

$$\downarrow \text{ZnCl}_2/150\text{℃}$$

$$\text{Cell}-\text{O}-\text{CH}_2-\text{NH}-\overset{\displaystyle O}{\overset{\|}{C}}-\text{CH}=\text{CH}_2 + \text{H}_2\text{O}$$

$$\text{Cell}-\text{O}-\text{CH}_2-\text{NH}-\overset{\displaystyle O}{\overset{\|}{C}}-\text{CH}=\text{CH}_2$$

$$\text{Cell}-\text{O}-\text{CH}_2-\text{NH}-\overset{\displaystyle O}{\overset{\|}{C}}-\text{CH}_2-\text{CH}_2-\text{NH}_2$$

$$\text{Cell}-\text{O}-\text{CH}_2-\text{NH}-\overset{\displaystyle O}{\overset{\|}{C}}-\text{CH}_2-\text{CH}_2-\text{NHCH}_3$$

$$\text{Cell}-\text{O}-\text{CH}_2-\text{NH}-\overset{\displaystyle O}{\overset{\|}{C}}-\text{CH}_2-\text{CH}_2-\text{N(CH}_3)_2$$

$$\text{Cell}-\text{O}-\text{CH}_2-\text{NH}-\overset{\displaystyle O}{\overset{\|}{C}}-\text{CH}_2-\text{CH}_2-\text{N}^+(\text{CH}_3)_3\,\text{X}^-$$

$$\text{Cell}-\text{O}-\text{CH}_2-\text{NH}-\overset{\displaystyle O}{\overset{\|}{C}}-\text{CH}_2-\text{CH}_2-\text{NHCH}_2\text{CH}_2\text{OH}$$

**그림 5-28** N-메틸롤아크릴아미드를 이용한 셀룰로스의 양이온화

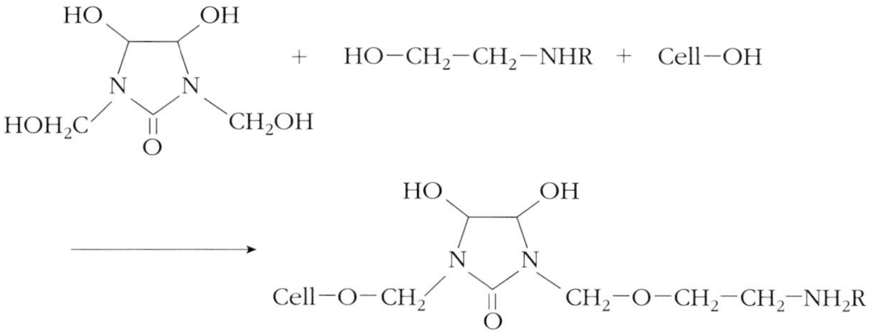

**그림 5-29** DP 가공제와 아민 화합물에 의한 셀룰로스의 양이온화

## (2) 아민기를 가지는 고분자에 의한 전처리

이 반응의 한 예로 폴리에피클로로하이드린에 디메틸아민을 반응시켜 제조한 양이온성 고분자(PECH-amine)를 들 수 있다. 아래 그림 5-30과 같이 먼저 에피클로로하이드린의 개환중합에 의해 고분자물을 제조한 다음, 디메틸아민과 반응시키면 PECH-amine을 얻는다. 이 고분자물은 면직물에 대한 직접염료 및 반응염료의 염색성을 증진시키며, 수세견뢰도도 우수하나 일광견뢰도는 약간 저하된다.

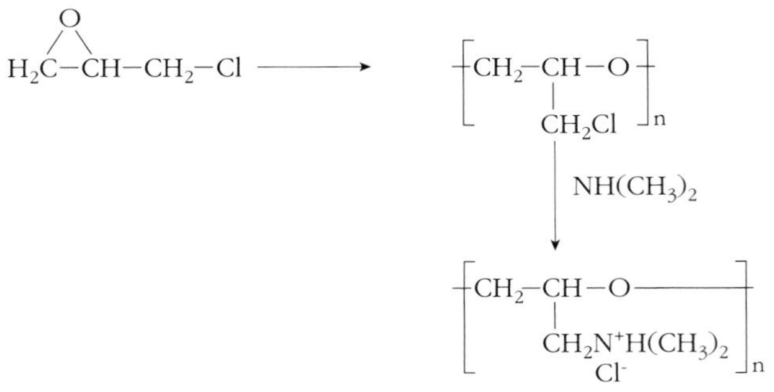

$$
\underset{H_2C-CH-CH_2-Cl}{\overset{\overset{\displaystyle O}{\triangle}}{}} \longrightarrow \left[ \begin{array}{c} CH_2-CH-O \\ | \\ CH_2Cl \end{array} \right]_n
$$

$$\downarrow NH(CH_3)_2$$

$$
\left[ \begin{array}{c} CH_2-CH-O \\ | \\ CH_2N^+H(CH_3)_2 \\ Cl^- \end{array} \right]_n
$$

그림 5-30 아민기를 가지는 고분자에 의한 셀룰로스의 양이온화

## (3) 양이온 단량체의 그라프트 반응에 의한 카티온화

이 반응은 주로 셀룰로스 섬유의 표면에 형성된 라디칼을 활성점으로 하여 불포화 단량체의 라디칼 중합에 의해 이루어진다. 셀룰로스 라디칼은 레독스계[예: Ce(IV) 혹은 Fe(II)]나 화학적 산화(예: 오존, 과산화물)에 의해 형성될 수 있다.

# 부록

섬유기능화의 발전에 따라 이를 평가하는 가공시험법은 꾸준히 개발되고 있으며 기존의 시험법을 개선하는 연구 또한 지속적으로 이루어지고 있다. 기능성 부여와 관련한 섬유 시험법은 크게 내구성, 외관, 쾌적성, 안전성, 관리성 등으로 분류할 수 있는데 그 세부 성질에 대한 다양한 시험법이 개발되었다(표 B1).

표 B1 섬유가공 시험법

| 대분류 | 세부 분류 | 측정 항목(분석 원리) |
|---|---|---|
| 내구성 | 인장성 (신도) | 강도 및 신도(정속 인하식, 정속 인장식, 정속 하중식) |
| | 인열성 | 인열강도(인장시험기 사용, 인열시험기 사용) |
| | 파열성 | 파열강도(볼버스팅법, 수압법) |
| | 마모성 | 마모강도(마찰저항) |
| 외관 | 강연성 | 강연도, 굴곡강경도(캔티레버법, 하트 루프법) |
| | 드레이프성 | 드레이프 계수(FRL법) |
| | 방추성 | 방추도(개각도법, 냉가압법, 외관법) |
| | 치수안정성 | 수축률(상온수 침지법, 비누액법) |
| | 필링성 | 필링 저항도 등급(브러시 스펀지법, 외관 보유법, ICI 박스법, 가압법) |
| | 태 | Kawabata THV(KES) |
| | 봉재성 | FAST 콘트롤 차트(CSIRO법) |
| 쾌적성 | 열 전달성 | 함기성, 통기성, 보온성 |
| | 수분 전달성 | 투습성, 흡습성, 흡수성, 발수성, 내수성 |
| | 방향·소취성 | 방향성, 소취성 |
| 안전성 | 항미생물성 | 강도유지율(페트리 접시법, 토양 매립법), 무균 지대의 크기(할로 시험법), 세균감소율(생물학적 정량법) |
| | 방염성 | 연소 속도, 연소도(45° 시험법, 30° 시험법, 수평법, 수직법, 표면연소도시험법, 연소속도 시험법) |
| | 대전성 | 대전압(마찰대전압 측정법), 방전 시간(클링잉 측정법) |
| | 자외선 차단 및 전자파 차폐성 | 자외선 분광투과율, 전자파 차폐율 |
| 관리성 | 포름알데히드 발생, 세탁성, 견뢰도 | 포름알데히드, 세탁성, 재오염성, 일광견뢰도, 세탁견뢰도, 마찰견뢰도 |

# 1. 인장성

인장강도는 직물에 잡아당기는 힘(인장력)을 가하여 절단될 때의 하중이며 신도는 원래의 길이에 대해 절단될 때까지 늘어난 길이의 비로 정의된다. 인장강도와 신도는 하중-신장곡선으로부터 얻어지며 내구성과 태 판정에 중요한 자료가 된다. 직물, 편성물, 펠트에 대해 사용되어지며 시험방법은 시험편의 형태에 따라 래블 스트립법(ravelled strip method), 컷 스트립법(cut strip method), 그래브법(grab method) 등이 있다

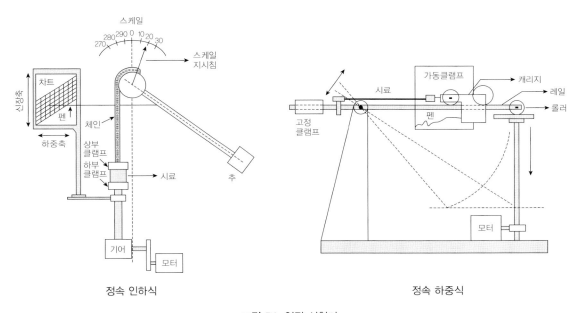

정속 인하식          정속 하중식

**그림 B1** 인장 시험기

- **래블 스트립법**(KS K 0520) : 시험편은 길이 15cm, 폭 3.8cm로 잘라 길이방향의 양변으로부터 거의 같은 수의 실을 뽑아내어서 폭을 2.5cm로 하여 시험한다. 이 방법은 시험편 작성에 시간이 많이 걸리나 정확하고 신뢰성이 있어 많이 사용된다. 또한 이 방법은 직물로 직조되기 전, 실의 인장강도와 직물에서의 실의 실질적 인장강도를 비교하는데 유용하게 사용되며, 그 차이는 다른 방향의 실과의 교착 효과로 보인다.

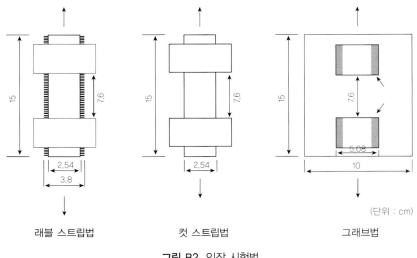

래블 스트립법       컷 스트립법       그래브법

(단위 : cm)

**그림 B2** 인장 시험법

① 시험편은 3.8×15cm 크기로 자른 다음 길이방향의 양변으로부터 거의 같은 수의 실을 뽑아내어서 폭이 2.5cm가 되도록 한다. 이때 긴 쪽이 시험하는 방향이며, 경·위 방향으로 각각 5개씩 시험편을 준비한다. 시험편은 직물의 양변으로부터 직물 전폭의 1/10 이상 떨어진 곳에서 채취하고, 경사방향으로 시험할 때는 각 시험편에 동일한 경사가 포함되지 않도록 하며, 위사 방향으로 시험할 때도 각 시험편에 동일한 위사가 포함되지 않도록 한다. 시험 전에 시험편을 컨디셔닝한다.

② 래블 스트립법을 위한 직물용 클램프(시험편을 충분히 파지할 수 있는 크기)를 준비하고 차트상의 최대하중(예: 50kg), 인장속도(예: 15~30cm/min), 차트 속도 등을 결정한다.

③ 차트를 준비하고, 클램프에 시료를 물린다. 이때 클램프 사이의 거리는 7.6cm이어야 한다(시료의 원래 길이).

④ 인장시험기를 작동시켜 하중-신장 곡선을 얻는다(차트에 직물 번호와 경위 방향 표시).

⑤ 차트로부터 직물의 인장강도와 신도를 결정한다. 인장강도는 얻어진 하중-신장 곡선에서 가장 높은 절단점에서의 하중을 차트상의 최대 하중과의 비율로써 kg 단위로 소수점 이하 한자리까지 환산한다. 신도는 다음 식에 의하여 구한다.

$$늘어난 \ 길이 = 차트상의 \ 늘어난 \ 길이 \times (인장 \ 속도/차트 \ 속도)$$
$$신도(\%) = \{늘어난 \ 길이(cm)/원래 \ 길이(7.6cm)\} \times 100$$

⑥ 습윤 상태의 시험이 필요한 경우에는 시험편을 물(20±2°C) 속에 1시간 이상 두어 충분히 습윤시킨 후 물에서 꺼내어 2분 이내에 시험한다. 이때 습윤이 어려운 직물은 비이온계 침투제 용액(0.05% 이하)을 사용하여 습윤시킨다.

## 2. 인열성

인열성은 찢는 변형(인열)에 대한 저항성으로서 인열강도는 가장 취약한 부분에 집중되어 파괴가 발생하는 순간의 힘에 해당한다. 인열강도 측정은 인장시험기를 사용하는 방법과 엘멘도프(Elmendorf) 인열시험기를 사용하는 방법이 있다. 인장시험기는 인열속도가 비교적 느린 경우에 사용하며 시험편의 형태와 파지모양에 따라 텅(Tongue)법과 트래피조이드(Trapezoid)법이 있다. 그러나 실제 직물은 인열이 급격하게 발생하므로 실제의 인열상태와 비슷한 조건에서 측정하고자 할 경우에는 엘멘도프 인열시험기가 사용된다[펜들럼(Pendulum)법].

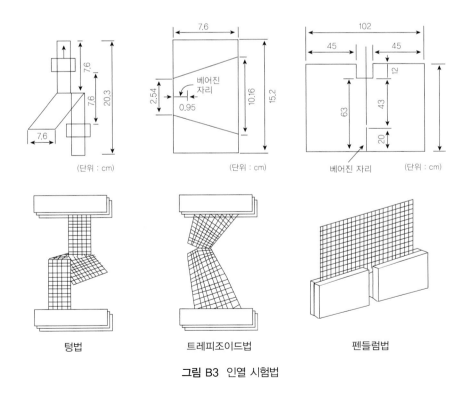

그림 B3 인열 시험법

■ **텅법(KS K 0536)**

경·위 방향의 인열강도가 거의 같은 직물에 사용되는데 이 명칭은 잘라진 부분이 마치 혀와 같은 모양을 갖는 데에서 유래한다.

① 시험편을 7.6×20.3cm 크기로 자른다. 경사에 대한 시험에는 시험편의 짧은 방향이 경사와 평행하게 되어야 하며, 위사에 대한 시험은 시험편의 짧은 방향이 위사와 평행하게 되어야 한다. 경·위 방향으로 각각 5개씩 시험편을 준비한다. 시험에 앞서 시험편을 컨디셔닝한다.

② 짧은 변 중앙에서 중심선을 따라 짧은 변에 직각이 되도록 7.6cm 길이로 자른다.

③ 직물용 클램프(조의 크기 2.54×7.6cm)를 준비하고 최대하중(예: 5kg), 인장속도(예: 30cm/min), 차트 속도 등을 결정한다.

④ 차트를 준비하고, 클램프 사이의 거리를 7.6cm로 하여 시험편의 잘라진 부분을 각각 상하 클램프에 물린다.

⑤ 인장시험기를 작동시켜 하중-신장 곡선을 얻는다(차트에 직물 번호와 경·위 방향 표시).

⑥ 차트상의 하중−신장 곡선에서 처음의 최고점을 제외한 다섯 개의 최고점의 하중(kg)을 읽고 그것의 평균값을 인열강도로 한다.

## 3. 파열성

파열성은 모든 방향으로 파열에 저항하는 성질이며 파열강도란 수직으로 압력을 가해 파괴될 때의 강도이다. 파열강도는 경·위 양방향이 동시에 힘이 가해지는 직물과 편성물, 방향성이 적은 펠트나 부직포, 여러 방향으로 동시에 압력을 받는 여과 직물, 자루망, 낙하산 등의 역학적 성질평가에 이용된다. 시험방법으로는 볼 버스팅(ball bursting)법과 수압법(hydraulic burst test, Mullen test) 등이 있다.

■ **볼 버스팅법(KS K 0350)**

신도가 큰 직물과 편성물에 사용된다. 원형의 클램프로 시험편을 파지하고 직경 2.5cm의 금속공을 수직방향 가압하여 시험편이 파열하는 순간의 하중을 측정한다.

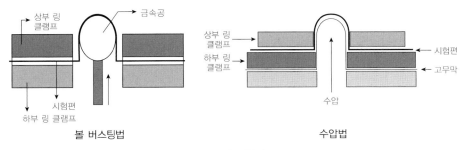

**그림 B4  파열 시험법**

① 시험편은 13×13cm 크기로 잘라 5개씩 준비한다. 시험 전에 시험편을 컨디셔닝한다.

② 볼 버스팅 장치를 갖춘 인장시험기를 준비한다.

③ 볼 버스팅 장치에 시험편을 물린다.

④ 기기를 작동시키고 시험편이 파열되면 이 때의 하중을 파열강도로 한다.

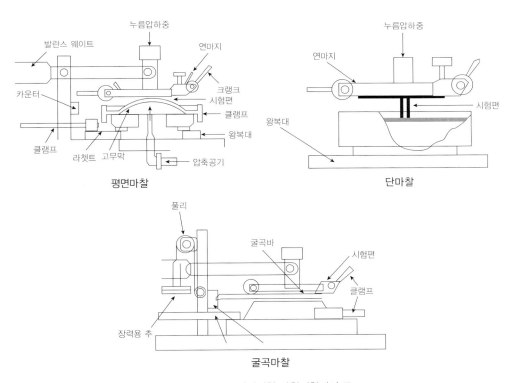

**그림 B5  유니버설형 마찰시험기의 구조**

## 4. 마모성

구성 섬유의 파괴, 절단, 혹은 제거에 따른 섬유 제품의 퇴화를 마모라 한다. 마모는 섬유의 성질(섬유재료, 혼용률, 실과 직물의 구조, 가공의 종류 등)과 외력의 형태(인장, 굴곡, 마찰 변형) 등에 의해 영향을 받는다. 이중 마찰이 가장 중요한 인자로서, 마모성의 척도로서 마찰저항이 일반적으로 사용된다.

　마모강도는 섬유 제품(직물)에 구멍이 날 때까지의 마찰 회수, 일정한 회수 마찰에 의한 강도저하, 두께 감소, 무게 감소, 공기투과도, 압축탄성, 단열성, 흡수성, 표면상태 변화 등으로 평가한다. 마모시험기로는 유니버설(Universal), 테버(Taber), 쉬퍼(Schiefer), 위젠벡(Wyzenbeck), 액셀러로터(Accelerotor) 마모시험기 등이 있다.

■ **마모시험법의 종류**

평면마찰(KS K 0540, ASTM D 3886), 단 마찰, 굴곡마찰(KS K 0820, ASTM D 3886)

## 5. 강연성

강연성은 직물의 **뻣뻣함**과 부드러움의 정도를 나타내는 것으로서 드레이프성, 촉감 및 의복의 형태에 영향을 미친다. 강연성은 섬유의 초기탄성률, 실의 꼬임, 직물 조직에 의존하는데 측정 방법으로는 캔틸레버(cantilever)법과 하트루프(heart loop)법이 주로 사용된다.

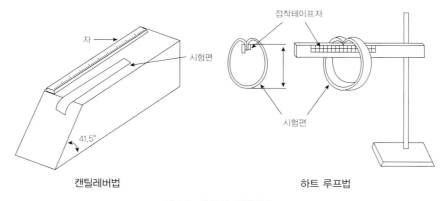

캔틸레버법　　　　　　　　　　　하트 루프법

그림 B6　강연성 시험방법

■ **캔틸레버법**(KS K 0539)

① 시험편은 시험 전에 표준상태에서 24시간 이상 방치한 뒤 구김이 없고 평평한 것을 사용한다. 시험편의 크기는 2.5×15cm로 하여 경위방향으로 각각 10개씩 준비한다. 5개는 시험편의 표면을 나머지는 시험편의 이면을 측정한다.

② 41.5°의 경사를 가진 평면대 위에 측정하고자 하는 면을 위로하여 시험편의 앞 끝이 평면대 끝에 오도록 놓는다.

③ 시험편을 살며시 밀어 그 끝이 경사면에 닿을 때까지 밀려나간 시험편의 길이를 mm까지 읽는다.

④ 다음 식에 따라 드레이프 강경도와 굴곡강경도로 표시한다.

$$C(cm)=D/2$$
C: 드레이프 강경도, D: 밀려나간 시험편의 길이(cm)
$$E(cm \cdot g)=C^3W$$
E: 굴곡강경도, W: 직물의 무게(g/cm$^2$)

■ **하트 루프법**(KS K 0538)

매우 유연한 직물에 적용하는 시험방법

① 시험편은 시험전에 표준상태에서 24시간 이상 방치해서 구김이 없고 평평한 것을 사용한다. 시험편의 크기는 2.5×25cm로 경·위 방향으로 각각 10개씩 준비한다. 5개는 시험편의 표면이 루프의 안쪽이 되도록 하고, 나머지 5개는 시험편의 이면이 루프의 안쪽이 되도록 한다.

② 테이프로 시험편의 유효 길이가 22.5cm가 되도록 하트 모양으로 만들어 수평봉에 붙이되, 테이프의 위 끝이 수평봉의 위 끝과 일치되도록 한다.

③ 시험편을 수평봉에 붙여 루프를 만든 후 1분 뒤에 수평봉의 위 끝에서 루프의 최저점까지의 거리를 mm까지 측정한다.

# 6. 드레이프성

드레이프성은 의복으로 만들었을 때 외형을 이루는 곡선의 아름다움을 나타내는 특성으로서 강연성 및 무게와 밀접한 관련을 갖는다. 측정에는 FRL(fabric research laboratory) 드레이프미터가 주로 사용되며 평가의 척도로는 드레이프 계수가 있다.

■ FRL법(KS K 0815)

① 시험편은 지름 25.4cm의 원형으로 3개를 준비한다. 각각의 시험편에 대해 표면과 이면에서 측정한다.

② 지름 12.7cm의 시료대 위에 시험편을 올려놓는다. 이 때 시험편의 중심과 시료대의 중심이 잘 일치하도록 한다.

③ 시험편을 고정시키고 1분간 방치한다.

④ 위에서 평행광선을 비추어서 밑에 깔린 종이 위에 투영도를 그린다.

⑤ 시험편의 투영면적을 면적계로 측정한다. 면적계가 없는 경우에는 방안지를 이용해 투영도 내의 눈금을 헤아리거나, 균질의 종이를 밑에 까는 종이로 이용해 투영도를 따라 자르고, 시험편의 크기와 시료대 크기의 것도 잘라서 무게의 비교로 면적비를 계산한다.

⑥ 드레이프성은 드레이프 계수로 나타낼 수 있으며 다음 식으로 계산한다. 드레이프 계수가 큰 것은 드레이프성이 좋지 못함을 의미한다.

$$드레이프\ 계수 = \frac{C-B}{A-B}$$

$A$: 시험편의 면적(cm$^2$), $B$: 원통상부의 면적(cm$^2$), $C$: 시험편의 투영면적(cm$^2$)

# 7. 방추성

구김에 대한 저항성인 방추성은 직물 외관의 보존과 관리의 용이성을 평가하는 척도이다. 방추성은 섬유 및 직물 조직의 특성에 의해 좌우되며 직물에 구김을 주어 회복하는 성질을 측정함으로서 평가한다. 면, 마, 레이온 등은 방추성이 좋지 못한데 이를 개선하기 위하여 수지가공을 행한다. 시험 방법으로서 개각도법, 냉가압법, 외관법 등이 있다.

특히 개각도법에 속하는 Monsanto법은 조작이 간단하여 널리 사용되고 있다.

■ Monsanto법(KS K 0550)

시험편을 둘로 접어 접은 금을 만들고 한쪽이 수직이 되도록 유지하여 개각도 측정하는 방법.

① 1×4cm의 시험편을 경사, 위사 방향으로 각각 10매씩 채취하여 몬산토형 시험기의 금속판 홀더에 끼우고, 위쪽 플레이트(plate)에서 나온 부분을 뒤집어 꺾는데 경·위 모두 5매는 표면과 표면이, 나머지 5매는 이면과 이면이 접하게 된다.

② 이것을 프레스 홀더(press holder)에 끼우고 500g의 하중을 가해서 5분 방치한 다음, 추를 제거, 시험편 홀더에 주의하면서 시험기의 클램프(clamp)에 그대로 끼운다.

③ 시험편이 늘어진 부분은 항상 시험기 중심의 수선에 일치하도록 시험기의 회전판을 회전시킨 다음, 5분 후에 시험편의 개각도를 측정한다.

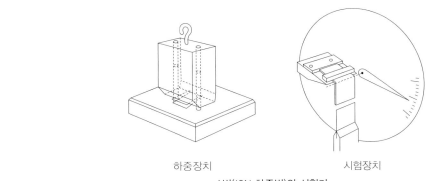

하중장치          시험장치

A법(10N 하중법)의 시험기

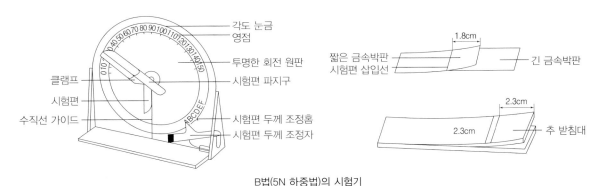

B법(5N 하중법)의 시험기

**그림 B7  개각도법 시험방법**

## 8. 치수안정성

치수안정성은 직물의 치수변화에 대한 안정성으로서 보통 염색과 가공과정, 세탁이나 드라이클리닝과정에서 줄거나 늘어나는 정도를 평가하는데 사용된다. 처리 전?후의 치수 변화를 측정하여 처리전의 치수에 대한 비율로서 평가한다. 치수변화를 줄이기 위하여 방축가공이 행하여지는데 면직물의 샌포라이즈 가공, 모직물의 런던 쉬렁크 가공과 화학적 방축가공 등이 여기에 해당된다. 치수안정성의 시험방법은 세탁 처리 방법, 건조 방법, 치수 측정 방법에 따라 구분된다.

- KS 시험법 : 직물 및 편성물의 수축률 시험법(KS K 0465), 직물(면, 마직물)의 세탁 수축률 시험법(KS K 0600), 워시휠법(KS K 0532, 0600, 0812), 상온수 침지법(KS K 0601), 이완기법(KS K 0602), 비누액법(KS K 0603, 0810), 가정용 자동세탁기법(KS K 0465), 드라이클리닝법(KS K 0471)
- AATCC 시험법 : 가정용 세탁기법(Method 135), 가정용 자동 세탁기법(모든 의류 대상, Method 150), 워시휠에 의한 방법(Method 96), 축융 수축과 완화 수축 시험법(모직물, Method 99)
- ISO 시험법 : Textile Dimensional Change in Domestic Washing and Drying ISO/BS 5077

### ■ 상온수 침지법(KS K 0601)

25×25cm 이상 크기의 시험편 3개를 준비하고 각 시험편의 경·위사 방향으로 평행하게 10cm 간격으로 3군데에 20cm 길이를 정확히 측정하여 표시한다. 시험편이 잠길 수 있는 용기에 20°C 물을 충분히 부어 30분 이상 방치한다. 시험편을 꺼내어 원심탈수기 혹은 가볍게 눌러 여분의 물을 제거한 다음 종이나 면포 사이에 두고 눌러 탈수한 다음 건조대 위에 펴서 자연 건조한다. 시험편은 구김이 없도록 평평한 시험대 위에 장력을 가하지 않은 상태에서 표시된 거리를 측정한다. 다음 식에서 수축률을 계산한다(L; 침지 후 길이, mm).

$$수축률(\%) = (200 - L)/200 \times 100$$

# 9. 필링성

필링성은 마찰에 의한 필의 발생 정도를 나타내는 성질로서 섬유의 섬도, 섬유장, 화학 구조, 단면과 표면형태, 강도, 신도, 강연도, 실의 번수, 꼬임수, 직물의 밀도, 조직 등에 의해 영향을 받는다. 필링을 줄이기 위해서는 직물표면의 섬유를 줄이는 방법, 섬유의 이동을 줄이는 방법, 섬유강도를 저하시켜 마모가 잘 되도록 하는 방법 등이 사용되고 있으며 브러시 스펀지법, 외관 보유법, ICI 박스법, 가압법 등의 필링성 시험법이 있다.

■ 브러시 스펀지법(KS K 0501-1997)

편성물을 제외한 직물에 적용한다. 인용 규격으로는 필링시험 표준등급 도표(KS K 0504)가 있다.

① 시험편을 구김이나 장력이 걸리지 않도록 하여 각각의 시험편 잡이에 걸되 직물의 경사 방향이 시험편 잡이의 긴 쪽과 평행하도록 한다.

② 브러시 판을 강모가 위로 향하도록 하여 회전대 위에 놓는다.

③ 시험편 잡이를 수직핀에 꽂고 직물 면이 브러시의 강모와 접촉하도록 한다. 별도로 규정되어 있지 않는 한 시험편을 5분 동안 마찰한다.

④ 브러시 판을 떼어 내고 스펀지 판을 놓은 다음, 별도로 규정되어 있지 않는 한 마찰한 시험편을 5분 동안 스펀지로 문지른다.

⑤ 시험 결과의 판정은 시험이 끝난 각 시험편의 면을 표준등급 도표(KS K 0504)와 비교하여 판정하며 그 결과는 각 시험편의 등급과 그 평균값으로 표시한다. 또한 시험이 끝난 시험편에 대하여 필링이 균일하게 되어 있는지 조사한다. 필링이 경사 방향, 위사 방향 혹은 그 어느 한 부분에 집중되어 있을 때에는 이 상태를 기록한다. 필요할 때에는 단위

표 B2  필링 판정기준

| 등급 | 평가 | 판정기준 | 대응영어 |
|---|---|---|---|
| 5 | 수 | 전혀 필링이 안 된 것 | excellent resistance (no pilling) |
| 4 | 우 | 약간 필링이 된 것 | good resistance (slight pilling) |
| 3 | 미 | 보통 정도로 필링이 된 것 | medium resistance (moderate pilling) |
| 2 | 양 | 많이 필링이 된 것 | poor resistance (heavy pilling) |
| 1 | 가 | 아주 많이 필링이 된 것 | very poor resistance (very severe pilling) |

면적에 있는 필의 수를 세어 단위 면적당 필수를 표시한다. 필링 판정시 잔털이나 보푸라기 등 겉모양의 변화가 심할 때는 함께 표시할 수 있다.

- **ICI 박스법(KS K 0503-1997)**

강연사 소모직물을 제외한 모든 편포 및 유연가공 직물에 적용할 수 있다. 관련 규격으로는 필링 시험 표준 등급 도표(KS K 0504), 섬유 시험실 표준 상태(KS K 0901), 국제 표준 경도의 시험 방법(KS M 6511) 등이 있다. 시험 직물은 평평한 대 위에 펼쳐 놓고 주름이 생기거나 장력을 받지 않게 한 다음 115×240mm의 직사각형으로 하여 웨일 및 코스(경사 및 위사) 방향으로 각각 1매씩 2매를 채취하며, 시험편이 원단일 경우에는 끝 쪽을 피하여 양변으로부터 1/10이상 떨어진 곳에서 채취한다.

① 시험편은 KS K 0901에 따라 최소 24시간동안 조절해야 한다. 시험편의 표면을 안쪽으로 해서 접고 변에서 6mm가 되도록 꿰매고 2등분하여 115×120mm의 시험편 2개를 만든다.

② 시험편의 겉면이 밖으로 나오도록 뒤집고 각각 고무튜브에 씌운 다음 시험편의 양끝을 테이프의 1/2이 겹쳐지도록 테이프로 감는다. 지그를 사용하면 시험편을 고무튜브에 씌우기가 편리하다.

③ 시험 상자의 내부를 진공청소기로 깨끗이 청소한 다음, 한 상자에 4개씩의 시험편을 넣고 시험장치를 4시간 회전시킨 후 꺼낸다. 시험편을 고무 튜브에서 벗겨내고 꿰맨 것을 뜯은 다음, 주름이지지 않고 장력을 받지 않게 하여 시험대 위에 펼쳐 놓는다.

④ 펼쳐진 시험편의 겉면과 45°의 각도로 투사되는 538룩스의 광원하에서 표준사진과 비교해서 최소 1/2급까지 판정한다. 별도로 규정되어 있지 않는 한, 4개의 평균치를 소수점 첫째자리까지 0또는 5로 끝맺음하여 표시한다.

## 10. 태

태(촉감)란 촉각과 시각에 의해 관능적으로 판단되는 직물의 감각적 성능을 의미한다. 직물의 태 평가는 사용목적에 대한 적합성을 결정하는 성능판단의 수단이다. 직물의 태가 6가지 기본적인 역학적 성질에 의해 결정되는 것으로 생각한 Kawabata 교수는 객관적인 태 평가법의 개발을 위하여 HESC(Hand Evaluation and Standardization Committee)를 조직하여 KES(Kawabata Evaluation System)을 개발하였다. KES의 구성과 측정되는 물성은 표 B3과 같다. KES에 의한 역학적 특성의 측정은 인장특성, 굽힘특성, 압축특성, 전단특성, 표면특성 및 두께와 중량의 16항목 특성치를 표준 계측조건에서 측정한다.

각각의 역학적 특성치는 최종적인 사용과정에서의 태와 밀접한 관계를 갖는다. 이처럼 역학적 특성과 관계하는 요소를 기본태(primary hand value, PHV)라고 하며 이를 종합하여 천의 전체적인 역학 특성을 나타낸 것이 종합태(primary hand value, PHV)이다.

■ **샘플 준비**

KES로부터 측정하는 물성은 5가지이며, 측정된 데이터로부터 16개의 항목이 구해진다. 이때 20×20cm 시료 하나로 모든 물성의 측정이 가능하다. 이 과정에서 실험은 가능한 한 샘플에 대해 외력이 적게 가하는 순서로 진행한다(① 압축시험 → ② 표면시험 → ③ 굽힘시험 → ④ 전단시험 → ⑤ 인장시험).

■ **측정 위치**

압축, 표면, 굽힘실험은 측정되는 면적이 적고 시료에 큰 외력을 가하지 않기 때문에 측정위치에 대한 제약은 없다. 그러나 천의 구김이나 주름이 있는 부분은 피하여 시료 채취가 이루어져야 한다. 전단과 인장실험은 시료에 큰 외력이 부여되기 때문에 이후의 실험에 영향을 미칠 수 있다. 시료의 전단과 인장실험 위치는 최대한 중복되지 않도록 실험이 이루어져야 한다.

■ **기본태의 형용어**

태의 계측을 위해서는 먼저 태의 형용어를 선정하고, 관능 검사를 실시하거나 역학적 특성을 계측하여 관능치와 역학 특성치와의 대응화를 통하여 PHV, 나아가 THV를 구한다. 표 B3은 Kawabata에 의해 표준화된 기본태의 형용어이다.

■ **기본태 및 종합태의 계산**

표 B3에서 제시한 16가지 항목 측정값을 Kawabata와 Niwa에 의해 개발된 아래 회귀식에 대입하여 KOSHI, NUMERI, FUKURAMI 등의 기본태(PHV)를 계산한다.

$$Y = C_0 + \sum_{i=1}^{16} C_i \frac{X_i - \overline{X}}{\sigma_i}$$

여기에서 $X_i$는 $i$번째 특성치의 계측값, $\overline{X}$는 $i$번째 특성치의 평균값, $\sigma_i$는 $i$번째 특성치의 표준편차이고, $C_o$와 $C_i$는 회귀계수이다.

**표 B3** KES–FB system의 구성과 측정 물성

| 측정 장치 | 역학적 성질 | 기호 | 구성 요소 | 단위 |
|---|---|---|---|---|
| KES–FB 1 | 인장성 (tensile property) | LT | 선형도 (linearity) | – |
| | | WT | 인장에너지 (tensile energy) | N/m (gfcm/cm²) |
| | | RT | 반발성 (resilience) | % |
| | 굽힘성 (bending property) | B | 굽힘강성 (bending rigidity) | 10–4 Nm (gfcm²/cm) |
| | | 2HB | 이력 (histeresis) | 10–2 N (gfcm/cm) |
| KES–FB 2 | 전단성 (shearing property) | B | 전단강성 (shear stiffness) | N/mdeg (gf/cmdeg) |
| | | 2HG | $\phi$ =0.5°에서의 이력 | N/m (gf/cm) |
| | | 2HG5 | $\phi$ =5°에서의 이력 | N/m (gf/cm) |
| KES–FB 3 | 압축성 (compression property) | LC | 선형도 (linearity) | – |
| | | WC | 압축에너지 (compressional energy) | N/m (gf·cm/cm²) |
| | | RC | 회복도 (resilience) | % |
| KES–FB 4 | 표면 성질 (surface property) | MIU | 마찰계수 (frictional coefficient) | – |
| | | MMD | MIU의 평균값 | – |
| | | SMD | 기하학적 거칠기 (geometric roughness) | $\mu m$ |
| | 직물 구조 (construction) | T | 0.5gf/cm2에서의 직물 두께 | mm |
| | | W | 단위면적당 무게 | 10 g/m² (mg/cm²) |

**표 B4** Kawabata에 의해 표준화된 기본태의 형용어

| 직물의 형태 | 남성복 | | 여성복 | |
|---|---|---|---|---|
| | 추동복지 | 춘하복지 | 외의용 박지포 | 복지 |
| 형용어 | 뻣뻣함 (stiffness, KOSHI)<br><br>매끄러움 (smoothness, NUMERI)<br><br>부피감과 부드러움 (fullness & softness, FUKURAM) | 뻣뻣함 (stiffness, KOSHI)<br><br>드레이프성이 없는 뻣뻣함(anti–drape stiffness, HARI)<br><br>파삭파삭함 (cripness, SHARI)<br><br>부피감과 부드러움 (fullnes & softness, FUKURAMI) | 뻣뻣함 (stiffness, KOSHI)<br><br>드레이프성이 없는 뻣뻣함(anti–drape stiffness, HARI)<br><br>파삭파삭함 (cripness, SHARI)<br><br>부피감과 부드러움 (fullnes & softness, FUKURAMI)<br><br>견명의 느낌 (scrooping feeling, KISHIMI)<br><br>부드러운 유연감 (flexibility with soft feeling, SHINAYAKASA) | 뻣뻣함 (stiffness, KOSHI)<br><br>매끄러움 (smoothness, NUMERI)<br><br>부피감과 부드러움 (fullnes & softness, FUKURAMI)<br><br>부드러움 (soft feeling, SOFUTOSA) |

**표 B5** 태 평가치

| THV | 0 | 1 | 2 | 3 | 4 | 5 |
|---|---|---|---|---|---|---|
| 평가 | 사용 불가<br>(not useful) | 불량<br>(poor) | 평균 이하<br>(fair) | 평균<br>(average) | 양호<br>(good) | 우수<br>(excellent) |

종합태는 기본태로부터 직물의 용도에 따라 윗식과 유사한 형태의 변환식을 사용하여 계산되며 표 B4와 같이 표현되며 태평가치는 표 B5처럼 6개 등급으로 나타낸다.

# 11. 열전달성

섬유 제품의 열전달성은 보온성과 밀접한 관련성을 지니며 섬유, 실, 직물의 물리적, 화학적, 구조적인 특성(열전달계수, 함기량, 레질리언스, 흡습성 및 건조속도, 섬유장, 꼬임수, 실의 굵기, 두께, 무게, 표면섬유 배열, 강연도 등)과 함께 염색, 가공(텍스처가공, 기모가공, 축열보온가공 등)에 의해서도 영향을 받는다. 보온성의 측정법에는 절대적인 수치로서 열전달저항이나 열전도 저항을 측정하는 방법과 상대적인 수치로서 보온력을 구하는 방법(항온법, 냉각법)이 있다.

## (1) 함기성

함기성은 섬유 내부의 미세한 기공, 섬유와 섬유 사이, 실과 실 사이에 공기를 함유하는 성질로서 보온성과 통기성을 좌우하는 중요 인자이다. 측정된 두께(KS K 0506, ASTM D1777-64)와 무게(KS K 0514)로부터 얻어진 기공도로서 함기성을 평가한다.

## (2) 통기성

통기성은 인체에서 배출되는 수분(땀)과 기체를 외부로 방출시키는 정도를 결정하는 인자이다. 일반적으로 통기성은 공기저항도(Gurley법, densimeter법)나 공기투과도(Frazier법)에 의해 평가한다.

- **Frazier법(KSK 0570)**

그림 B7과 같이 원통 상단에 일정 크기의 시료 천을 클램프하고, A실과 대기의 압력차가 12.7mm 수압이 되도록 흡입팬(suction fan)의 속도를 조절한 상태에서 수직형 유기

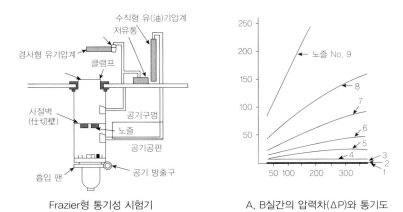

Frazier형 통기성 시험기         A, B실간의 압력차(ΔP)와 통기도

**그림 B8** Frazier형 통기성 시험

압계의 값이 A실과 B실간의 압력차(⊿P)가 된다. ⊿P와 시료 천을 통과한 공기량 및 공기 구멍(nozzle)의 직경간의 관계(그림 A3)로부터 통기도를 구한다.

## (3) 열전도성

섬유의 열도성은 보온성과 촉감에 영향을 미친다. 열전도성은 보통 열전도율, 열전달계수(KS K 0466)로 나타낸다.

### ■ 원반법

온도가 다른 두 판(source와 receiver) 사이에 시료를 넣어 충분히 압착시키고 일정 시간 동안 통과해 가는 열량을 측정하여 열전도율을 구하는 방법이다. 두 판의 온도를 각각 $t_1$, $t_2$, 시료의 면적을 $A$, 두께를 $L$, 시간을 $T$라 하고 측정된 통과 열량을 $Q$라 하면 시료의 열전도율 $K$는 다음 식과 같이 나타내어진다.

$$K = \frac{QL}{TA(t_1 - t_2)}$$

### ■ 일정 온도법(KS K 0466)

ASTM 및 KS에서도 채택하고 있는 방법으로서, 그 원리는 주변보다 온도가 높은 어떤 물체(열원)가 에너지를 주위로 빼앗기게 되는 정도를 일정 온도 유지에 필요한 공급에너지량으로 평가할 수 있다.

① 보온성 시험장치의 단면도(그림 B8)의 (a)에서 보는 시험판의 주변과 하부에 보호판 및 밑

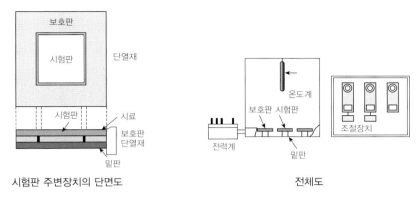

시험판 주변장치의 단면도 　　　　　　　　　　 전체도

**그림 B9** 일정 온도법에 의한 보온성 시험 장치

　　판을 설치하고 이들의 온도를 보호판과 항상 동일하게 유지해 주면 시험판의 열은 상부로
만 발산된다.

② 시험판 및 보호판의 상부를 충분한 크기의 시료로 덮어주고 일정한 시간 동안 시험판의
　　온도를 일정하게 유지하면서 시험판 가열에 소모된 에너지량을 시험판의 가열에 소모된
　　전력으로 측정한다. 이러한 측정에 의해 시료의 혼합률을 추정할 수 있다.

　　혼합물의 혼합 열전달 계수(comvined thermal transmittance) $V_1$ 및 시료를 덮지 않
은 상태의 열전달 계수(kcal/m²h°C) 등은 다음과 같이 나타낼 수 있다.

$$V_1 = \frac{0.86 P_s}{A(t_1 - t_{2s})}, \quad V_{bp} = \frac{0.86 P_s}{A(t_1 - t_{2s})}$$

$P, P_s$ : 시험판이 소비한 전력

　　또한 시료의 고유 열전달계수(interinsic thermal transmittance)는 다음과 같다.

$$\frac{1}{V_2} = \frac{1}{V_1} - \frac{1}{V_{bp}}$$

$$V_2 = \frac{V_{bp} \times V_1}{V_{bp} - V_1} = \frac{0.86 P \times P_s}{A\{P(t_1 - t_{2s}) - P_s(t_1 - t_2)\}}$$

　　여기에서 고유 열전달계수를 구하면 다음 식으로부터 단위 두께당의 열전도율
K(kcal/m²h°C)를 구할 수 있다.

$$K = L \cdot V_2$$

## (4) 보온성

의류용 소재의 보온성을 측정하는 방법으로서 절대적인 수치인 열전달저항이나 열전도저항을 측정하는 방법과 상대적인 수치인 보온력을 구하는 방법이 있다. 널리 쓰이는 보온성 평가방법으로 가열한 열판 위에 시료를 밀착시키고 열판온도가 일정 온도로 저하하는 시간을 측정하는 냉각법과 열판이 일정 온도를 유지하기 위해 소비하는 전력량을 측정하는 항온법 등 2가지가 있다.

### ■ 항온법

시료가 놓인 열판으로부터 공기중으로 방열하는 손실열을 측정한다. 열판의 온도는 피부온도를 고려하여 약 30°C로 한다. 열손실은 열원판과 실온과의 차이 $\Delta T$에 거의 비례하므로 이를 고려하여 대략 $\Delta T = \pm 10$°C로 설정한다. 또한 의복내 기후를 고려하고 풍속은 10cm/sec로 유지하여 보온율(thermal insulating value, TIV)을 다음 식으로 산출한다.

$$TIV = \frac{W_0 - W_1}{W_0} \times 100$$

$W_0$ : 시료를 덮지 않았을 때 열원판의 열발산량(W/100cm$^2$)
$W_1$ : 시료를 덮었을 때의 열발산량(W/100cm$^2$)

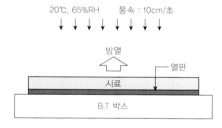

그림 B10 열전달 측정장치

### ■ 냉각법

열원체를 36°C로 가열한 후 표준상태의 온·습도와 기류 3m/sec의 대기 중에 방치하여 35°C까지 냉각되는 데 필요한 시간 또는 일정시간 내의 하강 온도를 측정하여 보온성을 비교하는 방법으로 시험편이 없는 경우와 비교하여 보온율을 계산한다.

① 시간에 의한 경우

$$보온력 = \left(\frac{B_1-B_2}{B_1}\right) \times 100$$

　　$B_1$ : 시료를 덮지 않았을 때, 일정 온도까지 냉각하는데 필요한 시간(분)
　　$B_2$ : 시료를 덮었을 때, 일정 온도에서 규정 온도까지 냉각하는데 필요한 시간(분)

② 온도차에 의한 경우

$$보온력 = \left(\frac{C_1-C_2}{C_1}\right) \times 100$$

　　$C_1$ : 시료를 덮지 않았을 때, 일정 시간 냉각한 후의 온도차(℃)
　　$C_2$ : 시료를 덮었을 때, 일정 시간 냉각한 후의 온도차(℃)

## (5) 축열보온성

(사)원적외선협회는 축열보온 및 적외선 이용 소재의 평가 기준을 1997년 9월 제정하였다. 이 기준은 소재의 상온 영역에서 원적외선 방사특성과 온도특성을 평가하는 것이다. 축열보온 섬유의 효과 측정을 위해서는 태양광과 유사한 파장을 방출하거나 인체의 유사한 발열체를 사용하여야 한다. 실제 복사에너지량을 직접적으로 측정하거나 간접적으로 축열보온성을 측정한다.

■ 원적외선 분광방사율 측정

FT-IR 등으로 4~20μm의 파장영역의 방사율을 측정하여 미가공 포와의 차에 의한 효과를 판정하는 것이지만 상온 영역에서의 방사에너지는 고온 영역에 비해 상당히 미약하여 정밀도가 떨어진다. 분광방사율의 값은 동일 온도의 흑체의 방사강도에 비례하므로 다음의 플랑크의 방사식(Planck's law of radiation)으로 계산할 수 있다.

$$E = \frac{C_1\lambda^{-5}}{exp[C_2/\lambda T]-1}$$

$E$: 흑체의 분광방사 에너지 밀도(W/cm²·$\mu$m)　　$C_1$: 3.7415×10-12 (W·cm²)
$\lambda$: 파장 ($\mu$m)　　$C_2$: 1.4388 (cm·K)
$T$: 절대온도

■ 재방사법

45도 패러렐(parallel) 재방사 측정장치라고 하는 장치를 이용하여 시료면 및 미가공 포의 온도차를 측정하는 방법이다. 이래 그림과 같은 장치를 사용하여 히터 온도를 90℃로 시료를 단시간에 가열하여 시료 면의 온도가 체온정도가 되게 하여 시료 면의 표면

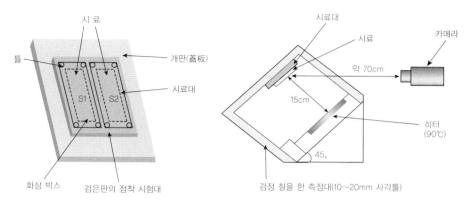

**그림 B11** 45도 패러렐 재방사법

온도를 서모그래피로 측정한다.

**■ 적외선 열화상 측정장치(서모그래피)에 의한 측정**

착용 시험을 하여 시험 전후의 피부 온도를 서모그래피로 측정하거나 모니터 테스트로 판정한다. 서모그래피는 방사온도계의 일종으로서 특정 파장체의 방사 에너지를 검출하여 온도로 환산함으로써 측정한다. 또한 물체의 표면 온도 분포를 시각적으로 확인할 수 있고 컴퓨터 프로그램에 의해 여러 가지 정보를 얻을 수 있는 장치이다. 이러한 측정 방법들은 대기 중의 수증기, 탄산가스, 반사광 등에 영향을 받기 때문에 엄격하게 조절된 조건에서 측정해야 신뢰할만한 측정 결과를 얻을 수 있다.

**■ 일광 조건 하에서의 축열성 측정**

측정 장치는 보온재를 넣은 직물과 넣지 않은 직물의 코팅가공 면에 각각 온도 측정용 센서를 접촉시키고 반대쪽면 약 30cm 상단에 조도를 조절할 수 있는 램프를 각각 설치하여 조도를 변화시키면서 두 시료 사이의 표면온도 차이를 측정한다. 이때 실험환경은 20°C, 65%RH로 유지한다.

**■ 축·방열성 측정**

그림 B11과 같은 장치의 원통 위에 세라믹 코팅이 된 시료의 코팅 면이 열원 쪽을 향하도록 장치하고 표준상태 하에서 시료의 표면온도 및 방열량을 Thermal Video System으로 측정하고, 이후 5분 동안 매 10초마다 시료의 표면온도 및 방열량을 측정한다.

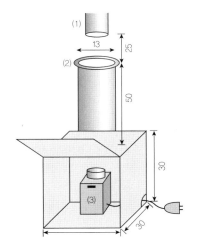

그림 B12 축·방열성 측정 장치

# 12. 수분전달성

## (1) 투습성

투습성은 직물을 통한 수증기의 수분이동성으로서, 의복 착용시 인체의 발한과 외부로
의 수분 배출과정에 수증기 형태로의 증발, 확산은 투습성과 관련이 있다. 투습성의 측
정방법으로는 증발법과 흡습법이 개발되어 있다.

- **흡습법**(KS K 0594)

일정한 용기 내부에 무수 황산칼슘($CaSO_4$)이나 오산화인($P_2O_5$) 등과 같은 흡습제를 넣
고 시료 천으로 밀폐한 다음 일정 온·습도 상태에 방치하여 일정 시간 간격으로 용기
전체의 무게를 측정하여 단위 시간당의 무게 증가량으로부터 투습도를 구한다.

- **증발법**(KS K 0594)

일정한 용기 내에 일정 온도의 물을 넣고 시료 천으로 밀폐시킨 다음 흡습법에서와 같
은 방법으로 무게를 측정하여 단위 시간당의 무게 감소량으로부터 투습률(%)을 구한다.

$$투습률(\%) = \frac{W_o}{W_c} \times 100$$

$W_o$ : 시료를 덮었을 때의 증발량(g)
$W_c$ : 시료를 덮지 않았을 때의 증발량(g)

## (2) 흡습성

섬유에 대한 수증기 상태의 수분 이동성을 평가하는 흡습성은 쾌적성과 밀접한 관련을 지닌다. 흡습성은 흡습 섬유의 중량에 대한 함유수분의 비인 함수율(moisture content) 이나 건조 중량에 대한 수분의 비인 수분율(moisture regain)로 표현된다. 섬유의 분석 이나 상거래는 수분의 량이 중요한데 이를 위해 보통 표준조건의 함수율(수분율)이 사용된다. 함수율(수분율)의 결정에는 오븐법(KS K 0220)이 흔히 사용되어진다.

## (3) 흡수성

직물의 흡수성은 액체 상태의 수분전달 특성을 의미한다. 측정 방법은 측정 원리에 따라 흡수속도의 측정과 흡수량의 측정으로 구분할 수 있다. 흡수속도를 측정하는 방법으로는 적하법(AATCC Test Method 39), 침강법, 심지흡수력 측정 등이 있으며 흡수량의 측정방법으로서 정적흡수 시험법(AATCC Test Method 21), 동적흡수 시험법(KS K 0339) 등이 있다.

## (4) 발수성

섬유 또는 섬유 제품에서 물의 습윤 혹은 침투에 대한 저항성으로 발수성을 정의한다. 발수성 시험법으로는 스프레이 시험법(spray test, KSK 0590), 접촉각 측정법 등이 있다.

■ 스프레이 시험법(KS K 0590)

그림 B12와 같이 깔대기 하단에 설치되어 있는 스프레이 노즐(spray nozzle)로부터 일정 시간 동안 뿌려진 물이 45°의 각도로 경사면을 이루고 있는 시료천을 적시게 한 다음 과잉의 물을 떨어뜨린 후, 표 B6에 나타낸 발수도 판정 표준표(standard spray test rating chart)와 비교하여 등급을 판정한다.

## (5) 내수성

내수성은 물의 습윤 또는 침투에 대한 저항성으로서 방수가공 직물의 가공효과를 평가하는 데 사용된다. 저수압법(KS K 0591), 고수압법(KS K 0531), 우수시험법(rain test, KS K 0593), 적수침투시험법(drop penetration test) 등이 있다.

**그림 B13** 스프레이 시험기

26.5±1.0℃의 물 250mL

7.5″

6″유리 깔때기
3/8″고무 튜브
지름 0.035″의 노즐

링 고정대

6″

45°

6″금속 수틀

금속판

시험편(8″×8″)

**표 B6** 발수도 판정 표준표

| 100 | 90 | 80 |
|---|---|---|
| 표면에 부착 또는 습윤이 없는것 | 표면에 약간의 부착 또는 습윤을 나타내는 것 | 물이 떨어진 자리에 습윤을 나타내는 것 |
| 70 | 50 | 0 |
| 전 표면에 걸쳐 부분적 습윤을 나타내는 것 | 전 표면에 습윤을 나타내는 것 | 표면과 이면이 완전히 습윤된 것 |

# 13. 항미생물성

항미생물의 측정 방법으로는 강도유지율 측정(페트리 접시법, 토양 매립법), 무균지대의 크기 측정(할로 시험법), 세균감소율 측정(생물학적 정량법) 등이 있다. 항미생물 가공처리를 한 의류제품의 효과시험은 항균(세균), 방미(곰팡이), 방취의 세 분야로 이루어지고 있으며, 섬유의 종류·가공 목적·가공제의 종류·가공 제품의 용도와 직물의 표면 특성에 따라 시험방법의 적용이 달라진다. 시판 항미생물 가공 제품은 상품명에 따라 가공제의 종류(용출형 또는 비용출형)가 다르므로 이를 미리 확인하여야 한다.

### ■ 균사상 침해법(페트리 접시법)

KS K 0691에 규정된 직물의 곰팡이 저항도 시험 방법으로 토양과 접촉하지 않는 직물의 방미성, 살진균제의 효력과 살진균제의 분포의 균일성을 평가하기 위한 시험이다. 주로 셀룰로스 섬유의 강도 저하 관찰에 이용되는 이 시험법에는 셀룰로스를 침식할 수 있는 진균이 이용된다. 전처리한 시험편에 무기염 한천배지에 첨부하고 곰팡이를 접종하여 28~30℃에서 14일간 배양한다. 이어 일정한 처리를 거쳐 직물의 인장도를 측정하여 곰팡이 저항시험을 하지 않은 시험편의 인장강도 저하율(%)로 직물의 방미성을 평가한다.

### ■ 토양 매립법

AATCC 30에 규정된 직물 제품을 가장 심하게 미생물 환경에 노출시키는 방법으로서, 샌드백이나 텐트 같이 토양과 직접적으로 접하기 쉬운 직물제품의 방미성 평가 및 살진 균제의 효능 시험에 사용된다. 미생물을 함유하는 흙 속에 시험편을 일정기간 동안 묻어둔 후, 토양매립 전후의 곰팡이에 의한 손상도를 인장강도 저하율(%)로 평가한다.

### ■ 한천 평판 배양법(할로 시험법)

공시균으로 접종한 한천 배지 위에 살균한 시험편을 놓고 배양한 후, 시험편 주위에 세균의 성장이 억제되어 생긴 세균 저지대의 크기를 측정하여, 직물의 항균성을 평가한다. 공시균으로 접종한 한천배지 위에 멸균한 시험편을 올려놓고 배양 후에, 시험편 주위에 세균의 성장이 억제되어 생긴 세균 저지대 즉, 무균지대(halo)의 크기를 측정하여, 이것을 직물의 항균성으로 평가한다.

① 시험편의 살균

  ㉠ 펩톤 10g, 쇠고기즙 5g, 염화나트륨 5g, 증류수 1000ml을 용기에 넣고 가열하여 충분히 용해시키고 수산화나트륨으로 pH를 6.8로 조정한다. 이것을 125×17mm 시험관에 10ml씩 나누어 넣고, 고압 살균기에서 1055g/cm2의 증기 압력과 120±2℃ 온도에서 20분 동안 살균한다.

  ㉡ 육즙 배지와 같은 성분에 한천 15g을 첨가하고 가열하여 충분히 용해시키고 수산화나트륨으로 pH를 7.0~7.2가 되도록 조절한다. 이것을 시험관에 15ml씩 나누어 넣거나 100ml씩 플라스크에 넣어서 고압 살균기에서 1055/cm²의 증기 압력과 온도 120±2℃

로 20분 동안 살균한다.

② 공시균의 배양 및 보존

　　㉠ 4 mm 루프를 사용하여 저장 중인 균주로부터 육즙 배지 10ml에 이식하고 37°C에서
　　　24시간 배양한다.

　　㉡ 저장 중인 균주는 한천 배지 사면 배양기에 보존한다.

　　㉢ 저장 균주는 5°C에서 저장하고, 한 달에 한번씩 계대 배양시킨다.

③ 조작

　　㉠ 시험관 또는 플라스크에 한천 배지를 필요한 양만큼 녹인 후 45°C로 냉각시킨 후, 여기
　　　에 배양한 균액을 접종시킨다. 이때 한천 배지 150ml에 배양 균액 1ml의 비율로 주입
　　　접종한다.

　　㉡ 지름 100mm인 바닥이 편평한 페트리 접시에 접종한 한천 배지 15ml를 붓고 약 15분
　　　이 지난 후, 살균된 핀셋으로 시험편을 배지에 완전히 접촉하도록 놓는다. 이때 한천 배
　　　지의 표면이 파괴되지 않도록 주의하여 놓는다. 직물이 뒤틀리거나 굽혀져서 한천 배
　　　지의 표면과 접촉이 불완전할 때는 살균된 유리판이나 금속링을 올려놓아 접촉이 잘
　　　되도록 한다.

　　㉢ 접종한 한천 평판 배양기를 37°C를 유지하면서 24시간 배양한다.

④ 평가

배양이 끝난 후 배지의 밑바닥을 통해서 시험편 주위의 세균 저지대(세균의 번식이 억제되
어 생긴 할로 현상)의 크기를 측정하고, 세균 저지대 안의 직물 표면 등 세균 번식 상태를 확
대경으로 관찰하고 세균 유무, 번식된 세균 크기로 평가한다. 세균 저지대의 폭을 위에서 아
래로 보면서 측정할 때는 시차가 생길 수 있으므로 주의해야 한다. 세균 저지대의 폭은 다
음과 같이 계산한다.

$$W = \frac{T - D}{2}$$

$W$ : 세균 저지대의 폭(mm)
$T$ : 시료와 세균 저지대의 전체 지름(mm)
$D$ : 시료의 지름(mm)

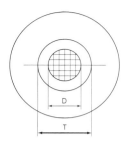
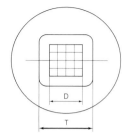

직경 28mm 원형의 경우　　　　　　한변 28mm 정방향의 경우

**그림 B14**　한천 평판 배양법(할로 테스트)

■ **생물학적 정량법**

KS K 0693와 AATCC 100에 규정되어 있는 시험법으로 시험편과 대조편을 공시균으로 접종하고 배양시킨 후 일정량의 액체 속에 진탕시켜 배양된 세균을 추출한다. 이 액체 속에 존재하는 세균의 수로부터 항균성을 지닌 시험편의 세균감소율(%)을 계산할 수 있으며 직물의 항균성의 정도를 정량적으로 나타낸다. 비용출형 가공제를 이용한 가공제품에는 적용이 불가능한 시험법이다.

① **시험법** : 균수가 적어도 1,000,000마리/ml인 시험균 현탁액에 1.5g의 시료를 넣고, 37°C에서 150회/분의 속도로 1시간 동안 흔든다. 흔들기 전후에 살아있는 균수를 측정한다. 다음 식을 사용하여 흔들기 전의 균수에 대한 흔든 후의 균 감소 백분율(균 감소율)을 결정한다(시험균: Staphylococcus aureus FDA209P, Klebsiella pneumoniae, 시료질량: 1.5g, 교반 온도 및 시간: 37°C에서 1시간)

$$균\ 감소\ 백분율(\%) = (B-A)/B \times 100$$

A : 흔든 후에 플라스크 내에 1$ml$당 균수
B : 흔들기 전에 플라스크 내에 1$ml$당 균수

② **시험완성의 표준** : 시료를 가입하지 않은 균용액만은 균 감소율이 ±10% 이내이고 미처리 시료에 대한 균 감소율은 30% 이하이어야 한다.

③ **평가표준** : 처리 직물과 미처리 직물의 균 감소율 사이의 척도가 적어도 26% 이상이어야 한다.

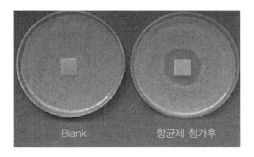

Halo 시험 결과         생물학적 정량법

**그림 B15** 항미생물 가공제품의 항균력 평가시험

■ **항미생물 가공직물의 내세탁성**

JIS L 0217의 103호에 규정되어 있으며 세탁후의 항미생물성을 관찰한다. 세탁 방법은 가정용 세탁기에 0.2% 비이온 계면활성제(액비 1:30)를 20°C에서 5, 10, 20, 30, 40, 50회 세탁으로 구분하여 항미생물을 측정한다.

# 14. 방염성

방염성 시험은 섬유의 방염성, 방염가공의 유무, 직물 조직, 직물 두께 및 최종 용도에 따라 매우 다양하게 이루어진다.

■ **45° 경사법(KS K 0580)**

① 시료를 45°로 걸어 놓고 불꽃의 전파 속도를 측정하는데 의류용 직물인 경우 1~3등급으로 시험결과를 판정한다(그림 B14).

② 연소시간, 등급 및 표에 나타난 연소 부호로 방염성을 나타내며 연소시간은 각 시험편 연소시간의 평균값으로 드라이클리닝 및 세탁 전후를 분리하여 소수점 이하 첫째자리까지 표시한다.

■ **수직법(KS K 0585)** : 잔염, 잔진, 탄화거리를 측정하는 방법(고도의 방염성이 요구되는 섬유 제품의 경우)

■ **수평법(KS K 0582)** : 방염가공을 하지 않은 모직 물직에 적용(파일 또는 기모 직물 포함)

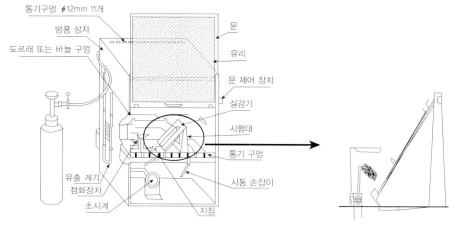

그림 B16  45° 경사법

- **30° 경사법(KS K 0581)** : 방염가공을 하지 않은 직물에 적용(연소할 때 시험편 파지 장치의 철사에 가공제 또는 섬유가 융착될 수 있는 직물에는 적용할 수 없음)

- **수평법(연소도, KS K 0582)** : 파일 또는 기모 직물을 포함하는 모든 직물(방염가공을 하지 않은 직물)

- **수평법(난연도, KS K 0583)** : 방염가공된 직물 및 네트와 같이 조직이 성근, 가공되지 않은 직물에 적용

- **표면 연소 시험법(KS K 0584)** : 시료 표면에 대한 연소확산 정도 측정(두꺼운 섬유 제품에 적용)

- **연소속도 시험법(KS K 0586)** : 얇은 섬유 제품에 적용

표 B7  연소 부호

| 부 호 | 비 고 |
|---|---|
| BB(base burn) | 절단사 연소 시간 0.1초 정도 |
| DNI(did not ignite) | 시험편이 1초 내에 점화 안됨 |
| IBE(ignited but extinguished) | 절단사 점화 전에 꺼짐 |
| SFBB(surface flash with base burn) | 기모·기포 연소 |
| SF(surface flash only) | 기모 연소/기포·전단사 연소 안됨 |
| TSF(time surface flash) | 절단사 연소/기포 연소 안됨 |

## 15. 대전성

섬유를 일정 조건 하에서 마찰하였을 때 발생하는 정전압을 측정한다. 마찰대전압 측정법(KS K 0555), 클링잉 측정법(KS K 0555, AATCC 115)이 있다.

- **마찰대전압 측정법(KS K 0555)** : 시험편을 회전시키면서 마찰포에 의하여 마찰하고 이때의 대전압을 측정.
- **클링잉 측정법(KS K 0555, AATCC 115)** : 시험편을 마찰포에 마찰하여 대전시켜 금속판에 휘감기게 한 후 박리 및 휘감김을 반복하여 휘감기지 않게 될 때까지의 시간을 측정.

## 16. 자외선차단 및 전자파 차폐성

### (1) 자외선 차단성

- **자외선 분광투과율**

자외선 차단 효과의 평가는 적분구가 부착된 분광광도계를 사용하여 파장 280~400nm 범위에서 투과율을 측정하고 측정 면적으로부터 평균 투과율 또는 차단율을 구한다. 비교적 단시간에 측정이 가능하고 재현성이 좋고 특정 파장의 데이터도 취할 수 있고 반사 측정도 가능하다. 그러나 보통의 분광광도계로는 시료가 필름이 아닌 섬유집합체이므로 시료 투과 후에 빛이 확산되어 정확한 측정이 불가능하다. 이러한 이유 때문에 적분구를 사용하여야 한다.

또한 형광증백가공을 한 시료는 형광물질에 자외선이 닿으면 400~550nm 영역의 형광이 발생하여 수광부의 빛이 양이 증가되는 문제가 있어 시료와 수광부 사이에 400nm 이상의 빛을 차단하기 위한 밴드 패스필터(band pass filter)를 부착하여 측정해야 한다.

- **착용 시험법(SPF)**

화장품에서 사용하고 있는 SPF 수치는 자외선 조사에 의해 사람의 피부에 약간의 홍반 현상이 나타날 때의 최소한의 자외선 양(MED: minimal erythema dose, 최소 홍반량)

을 측정하는 것으로 자외선 차단제를 사용한 경우의 MED를 자외선 차단제를 사용하지 않는 경우의 MED로 나누어 구한다.

$$\text{SPF값} = \frac{\text{자외선 차단제 도포부의 MED}}{\text{미도포부의 MED}}$$

자외선 폭로의 영향은 인종 간의 차, 개인 간의 차가 심하기 때문에 개인마다 자기의 피부로 자외선 차단효과를 확인하는 것이 가장 좋은 방법이나 생산 관리에는 이용할 수 없다. 또한 SPF 수치는 사람의 피부로 판단하기 때문에 기기측정 결과와 비교하는 것이 불가능하지만 기기측정으로 자외선 B의 차단율을 측정하여 차단율 50%는 투과율 1/2을 의미하므로 SPF 수치로는 2에 해당하고 차단율 90%는 투과성 1/10을 의미하므로 SPF 수치 10에 해당한다고 볼 수 있다.

## (2) 전자파 차폐율

전자기파는 전계(電界)와 자계(磁界)로 구별되며, 어떤 매질에 입사하여 일부는 반사되고 일부는 투과한다. 전자기파 차단 효과는 차단시와 비차단시의 전자계 강도를 비교하여 나타내며, 차폐 재료, 발신원과 수신점에서의 거리, 전자장(field)의 종류와 가공조건 등에 영향을 받는다.

측정시 일반적으로 외부의 전자파의 영향을 받지 않아야 하므로 전파 무반사실에서 측정해야 한다. 전파 무반사실은 전자파 차폐기능과 내부반사 흡수기능을 가지고 있으므로, 야외 시험장이 가지는 외부환경에 대한 노출의 단점을 극복할 수 있어 IEC, CISPR, FCC, EN, VCCI, 전자파장해 검정규칙 등의 각종 규격에 대한 시험체(EUT)의 전파 잡음 및 규격 승인을 위한 측정용으로 사용되는 시험 설비이다.

전파 무반사실 내에서 ASTM D 4935 측정법에 따라 제작된 Electro-Metrics Model EM-2107 Shielding Effectiveness(SE) Test Fixture(Electro-Metrics, A Penril Co., USA)를 이용하여 전자파 차폐효율을 측정한다. SE는 reference 시료와 load 시료로부터 얻은 측정치로부터 아래 식에 따라 차폐 직물이 있을 때와 없을 때의 전력비로 계산한다

$$\text{SE} = 10 \, log \frac{P_1}{P_2} (dB)$$

$P_1$ : received power without a material present
$P_2$ : received power with a material present

반사손실에 의한 차폐효과가 주로 작용하는 경우에는 전자기파 차폐효과를 측정을 RF Impedance Analyzer (HP4291A, Hewlett Packard, Co. Ltd)를 이용하여 간단히 측정할 수 있다. 이 방법으로는 각 주파수 대역(100MHz-1.8GHz)에서 각 시료의 임피던스 값을 측정하여 반사손실(Reflection loss)에 의한 전자기파 차폐 특성을 다음의 공식을 이용하여 분석한다. 이때 전자기파의 반사손실(R)과 감쇠상수(dB)는 입사하는 전자기파의 파동 임피던스(wave impedance)와 차폐재료의 특성 임피던스(characteristic impedance)를 측정하여 다음 식에 의해 계산한다.

$$R_{dB} = 20 \ log \frac{(1+K)^2}{4K} = 20 \ log \frac{(Z_w + Z_m)^2}{4Z_w Z_m}$$

$$R = \left| \frac{Z_w - Z_m}{Z_w + Z_m} \right|^2$$

$K$ = 파동 임피던스와 차폐 임피던스($Z_m$)의 비
$K = Z_w/Z_m, \ Z_w = 377\Omega, \ Z_m = R_s + jX_s$
$R_s$ : Real Part of Impedance
$X_s$ : Imaginary Part of Impedance

# 17. 포름알데히드

포름알데히드는 섬유 제품은 물론 일상생활에서 쉽게 접할 수 있는 가구류, 벽지류에 이르기까지 그 용도가 다양하고 검출 가능성이 높아 이들에 대한 함량을 규제하고 있다. 시험법은 추출법에 따라 기상 추출법과 액상 추출법으로 나눌 수 있고, 측정 방법은 포름알데히드와 반응 시약의 정색 반응을 통한 자외선 분광법을 이용한다. 대표적인 액상 추출법인 아세틸아세톤법(KS K 0611)은 수지가공 섬유에 함유된 포름알데히드를 측정하는데 A법과 B법으로 다시 구분된다.

■ A법

① 2.5g의 시험편을 잘라서 플라스크에 넣고 증류수 100ml를 가하여 40±2℃의 항온수조에서 1시간 동안 추출한 후 유리 거르개로 즉시 거른다.

② 추출액 5ml와 아세틸 아세톤 시약을 5ml를 가한 다음 항온수조에서 30분 동안 가온한 후 꺼내서 30분 동안 실온에 방치한다.

③ 증류수 5ml와 아세틸 아세톤 시약 5ml를 가하여 ②와 비교하여 분광광도계를 이용하여 415nm 부근에서 최대 흡수 파장을 선택하여 흡광도 A를 측정한다.

④ 추출액 50ml와 증류수를 가하여 ③과 비교하여 흡광도 Ao를 구한다.

⑤ 다음 식에 따라 시료 2.5g 중의 유리 포름알데히드를 산출한다.

$$A_f = A - A_o$$

$A_f$ : 시료 2.5g 중 유리 포름알데히드에 상당하는 흡광도
$A$ : 추출액을 아세틸 아세톤으로 조작했을 때의 흡광도
$A_o$ : 추출액을 증류수로 조작했을 때의 흡광도

■ B법

① 약 1g의 시험편을 잘게 잘라서 정확히 칭량한 후 플라스크에 증류수 100ml와 함께 넣어 항온수조에서 1시간동안 추출한다.

② 이 추출액을 유리거르개로 걸러 그 거른액 5ml와 아세틸 아세톤 시약 5ml를 가하여 항온 수조에서 30분 동안 가온한 후 실온에 30분 동안 방치한다.

③ 거른액 5ml와 포름알데히드 표준 용액 5ml를 ②와 같은 방법으로 조작한다.

④ 증류수 5ml와 아세틸 아세톤 시약 5ml를 가해서 조작한다.

⑤ ②와 ④를 비교하여 흡광도 A를 측정한다.

⑥ ③과 ④를 비교하여 흡광도 $A_s$를 측정한다.

⑦ 추출액 5ml와 증류수 5ml를 조작한 후 ④와 비교하여 흡광도 $A_o$를 측정한다.

⑧ 다음 식에 따라 유리 포름알데히드를 산출한다.

$$A_p(\text{ppm}) = K \times \frac{A - A_o}{A_s} \times 100 \times \frac{1}{W}$$

$A_p$ : 시료 중의 유리 포름알데히드 농도(ppm)
$K$ : 포름알데히드 표준 용액의 농도($\mu$m/ml)
$A$ : 추출액을 아세틸 아세톤 시약으로 조작했을 때의 흡광도
$A_o$ : 추출액을 증류수로 조작했을 때의 흡광도
$A_s$ : 포름알데히드 표준 용액을 아세틸아세톤 시약으로 조작했을 때의 흡광도
$W$ : 채취한 시료의 무게(g)

## 18. 견뢰도

### (1) 일광견뢰도

일광에 대한 변·퇴색 저항성을 1급에서 8급까지로 구분하여 일광견뢰도를 나타낸다. 태양광선을 조사하여 육안으로 판별하여 얻을 수 있는 최소한의 색차를 만드는데 필요한 시간을 등급으로 만들었다. 실용적으로는 5급 이상이 되는 것이 바람직하다. 시험법에는 광원의 종류에 따라 일광법, 카본 아크법(미국, 한국 등), 크세논 아크법(ISO) 등이 있다.

#### ■ 시험기 광원

카본 아크등일 경우는 자외선 카본을 사용하여 그 위에 깨끗한 글로브를 덮고 아크전류 15~17 A, 전압 125~140 V로써 운전한다. 카본에는 무심과 유심이 있다. 위에 유심일 경우 밑에는 무심을, 위에 무심일 경우 밑에 유심을 사용한다. 카본은 약 24시간 사용이 가능하고, 이 시간 이하에서 소모할 경우는 글로브의 설치방법 등을 점검할 필요가 있다. 글로브는 2000시간 사용한 후 새로운 것으로 교환한다. 또, 글로브는 항상 시험 시작시 깨끗하게 하고, 조금이라도 파손되면 즉시 교환한다.

크세논 아크등에는 1.5KW형(공냉식)과 2.5KW형(수냉식 또는 공냉식)이 있다. 크세논 아크등은 카본아크등과 같이 광원을 항상 바꿀 필요는 없으나, 장시간 사용하면 에너지 강도가 저하하고, 필터도 투과율이 저하된다.

#### ■ 블루 스케일(Blue scale)

시험편은 표준 청색염포와 함께 규정한 방법으로써 노광하여 시험편의 변퇴색과 표준 청색염포의 변퇴색을 비교하여 견뢰도를 판정한다. 표준 청색염포는 정해진 8종류의 염료로써 규정한 농도로 염색된 양모 직물로 1급부터 가장 견뢰성이 큰 8급까지 있고, 각각 1급 위의 것이 아래의 약 2배의 내광견뢰도를 나타낸다(등비급수적인 배열).

표 B8  표준청색 염포의 등급

| 등급 | 표준 퇴색시간(시간) | 등급 | 표준 퇴색시간 (시간) |
|---|---|---|---|
| 1 | <5 | 5 | 40~80 |
| 2 | 5~10 | 6 | 80~160 |
| 3 | 10~20 | 7 | 160~320 |
| 4 | 20~40 | 8 | >320 |

**표 B9** 변퇴색 기호

| 변색의 종류 | 기호 | 변색의 종류 | 기호 |
|---|---|---|---|
| 노란빛이 날 때 | Y | 파란빛이 날 때 | B1 |
| 귤빛이 날 때 | O | 초록빛이 날 때 | G |
| 빨간빛이 날 때 | R | 밝아질 때 | Br |
| 보라빛이 날 때 | P | 어두워질 때 | D |

**표 B10** 변퇴색 및 오염의 판정 기준

| 등급 | 변퇴색 판정 기준 | 등급 | 오염의 판정기준 |
|---|---|---|---|
| 1 | 변퇴색용 표준 회색 색표의 1호 정도 | 1 | 오염용 표준 회색 색표의 1호 정도 |
| 2 | 〃 2호 정도 | 2 | 〃 2호 정도 |
| 3 | 〃 3호 정도 | 3 | 〃 3호 정도 |
| 4 | 〃 4호 정도 | 4 | 〃 4호 정도 |
| 5 | 〃 5호 정도 | 5 | 〃 5호 정도 |

■ **일광견뢰도 판정 표시**

일광견뢰도의 등급은 보통 1~8급까지 구분하는데, 판정 내용을 등급, 변퇴색의 기호, 시험기 광원의 종류, 비교 판정용 표준 염포의 종류 등의 순서로 표시한다. 예를 들면 일광견뢰도 5급(Y), (카본 아크, 표준 청색염포)로 표시한다.

## (2) 세탁견뢰도

염색물이 세탁에 의하여 본래의 색상이 변하거나 다른 원단을 오염시키는 정도를 측정하는 것으로서 변퇴색 및 오염용 표준 회색색표(Grey Scale)에 비교하여 1급~5급까지 구분한다. 시험방법, 변퇴색용 표준 회색색표 등급, 오염용 표준 회색색표 등급 등의 순서로 표시한다. 표시 예로서 세탁시험 A, 변퇴색 4급, 오염 3급(면) 3~4급(모)를 들 수 있다.

세탁 시험 방법으로는 A법(기계법)과 B법(시험관법)의 2종류가 있다. A법은 시험기를 사용하여 교반하면서 시험을 행하기 때문에 첨부 백포에 대한 오염은 균일하고, 시험에 대한 개인차도 적으나, B법은 오염반이 생겨 판정이 곤란한 경우가 적지 않다. 현재는 A법이 주로 행해지고 있다.

■ A법

① A-1~A-5호는 시험편을 10×5cm 크기로 취하여 이것에 5×5cm의 제 1첨부 백포 및 제 2
첨부 백포를 인접 배열하여, 4변을 봉합한다. A-6호는 시험편의 크기를 10×5cm로 하고,
견, 나일론, 면 등으로 이루어진 다섬 교직포(교직 B호) 1매를 5×5cm 크기로 섬유의 올이
짧은 변의 단에 평행이 되도록 한 변만을 봉합한다. A-7호는 시험편의 크기를 15×5cm로
하고 A-6호와 같이 다섬 교직포를 봉합한다.

② 세탁액을 조정하여 시험병에 넣고 그 속에 시험편과 스테인레스 강구를 넣어 시험기에 부
착하여 소정시간 시험한다.

③ 시험종료 후 증류수(26±2℃) 100ml, 1분간 계속 2회 세정하고, 묽은 아세트산 수용액
(0.1g/l, 100l로 1분간 세정하고, 수세, 탈수하여 봉합된 부분 중 한 변만 봉합한 채로 건조
한다. 7종의 시험 방법 중 어느 시험 방법을 선택할 것인가는 섬유 제품의 종류와 사용 목
적에 따라서 결정하는데 극히 일반적인 의류인 경우는 A-1 또는 A-2로 시험하는 것이
많다. 섬유의 종류 및 염료에 따라서도 차이는 있으나, 세탁에 의한 변퇴색 빛 오염의 정도
는 온도가 높을수록 크고 세탁액의 양 등과 관계한다.

■ B법

① 시험편의 크기 5×4cm에 5×2cm 크기의 첨부 백포 2매를 내측으로 하여 5×2cm의 반으
로 접어서 경사방향으로 봉합하고, 시험관(시료의 중량이 큰 경우라든가 두꺼운 천으로써
시험관에 들어가지 않을 경우에는 비커를 사용)으로 규정한 방법에 따라 시험을 행한다.

② 수세, 건조 방법은 A법과 같다.

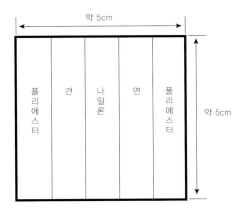

그림 B17  다섬교직포(교직 B호)

## 1. 일반가공

| 가공 | 가공기기 | 특징 |
| --- | --- | --- |
| 패딩<br>(padding) | 수평형 패딩기,<br>수직형 패딩기 | 직물에 가공제와 염료액을 혼합하여 포화 상태로 침투시키고 패딩비로 압착 |
| 탈수<br>(squeezing) | 로프 확포 압착탈수기 | 직물을 롤러 사이로 통과시키면서 물을 짜는 것으로 연속적으로 탈수하는데 적합 |
| | 원심 탈수기 | 원심력을 응용하여 탈수 (연속공정 불가능) |
| | 진공 탈수기 | 진공의 흡인력을 응용하여 탈수 (연속공정에 적용) |
| 수세<br>(washing) | 확포식 수세기 | 횡형식으로 원단이 이송되며 수세조와 직물은 반대 방향으로 진행 |
| | 흡입 실린더형 수세기 | 롤러와 실린더 사이 간격이 짧아 경사 장력이 최소로 진행 |
| | 로프 수세기 | 수직형으로 원단이 이송되고 로프상으로 처리됨 |
| | Spray-flow | 직물의 표면이나 내부 오염 물질을 강하게 수세시킴 |
| 건조<br>(drying) | 망 벨트 건조기,<br>망 실린더 건조기 | 직물 이동 방향으로 열풍이 분사되어 건조 |
| | 펠트 건조기 | 펠트와 가열 실린더 사이에서 증발된 증기에 의해 건조 |
| | 네트 건조기 | 열 손실을 방지한 고온 열풍 |
| | 드럼 건조기 | 외벽이 보온판으로 되어있어 열 손실이 없고 자동온도 조절 장치로 열효율을 최대로 낼 수 있음 |
| | 템부어 건조기 | 대형 건조 실린더 1개를 가진 건조기로서 이면가호 후의 건조에 사용 |
| | 현수식 열기건조기,<br>긴장식 열기건조기 | 건조실 안을 따뜻하게 하여 직물을 열기에 의해 건조 |
| 염색<br>(dyeing) | 원치 염색기 | 원단의 끝이 서로 연결되어 염욕에서 무한히 움직이면서 염색 |
| | 지거 염색기 | 원단이 확포식으로 염액을 통과하여 염색 |
| | 제트 염색기 | 2개의 노즐에서 직물의 길이를 짧게 동시에 염색 |
| | 적외선 직물 염색기 | 내부온도 감지센서, 포터의 회전수 조정가능 |
| | 치즈 염색기 | 고온·고압 염색기로 회전 시스템에 의해 자동으로 조절 |
| | High soft 염색기 | 이동형 노즐로 구성, 피염물을 일정하게 정제 |

## 2. 특수가공

| 가공 | 가공기기 | 특징 |
|---|---|---|
| 머서화 | 머서화기 | 직물에 긴장을 가하여 천연 꼬임을 풀어주고 수축시켜 광택을 증가시킴 |
| 액체 암모니아 | 액체 암모니아 가공장치 | 일정한 장력을 가하면서 액체 암모니아 속에 침지하고 짜서 가열 건조시켜 암모니아를 증발?제거함 |
| 방축 | 샌포라이징기 | 직물을 권축시켜 수축을 완화하고 탄력성 부여함 |
| | 리그멜기 | 한 쌍의 회전실린더와 그 마찰에 의해 강제 수축시킴 |
| 축융 | 축융기 | 일정한 습도 아래 가압 장치에 의해 직물을 강제 수축시킴 |
| 캘린더링 | 체이싱 캘린더기 | 직물을 여러 겹 포개서 이동시킴 |
| | 스위싱 캘린더기 | 여러 개의 보울을 조합하여 가압 가열하면서 직물을 통과시킴 |
| | 마찰 캘린더기 | 고도의 광택이 나는 것으로 금속 보울로 표면을 가압 하면서 마찰에 의해 통과시킴 |
| | 엠보싱 캘린더기 | 무늬를 새긴 강철제 보울을 가열하여 무늬가 없는 보울로 가압함 |
| | 펠트 캘린더기 | 펠트의 탄력성을 이용한 캘린더로 온화한 광택이 발현됨 |
| 코팅 | 나이프 코팅기 | 직물의 진행 방향과 수직으로 나이프를 설치하고 그 전에 수지를 부가하여 발라줌 |
| | 롤러 코팅기 | 롤러 표면에 수지를 부착시키면 직물이 이를 통과하면서 발라짐 |
| | 스프레이 코팅기 | 하나 또는 몇 개의 스프레이 노즐이 직물 위를 왕복하면서 수지를 스프레이하여 코팅함 |
| | 압출 코팅기 | 용융 상태인 수지를 직물 위에 압출한 다음 롤러에 의해 냉각 고화시킴 |
| 거품 | 거품 발생 장치 | 공기량과 액체 공급량을 적절히 조절하여 혼합기로 보내져 거품을 발생 |
| | 거품 처리 장치 | 거품을 직물에 균일하게 처리 후 진공을 걸어 흡입시키거나 보울로 눌러 흡수되도록 함 |
| 플라즈마 | 플라즈마 처리기 | 고전압 전극 사이에 가스를 유입시키면서 직물을 통과시켜 플라즈마 처리를 함 |
| 방사선 | 방사선 처리기 | 확포상 직물을 밀폐된 진공 탱크에 연속적으로 공급하여 글로우 방전시킴 |

## 1. 단 사

### (1) 항중식(간접식)

① 항중식 번수 표시 기준

일반적으로 방적사에 적용되는 번수 표시법은 표준중량에 대한 단위길이의 배수를 기준으로 표시한다. 그 식은 다음과 같다.

$$N = \frac{W \times l}{w \times L}$$

$N$ : 항중식 번수,  $W$ : 표준 중량,  $l$ : 시료의 길이,
$w$ : 시료의 무게,  $L$ : 단위길이

각종 항중식 번수 표시법의 표준중량 및 단위길이는 표 V-1과 같다.

**표 V-1** 항중식 표시 기준

| 실의 종류 | 번수의 종류 | 표준 중량(W) | 단위 길이(L) | 면사 환산 |
|---|---|---|---|---|
| 면사 | 영식 면번수 | 1 lb | 840yd | 1 |
| 면방식사 | 불식 면번수 | 500g | 100m | ×1,181 |
| 마사 | 영식 마번수 | 1 lb | 300yd | ×0.357 |
| 마사 | 불식 마번수 | 500g | 1000m | ×1,181 |
| 방모사 | Yorkshire식 | 1 lb | 256yd | ×0.304 |
| 소모사 | 영식 소모번수 | 1 lb | 560yd | ×0.666 |
| 소모사, 방모사 | Meter(공통)번수 | 1000g | 1000m | ×0.591 |

② 항중식 번수와 단위 길이당 무게의 관계

항중식 번수 표시법에서의 번수와 단위 길이당 무게와의 관계는 표 V-2와 같다.

**표 V-2** 항중식 번수와 단위 길이당 무게의 관계

| | 단위 길이당 무게 → 번수 | 번수 → 단위 길이당 무게 |
|---|---|---|
| 영식 면번수 | 면번수<br>= 1000/120 yards의 무게(실)(grain) | 120 yards의 무게(grain)<br>= 1000/면번수 |
| | 면번수<br>= 250/30 yards의 무게(로빙)(grain) | 30 yards의 무게(grain)<br>= 250/면번수 |
| | 면번수<br>= 50/6 yards의 무게(슬라이버)(grain) | 6 yards의 무게(grain)<br>= 50/면번수 |
| 영식 마번수 | 마번수<br>= 2800/120 yards의 무게(grain) | 120 yards의 무게(grain)<br>= 2800/마번수 |
| | 마번수<br>= 700/30 yards의 무게(grain) | 30 yards의 무게(grain)<br>= 700/마번수 |
| | 마번수<br>= 140/6 yards의 무게(grain) | 6 yards의 무게(grain)<br>= 140/마번수 |
| 공통 번수 | 공통번수<br>= 100/100 meters의 무게(gram) | 100 meters의 무게(gram)<br>= 100/공통번수 |
| | 공통번수<br>= 10/10 meters의 무게(gram) | 10 meters의 무게(gram)<br>= 10/공통번수 |
| | 공통번수<br>= 51/1 meter의 무게(gram) | 1 meter의 무게(gram)<br>= 1/공통번수 |

## (2) 항장식(직접식)

### ① 항장식 번수표시 기준

견, 및 합섬에 사용되는 번수 표시법은, 표준길이당 단위중량의 배수를 기준으로 나타내며, 그 식은 다음과 같다.

$$N = \frac{L \times w}{W \times l}$$

$N$ : 항장식 번수,  $L$ : 표준 길이,  $w$ : 시료의 무게,
$W$ : 단위중량,  $l$ : 시료의 길이

각종 항장식 번수 표시법의 표준중량 및 단위길이는 표 V-3과 같다.

**표 V-3** 항장식 번수표시 기준

| 사의 종류 | 번수의 종류 | 표준길이(L) | 단위중량(W) | 면사 환산 |
|---|---|---|---|---|
| 일반사 | 텍스(tex)식 | 1,000m | 1g | 590.54/tex |
| 견, 인견, 화섬사 | 데니어(d)식 | 9,000m | 1g | 5315/denier |
| 일반사 | 그렉스(grex)식 | 10,000m | 1g | 5905.4/grex |

② 항장식 번수와 단위길이당 무게의 관계

denier 번수 표시법에서의 번수와 단위길이당 무게의 관계는 표 V-4와 같다.

**표 V-4** 항장식 번수와 단위 길이당 무게의 관계식

| | 단위 길이당 무게 → 번수 | 번수 → 단위 길이당 무게 |
|---|---|---|
| denier식 | denier 번수<br>= 90/100 meter의 무게(gram) | 100 meter의 무게(gram)<br>= denier 번수/90 |
| | denier 번수<br>= 900/10 meter의 무게(gram) | 10 meter의 무게(gram)<br>= denier 번수/900 |
| | denier 번수<br>=9000/1 meter의 무게(gram) | 1 meter의 무게(gram)<br>= denier 번수/9000 |
| tex식 | tex 번수<br>= 10/100 meter의 무게(gram) | 100 meter의 무게(gram)<br>= tex 번수/10 |
| | tex 번수<br>= 100/10 meter의 무게(gram) | 10 meter의 무게(gram)<br>= tex 번수/100 |
| | tex 번수<br>= 1000/1 meter의 무게(gram) | 1 meter의 무게(gram)<br>= tex 번수/1000 |

③ tex번수 방식

tex(텍스) 번수는 실 1,000m당 중량을 gram(g)수로 표시하는 항장식 번수 방식이다. 지금까지 섬유공장에서는 면, 견, 모 화섬등 섬유에 따라 번수 방식이 달랐다. 그러나 각종 섬유가 많이 혼방되기 때문에 지금까지의 섬유별 번수 구분의 의의는 별로 없다. 따라서 표시하기 쉬운 만국 tex 번수 방식이 각국에서 크게 채용되고 있는 실정이다. tex 방식은 항장식에서부터 연사의 번수를 산출하는 경우에도 연사전의 실 번수를 알기만 하면 그 계산은 매우 간단하다.

　tex의 기본단위는 1,000m당 gram수(g)로 표시하지만, 사용의 편의를 위하여 다음의 단위도 사용할 수 있다.

**표 V-5** 텍스의 단위 표시와 적용

| 단위 | 표시 | 적용 |
|---|---|---|
| 1g/1,000m = 1mg/m | tex(텍스) | 실 |
| 0.1g/1,000m = 0.1mg/m | dtex(데시텍스) | 섬유, 필라멘트 |
| 1mg/1,000m = 1μg/m | mtex(밀리텍스) | 섬유, 필라멘트 |
| 1kg/1,000m = 1g/m | ktex(킬로텍스) | 로프, 중간제품 |

# 2. 합연사

## (1) 항중식

| | 번수 | 연축률 | 해연 후의 길이 | 해연 후의 무게 |
|---|---|---|---|---|
| 구성 단사 | $N_1$ | $k_1$ | $l_1 = l_0(1+k_1)$ | $w_1 = W \cdot l_1 / L \cdot N_1$ |
| | $N_2$ | $k_2$ | $l_2 = l_0(1+k_2)$ | $w_2 = W \cdot l_2 / L \cdot N_2$ |
| | $N_3$ | $k_3$ | $l_3 = l_0(1+k_3)$ | $w_3 = W \cdot l_3 / L \cdot N_3$ |
| | $\cdot$ | $\cdot$ | $\cdot$ | $\cdot$ |
| | $\cdot$ | | | |
| | $N_n$ | $k_n$ | $l_n = l_0(1+k_n)$ | $w_n = W \cdot l_n / L \cdot N_n$ |
| 합사 | $N$ | | 해연 전의 길이 = $l_0$ | 해연 전의 무게 = $w_0$ |

\* 표준중량: W, 단위길이: L

① 연축률이 상이할 때

$$N = \frac{l_0}{\dfrac{l_1}{N_1} + \dfrac{l_2}{N_2} + \dfrac{l_3}{N_3} + \cdots + \dfrac{l_n}{N_n}}$$

$$= \frac{l_0}{\dfrac{1+k_1}{N_1} + \dfrac{1+k_2}{N_2} + \dfrac{1+k_3}{N_3} + \cdots + \dfrac{1+k_n}{N_n}}$$

② 연축률이 동일할 때 ($k_1 = k_2 = k_3 = \cdots = k = K$라 하면)

$$N = \frac{1}{\left( \dfrac{1}{N_1} + \dfrac{1}{N_2} + \dfrac{1}{N_3} + \cdots + \dfrac{1}{N_n} \right)}$$

③ 연축률을 무시할 때 ($k_1 = k_2 = k_3 = \cdots = k = 0$)

$$N = \frac{1}{\dfrac{1}{N_1} + \dfrac{1}{N_2} + \dfrac{1}{N_3} + \cdots + \dfrac{1}{N_n}}$$

## (2) 항장식

| | 번수 | 연축률 | 해연 후의 길이 | 해연 후의 무게 |
|---|---|---|---|---|
| 구성<br>단사 | $D_1$ | $k_1$ | $l_1 = l_o(1+k_1)$ | $w_1 = W \cdot l_1 \cdot D_1 / L$ |
| | $D_2$ | $k_2$ | $l_2 = l_o(1+k_2)$ | $w_2 = W \cdot l_2 \cdot D_2 / L$ |
| | $D_3$ | $k_3$ | $l_3 = l_o(1+k_3)$ | $w_3 = W \cdot l_3 \cdot D_3 / L$ |
| | . | . | . | . |
| | . | . | . | . |
| | $D_n$ | $k_n$ | $l_n = l_o(1+k_n)$ | $w_n = W \cdot l_n \cdot D_n / L$ |
| 합사 | D | | 해연 전의 길이 = $l_o$ | 해연 전의 무게 = $w_o$ |

* 표준길이 :L, 단위중량 :W

① 연축률이 상이할 때

$$D = (1+k_1)D_1 + (1+k_2)D_2 + (1+k_3)D_3 + \cdots + (1+k_n)D_n$$

② 연축률이 동일할 때 ($k_1 = k_2 = k_3 = \cdots = k = K$ 라 하면)

$$D = (1+k_1)D_1 + (1+k_2)D_2 + (1+k_3)D_3 + \cdots + (1+k_n)D_n$$

$$= (1+K)(D_1 + D_2 + D_3 + \cdots + D_n)$$

③ 연축률을 무시할 때 ($k_1 = k_2 = k_3 = \cdots = k = 0$)

$$D = D_1 + D_2 + D_3 + \cdots + D_n$$

**표 V-5  주요 섬도 환산표**

| 면번수(N)<br>(E.C.C.) | 미터식 번수<br>(M.C.) | 데니어<br>(D) | 면번수(N)<br>(E.C.C.) | 미터식 번<br>(M.C.) | 데니어<br>(D) |
|---|---|---|---|---|---|
| 840yd/lb | 1000m/kg | 1 g/9000m | 840yd/lb | 1000m/kg | 1g/9000m |
| 8,000 | 13.55 | 664.4 | 48,00 | 81.28 | 110.7 |
| 10,00 | 16.93 | 531.5 | 50,00 | 84.67 | 106.3 |
| 10,63 | 18.00 | 500.0 | 53.15 | 90.00 | 100.00 |
| 11.81 | 20.00 | 450.0 | 54,00 | 91.44 | 98.42 |
| 12,00 | 20.32 | 442.9 | 58,00 | 98.22 | 94.64 |
| 14,00 | 23.71 | 379.6 | 59.05 | 100.00 | 90.00 |
| 14.76 | 25.00 | 340.0 | 60,00 | 101.62 | 88.58 |
| 16,00 | 27.09 | 332.2 | 63.3 | 110.3 | 84.00 |
| 17.72 | 30.0 | 300.00 | 64,00 | 108.375 | 83.04 |
| 18,00 | 30.48 | 295.3 | 65.62 | 111.10 | 81.00 |
| 20,00 | 33.87 | 265.7 | 66.44 | 112.50 | 80.00 |
| 21.26 | 36.00 | 250.0 | 68,00 | 116.15 | 78.16 |
| 24,00 | 40.64 | 221.5 | 70,00 | 118.54 | 75.93 |
| 26,00 | 44.03 | 204.4 | 70.86 | 120.00 | 75.00 |
| 26.57 | 45.00 | 200.0 | 72,00 | 121.02 | 73.82 |
| 28,00 | 47.41 | 189.8 | 73.82 | 125.00 | 72.00 |
| 29.53 | 50.00 | 180.0 | 75.9 | 128.7 | 70.00 |
| 30,00 | 50.80 | 177.2 | 80,00 | 135.47 | 66.44 |
| 37.79 | 64.00 | 140.6 | 84.36 | 142.9 | 63.00 |
| 32,00 | 54.19 | 166.1 | 88.58 | 150.0 | 60.00 |
| 34,00 | 57.57 | 156.3 | 94.91 | 160.7 | 56.00 |
| 35.43 | 60.00 | 150.0 | 98.42 | 166.7 | 54.00 |
| 36,00 | 60.96 | 147.6 | 100,00 | 169.3 | 53.15 |
| 38,00 | 64.35 | 137.9 | 106.30 | 180.0 | 50.00 |
| 39.37 | 66.67 | 135.0 | 110.00 | 186.3 | 48.32 |
| 40,00 | 67.73 | 132.9 | 118.1 | 200.0 | 45.00 |
| 42,00 | 71.12 | 126.5 | 120.0 | 203.3 | 44.3 |
| 42.52 | 72.00 | 125.0 | 126.5 | 214.4 | 42.00 |
| 44.3 | 75.0 | 120.0 | 130.0 | 220.1 | 40.88 |
| 46,00 | 77.89 | 115.5 | 132.9 | 225.3 | 40.00 |

* 면번수(N)와 데니어(D)의 환산 (1 lb = 453.59g, 1 yd = 0.9144 m)

$$D = \frac{453.59 \times 9000}{840 \times 0.9144 \times N} = \frac{5314.88}{N}$$

* 사용범위  N: 10~120',  D: 50~300 d

| 분야 | 기관명 | 사이트 | 비고 |
|---|---|---|---|
| 국내 연구소 및 협회 | 한국생산기술연구원 (KITECH) | www.kitech.re.kr | 시범공장 운영 |
| | 한국산업기술평가원 | www.keit.re.kr | 기술개발사업 |
| | 한국섬유산업연합회 (KOFOTI) | www.kofoti.or.kr | 섬유-패션산업 현황<br>수출입 동향 정보 |
| | 한국화섬협회 | www.kcfa.or.kr | 산업용 섬유분야 |
| | FITI시험연구원 | www.fiti.re.kr | 시험 설비, 기술 정보 |
| | 한국섬유기술연구소 (KOTITI) | www.kotiti.re.kr | 섬유제품 공인시험기관 |
| | 한국섬유개발연구원 (KTDI) | www.textile.or.kr | 섬유 신소재, 신제품 연구개발 |
| | 한국실크연구원 | ksri.re.kr | 견직물 제품, 디자인 개발 |
| | 한국섬유공학회 | www.fiber.or.kr | 섬유관련 세미나, 논문 정보 |
| | 한국의류학회 (KSCT) | ksct.or.kr | 의류 패션산업 학술정보 |
| | 한국섬유소재연구소 | www.koteri.re.kr | 시험분석, 기업안내 |
| | 한국염색기술연구소 (DYETEC) | www.dyetec.or.kr | 염색가공, 섬유소재개발 |
| 해외 연구소 및 협회 | TC2 | www.TC2.com | 섬유 교육, 훈련 |
| | BTTG | www.bttg.co.uk | 영국, 유럽의 섬유 관련 표준 |
| | David Rigby Associates | www.dratex.co.uk | 섬유산업 컨설팅 |
| | US Cotton: National Cotton Council | www.cotton.org | 면 산업정책 및 정보 |
| | Taiwan Textile Federation | www.textiles.org.tw | 섬유자료 정리 |
| | Institute of Textile Technology | www.itt.edu | 섬유 기술교육 |
| | The American Chemical Society ACSWeb | www.acs.org | 섬유화학분야 |
| | Technology Exchange Solutions | www.techexchange.com | 섬유기술정보교육 |
| | American Chemical Society | portal.acs.org | 고분자화학 분야 |
| | Society of Plastics Engineers | www.4spe.org | 고분자 정보 |
| | The Textile Institute | www.texi.org | 도서구입 서비스 |
| | Polysort | www.polysort.com | 섬유고분자 정보 |

| 분야 | 기관명 | 사이트 | 비고 |
|---|---|---|---|
| 국내대학 | 건국대학교 섬유공학과 | textile.konkuk.ac.kr | 교육 |
| | 단국대학교 파이버시스템공학과 | k2.dankook.ac.kr/user/textileengineering | 〃 |
| | 숭실대학교 유기신소재파이버공학과 | materials.ssu.ac.kr/web | 〃 |
| | 전남대학교 고분자섬유시스템공학과 | altair.chonnam.ac.kr/~pf2010 | 〃 |
| | 전북대학교 유기소재파이버공학과 | tex.chonbuk.ac.kr | 〃 |
| | 한양대학교 유기나노공학과 | one.hanyang.ac.kr | 〃 |
| | 경북대학교 상주캠퍼스 섬유공학과 | textile-eng.knu.ac.kr | 〃 |
| | 경북대학교 천연섬유학과 | webbuild.knu.ac.kr/~fiber | 〃 |
| | 금오공과대학교 소재디자인공학과 | textile.kumoh.ac.kr | 〃 |
| | 영남대학교 융합섬유공학과 | textiles.yu.ac.kr | 〃 |
| | 충남대학교 유기소재섬유시스템공학과 | omtse.cnu.ac.kr | 〃 |
| | 인하대학교 나노시스템공학부<br>(섬유신소재) | fiber.inha.ac.kr | 〃 |
| | 청운대학교 패션디자인섬유공학과 | fdte.chungwoon.ac.kr | 〃 |
| 해외대학 | Auburn Univ. (Textile Engineering) | www.eng.auburn.edu/department/te | 교육 |
| | Georgia Tech.<br>(School of Textile & Fiber Engineering) | www.gatech.edu/textile | 〃 |
| | University of Huddensfield<br>(Textile Department) | www.hud.ac.uk/schools/design_technology | 〃 |
| | Shinshu University (Faculty of Textile Science and Technology) | www.tex.shinshu-u.ac.jp | 〃 |
| | North Carolina State University<br>(College of Textiles) | www.tx.ncsu.edu | 〃 |
| | Univ. of Southern Mississippi<br>(Polymer Science) | www.psrc.usm.edu | 〃 |
| | University of Geogia | fcs.uga.edu/tmi/index.html | 〃 |
| | Leeds University<br>(School of Textiles & Design) | www.leeds.ac.uk/textiles | 〃 |
| | Mulhouse University | www.univ-mulhouse.fr | 〃 |

| 분야 | 기관명 | 사이트 | 비고 |
|---|---|---|---|
| 기업체 (한국 · 해외) | 제일모직 | www.cii.samsung.co.kr | 케미칼, 전자재료, 패션 |
| | 코오롱 | www.kolon.co.kr | 패션, 화학, 섬유제조 |
| | 효성 섬유 | www.hyosung.co.kr | 화학, 섬유관련 사업 |
| | Du Pont | www.dupont.com | 섬유, 화학, 산업용소재 |
| | BASF | www.basf.com | 화학제품 |
| | Huvis | www.huvis.com | 원사, 원면 제품 |
| | SKC | www.skc.co.kr | 화학섬유 |
| | LG 화학 | www.lgchem.co.kr | 석유화학, 합성수지 |
| | 한솔섬유 | www.han—soll.co.kr | 섬유제품 |
| | 세아상역 | www.sae—a.com | 의류제품 |
| 무역업체 | 영원무역 | www.youngone.co.kr | 아웃도어의류 무역 |
| | Fabric Stock Exchange | www.fabrics.com | 섬유 매매 연결 |
| | Fabric Link | www.fabriclink.com | 소비자 가이드, 각종 섬유 자료 정리 |
| | Apparel Exchange | www.apparelex.com | 의류—섬유업체 목록 |
| | Textile Web | www.textileweb.com | 섬유관련업체 검색, 공개 토론장 마련 |
| | Indonesian Textile, Garment, Footwear and Furniture Manufacturers | www.indoprogate.com | 섬유회사 정보 |
| | Expomodfashion—knit, enaitalianlapparel,clothing, garment, textile | www.expomodena.it | 패션 업체 연결 |
| 섬유신문 | 국제섬유신문 | www.itnk.co.kr | 섬유, 패션 정보 |
| | 한국섬유신문 | www.ktnews.com | 〃 |
| | 국제섬유신문 | www.itnk.co.kr | 〃 |
| | 세계섬유신문 | www.wtn21.com | 〃 |
| | 한국섬유신문 | www.ktnews.com | 〃 |
| | 섬연신문 | www.senken.co.jp | 〃 |
| | 섬유저널 | www.fashionbiz.co.kr | 〃 |
| | 어패럴 뉴스 | www.apparelnews.co.kr/home/index.php | 섬유, 패션 뉴스 |
| | World Textile Publications | cotton.net | 면에 관한 정보 |

| 분야 | 기관명 | 사이트 | 비고 |
|---|---|---|---|
| 기타 | 패브릭 링크 | www.fabriclink.com | 소비자가이드, 각종 섬유 자료 정리 |
| | 지식경제부 | www.mke.go.kr | 산업기술지도 |
| | KICChE | infosys.korea.ac.kr | 화학공학 연구 |
| | Japan Patent Search | www.g-net.ne.jp | 일본 특허 정보 |
| | Chemical finder | chemfinder.camsoft.com | 화학 물질 |
| | 섬유정보센터 | www.textopia.or.kr | 섬유관련 종합정보 |
| | KATRI | www.cleaningq.co.kr | 세탁기술 평가센터 |
| | Textile Information Center | www.texinfo.com | 섬유 정보의 분야별 정리 |

# 5. 국내 섬유산업, 대학, 연구소 분포

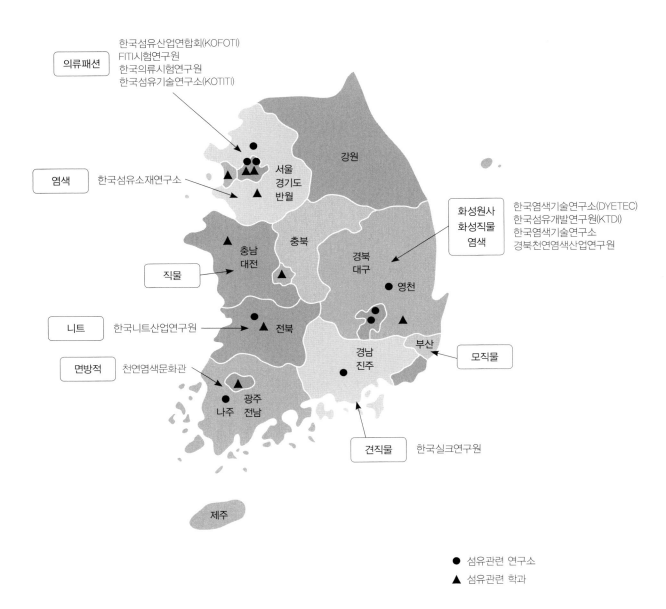

의류패션
한국섬유산업연합회(KOFOTI)
FITI시험연구원
한국의류시험연구원
한국섬유기술연구소(KOTITI)

염색
한국섬유소재연구소

서울
경기도
반월

강원

화성원사
화성직물
염색
한국염색기술연구소(DYETEC)
한국섬유개발연구원(KTDI)
한국염색기술연구소
경북천연염색산업연구원

충남
대전

충북

직물

경북
대구

영천

니트
한국니트산업연구원

전북

면방적
천연염색문화관

경남
진주

부산

모직물

광주
전남
나주

제주

견직물
한국실크연구원

● 섬유관련 연구소
▲ 섬유관련 학과

# 6. 섬유가공 용어 (영어 및 한자) 찾아보기

가공(加工, finish, finishing)

가공제(加工劑, finishing agent)

가교제(架橋劑, crosslinking agent)

가수분해(加水分解, hydrolysis)

가호(加糊, sizing, starching)

감량(減量, weight loss)

거품 가공(_加工, foam finishing)

건식 가공(乾式加工, dry finishing)

건조기(乾燥機, dryer)

견뢰도(堅牢度, fastness)

경화 가공제(硬化加工劑, stiffener)

계면활성제(界面活性劑, surface active agent, surfactant)

고착(固着, fixing)

광내기(光_, lustering)

권축가공(捲縮加工, crimping)

기계적 가공(機械的加工, mechanical finishing)

기모가공(起毛加工, raising finishing)

기질(基質, substrate)

난연가공(難燃加工, fire retardant finishing)

내마모성(耐磨耗性, wear resistance)

내세탁성(耐洗濯性, washing fastness)

내후성(耐候性, weather resistance)

대전방지가공(帶電防止加工, antistatic finishing)

듀러블 프레스 가공(_加工, durable press finishing, DP finishing)

드라이클리닝(dry cleaning)

라미네이트 가공(_加工, laminating)

머서화(_化, mercerizing, mercerization)

므와레 가공(_加工, moire finishing)

발수가공(撥水加工, water repellent finishing)

발유가공(撥油加工, oil repellent finishing)

발포(發泡, foaming)

발호(拔糊, desizing)

방미가공(防黴加工, mildew proofing finishing)

방부가공(防腐加工, rot proofing finishing)

방수가공(防水加工, water proofing finishing)

방염가공(防炎加工, flame retardant finishing)

방오가공(防汚加工, antisoil finishing, soil resistant finishing)

방유가공(防油加工, oil resistant finishing)

방추가공(防皺加工, crease resistant finishing)

방축가공(防縮加工, shrink resistant finishing)

방취가공(防臭加工, odor free finishing)

방향가공(防香加工, fragrant finishing)

배치식 공정(_式工程, batchwise process, batch process)

번아웃 법(_法, burn-out process)

벌키 가공(_加工, bulky finishing)

벨벳 가공(_加工, velvet finishing)

부가량(附加量, add-on)

분산제(分散劑, dispersing agent)

빌더(builder)

상승효과(相乘效果, synergism, synergistic effect)

샌포라이징(sanforizing)

섬유가공(纖維加工, textile finishing)

세리신 정착(_定着, fixation of sericin)

세정(洗淨, washing)

세팅(setting)

소광(消光, delustring)

소포제(消泡劑, defoamer, defoaming agent, antifoaming agent)

소핑(soaping)

수세(水洗, rinsing)

수용액(水溶液, aqueous solution)

수지가공(樹脂加工, resin finishing)

수축가공(收縮加工, shrinkage treatment)

스웨드 가공(_加工, suede finishing)

스카치 가공(_加工, Scotch finishing)

스테인(stain)

스톤와시 가공(_加工, stone washing finishing)

스티치 가공(_加工, stitch finishing)

습식 공정(濕式工程, wet processing)

습윤제(濕潤劑, wetting agent)

시로셋 가공(_加工, Siro-set process)

실리콘 수지(_樹脂, silicone resin)

아크릴 수지(_樹脂, acrylic resins)

알칼리 가수분해(_加水分解, alkaline hydrolysis)

액비(液比, liquor ratio)

액체 암모니아 처리(液體_處理, liquid ammonia treatment)

엠보스 가공(_加工, embossing finishing)

열경화성 수지(熱硬化性樹脂, thermosetting resin)

열고정(熱固定, heat set)

열처리(熱處理, curing, baking)

염소 보유성(鹽素保有性, chlorine retention)

영구가공(永久加工, permanent finishing, durable finishing)

영구고정(永久固定, permanent set, permanent setting)

오염방지가공(汚染防止加工, soil release finishing)

요소 포름알데히드 수지(尿素_樹脂, urea formaldehyde resin)

워시 앤드 웨어 가공(_加工, wash and wear finishing, WW finishing)

위생가공(衛生加工, sanitizing finishing)

유연가공(柔軟加工, softening)

임계미셀농도(臨界_濃度, critical micelle concentration)

자융(煮絨, crabbing)

저부착량 공정(低附着量工程, low add-on process)

전처리(前處理, pretreatment)

정전방지처리(靜電防止處理, antistatic treatment)

증량(增量, weighting)

증백(增白, whitening)

증열처리(蒸熱處理, steaming)

증융(簹絨, steam blowing, decatizing)

진공건조(眞空乾燥, vacuum drying)

천연 꼬임(天然_, natural twist)

첨가제(添加劑, additive)

축융(縮絨, milling)

충전제(充塡劑, filler)

치수안정성(_安定性 dimensional stability)

친수성(親水性, hydrophilicity)

침지(浸漬, dipping)

침투(浸透, penetration)

캘린더링(calendering)

코로나 방전(_放電, corona discharge)

큐어링(curing)

타섬(打纖, beating)

타포(打布, beetling)

탈취가공(脫臭加工, deodorizing)

털깎기(shearing)

털태우기(singeing)

텍스쳐 가공(_加工, texturizing)

텐터(tenter, stenter)

파치먼트화 가공(_化加工, parchmentizing, parchment finish)

패드 드라이 큐어법(_法, pad-dry-cure process, PDC process)

패딩(padding)

퍼머넌트 세팅(permanent setting)

펠팅(felting)

포름알데히드(formaldehyde)

포름알데히드 포착제(_捕捉劑, formaldehyde scavenger)

포스트큐어(postcure, deferred cure)

폭내기(幅_, tentering)

프레스 가공(_加工, press finishing)

프리큐어법(_法, precure method)

플라스마 방전(_放電, plasma discharge)

픽업(pick-up)

한계 산소지수(限界酸素指數, limiting oxygen index, LOI)

항곰팡이가공(抗_加工, antimildew finishing)

항미생물가공(抗微生物加工, antimicrobial finishing)

호제(糊劑, sizing agent, thickening agent)

후처리(後處理, after treatment)

흡한가공(吸汗加工, sweat absorbent finishing)

# 참고문헌

## 국내문헌

고석원, 섬유가공학개론, 한림원, 2007.

김덕원, 전자파 공해, 수문사, 1996.

김성련, 피복재료학, 교문사, 2000.

김은애 외, 패션소재 기획과 정보, 교문사, 2000.

김준, 뉴섬유, 수학사, 1994.

도레이 리서치센타, 새로운 탈취제와 탈취기술의 전개, 1994.

송화순(역), 신섬유소재 입문, 경춘사, 1996.

이정민, 김진우, 김공주, 구강, 섬유가공학, 형설출판사, 2000.

한국섬유공학회, 신섬유사전, 한국섬유공학회, 2003.

권오경, 성수광, 한국섬유공학회, 29(7), 481 (1992).

김경애, 이미식, 한국섬유공학회지, 35(9), 592 (1998).

김성훈, 섬유기술과 산업, 5(3/4), 128 (2001).

김영래, 전자부품, 60, 216 (1993).

김재훈 외, 한국전자파학회 종합학술발표회 논문집, , 39 (1995).

박수민 외, 섬유기술과 산업, 2(2), 296 (1998).

서중성, 화섬, 95, 61 (1992).

여숙영, 이동화, 김은애, 한국의류학회지, 22(4), 515 (1998).

오택수, 고분자 과학기술, 2(3), 179 (1991).

유해형 외, 한국섬유공학회지, 30(3), 250 (1993).

이근철, 대한전기협회지, 8, 10 (1991).

이승용, 한국염색가공학회지, 9(2), 57 (1997).

이재곤, 한국섬유공학회지, 15(1), 12 (1978).

품질지도부, 섬유정보, 18(1), 87-95 (1990).

한국원사직물시험연구원, 섬유정보, 22(1), 89 (1994).

한국원사직물시험연구원, 섬유정보, 27(1), 162 (1999).

홍성학, 김용, 최창남, 섬유기술과 산업, 2(2), 286 (1998).

# 국외문헌

A. K. Sen, *Coated Textiles*, Technomic Publishing Company, 2001.

A. R. Horrocks and S. C. Anand(Ed.), *Handbook of Technical Textiles*, Woodhead Publ. Ltd., Cambridge, England, 2000.

A. R. Horrocks(Ed.), *Ecotextile '98: Substainable Development*, Woodhead Publishing Ltd., Cambridge, 1999.

B. F. Smith and I. Block, *Textiles in Perspective*, Prentice-Hall, Inc., 1982.

C. M. Carr, *Chemistry of the Textiles Industry*, Chapman & Hall, London, 1995.

D. Brunnschweiler and J. Hearle(Eds.), "Polyester: 50 years of achievement", The Textile Institute, Manchester, 1993.

D. M. Lewis and K. A. McIlroy, Rev. Prog. Coloration, 27, 5 (1997).

E. S. Olson, "*Textile Wet Process*", Noyes Publishing, U.S.A, 1983.

H. Brody(Ed.), *Synthetic Fiber Materials*, Longman Scientific & Technical, Essex, 1994.

H. Ebneth and H.G. Fitzky, "Metallized Textile Fabrics for Microwave Protective Suits", in "Protective Clothing", Shirley Institute Publication, Manchester, UK, 1982.

H. K. Rouette, "Encyclopedia of Textile Finishing", Springer, N.Y., 2001.

H. Tatsuya and G. O. Phillips, "New Fiber", Woodhead Publishing Ltd., 1997.

J. S. Robinson, "Manufacture of Yarns and Fabrics from Synthetic Fibers", Noyes Data Corp., New Jersey, 1980.

J. W. S. Hearle, L. Hollick, and D. K. Wilson, "Yarn Texturing Technology", Woodhead Publ. Ltd., Cambridge, UK, 2001.

K. L. Hatch, "Textile Science", West Publishing Co., Minneapolis, 1993.

K. R. Makinson, "Shrink Proofing of Wool", Marcel Dekker, New York, 1979.

M. Humphries, "Fabric Reference", 2nd Ed., Prentice Hall, NJ, 2000

M. J. Schick(Ed.), "Surface Characteristics of Fibers and Textiles", Part I, Marcel Dekker, New York, 1975.

M. J. Schick(Ed.)., "Surface Characteristics of Fibers and Textiles", Part II, Marcel Dekker, New York, 1977.

M. Lewin and E. M. Pearce, "Handbook of Fiber Chemistry", Marcel Dekker, N.Y., 1998.

M. Lewin and S. B. Sello(Ed.), "Chemical Processing of Fibers and Fabrics, Functional Finishes", Part A, Marcel Dekker, New York, 1983.

M. Lewin and S. B. Sello(Ed.), "Chemical Processing of Fibers and Fabrics, Functional Finishes", Part B, Marcel Dekker, New York, 1984.

M. Lewin and S. B. Sello(Ed.), "Chemical Processing of Fibers and Fabrics: Fundamentals and Preparation", Part A, Marcel Dekker, New York, 1983.

N. Hozo, "Structure of Silk Yarn, Part A: Biological and Physical Aspects", Science Publishing, Inc., Plymouth, UK, 2000.

National Research Council(Ed.), "Toxicological Risks of Selected Flame-Retardant Chemicals", The National Academy Press, Wachington D.C., 2000.

P. E. Slade, "Handbook of Fiber Finish Technology", Marcel Dekker, 1998.

P. G. Tortora, "Understanding Textiles", 4th Ed., Macmillan Publ. Co., 출판도시, 1992.

S. E. Braddock and M. O'Mahony, "Techno Textiles", Thames and Hudson, 1998.

T. J. Heinze and W. G. Glasser, "Cellulose Derivatives", ACS, Washington, DC, 1998.

T. L. Vigo, "Textile Processing and Properties", Elsevier, Amsterdam, 1994.

T. L. Vigo, "Protection of Textiles from biological Attack, Handbook of Fiber Science and Technology", Vol II, Part A, Marcel Dekker, New York, 1984.

T. P. Nevel and S. H. Zeronian(Ed.), "Cellulose Chemistry and Its Applications", Ellis Horwood Ltd., Chichester, 1985.

T. Shaw and M. A. White, The Chemical Tecnnology of Wool Finishing (in M. Lewin and S. B. Sello, Eds., Chemical Processing of Fibers and Fabrics: Functional Finishes, Part B), Marcel Dekker, New York, 1984.

S. Yasufuku, IEEE Electrical Insulation Magazine, 6(6), 226 (1990).

W. S. Perkins, "Textile Coloration and Finishing", Carolina Academic Press, NC, 1996.

X. Tao(Ed.), "Smart Fibers, Fabrics and Clothing", Woodhead Publishing Ltd., Cambridge, 2001.

Y. Washino, "Functional Fibers: Trends in Technology and Product Development in Japan", Toray Research Center Inc., 1993.

# 찾아보기

# 저 자 소 개 <sub></sub>(가나다순)

## 구강
교토공예섬유대학 대학원 공학박사
영남대학교 융합섬유공학과 교수
kkoo@yu.ac.kr

## 김성동
미국 North Carolina State University, Ph.D.
건국대학교 유기나노시스템공학과 교수
ssdokim@konkuk.ac.kr

## 김영호
서울대학교 대학원 공학박사
숭실대학교 유기신소재·파이버공학과 교수
ssykim@ssu.ac.kr

## 류동일
서울대학교 대학원 공학박사
전남대학교 고분자·섬유시스템공학과 교수
diyoo@chonnam.ac.kr

## 민병길
서울대학교 대학원 공학박사
금오공과대학교 소재디자인공학과 교수
bgmin@kumoh.ac.kr

## 박원호
서울대학교 대학원 공학박사
충남대학교 유기소재섬유시스템공학과 교수
parkwh@cnu.ac.kr

## 신윤숙
University of Maryland, Ph.D.
전남대학교 의류학과 교수
yshin@chonnam.ac.kr

## 오경화
University of Maryland, Ph.D.
중앙대학교 가정교육학과 교수
kwhaoh@cau.ac.kr

## 이미식
University of California at Davis, Ph.D.
서울여자대학교 의류학과 교수
mslee@swu.ac.kr

## 장진호
University of Manchester Institute of Science
and Technology, Ph.D.
금오공과대학교 소재디자인공학과 교수
jh.jang@kumoh.ac.kr

제2판
# 기능성 섬유가공

2004년 2월 28일 초판 발행 │ 2012년 9월 10일 제2판 발행 │ 2017년 8월 14일 제2판 2쇄 발행

**지은이** 구강·김성동·김영호·류동일·민병길·박원호·신윤숙·오경화·이미식·장진호 (가나다순)
**펴낸이** 류제동 │ **펴낸곳 교문사**

**편집부장** 모은영 │ **책임편집** 김선형 │ **본문디자인** 신나리 │ **표지디자인** 이수미 │ **영업** 정용섭·이진석·진경민
**출력** 현대미디어 │ **인쇄** 동화인쇄 │ **제본** 한진제본

**주소** (10881)경기도 파주시 문발로 116 │ **전화** 031-955-6111(代) │ **팩스** 031-955-0955
**등록** 1960. 10. 28. 제406-2006-000035호 │ **홈페이지** www.gyomoon.com │ **E-mail** genie@gyomoon.com

**ISBN** 978-89-363-1296-1(93570) │ **값** 20,000원 　* 저자와의 협의하에 인지를 생략합니다. 　* 잘못된 책은 바꿔 드립니다.